公差配合与测量技术

第 2 版

主　编　荀占超

副主编　田　峰　李晓娟　赵艳珍

参　编　苏丽娜　顾曙光　刘　源
　　　　郇　艳　刘　浩　郭向荣

U0240135

机械工业出版社

"公差配合与测量技术"是机械类专业的一门专业技术基础课,是学习机械制造、机械设计的必修课。本书主要内容包括:光滑圆柱的公差与配合、量块与游标量具的测量操作、千分尺与指示表的测量操作、专用量具、几何公差、滚动轴承的公差及检测、表面粗糙度及检测、花键联接及检测、螺纹的公差及检测。本书采用现行的国家标准,突出职业教育培养特色,着重于基本概念的讲解和标准应用实例。本书配套齐全,各个项目均设有习题以及微课、动画、课件、习题答案等配套资源。

本书可作为应用型本科院校、职业院校机械类专业的教材,也可供有关工程技术人员参考。

图书在版编目(CIP)数据

公差配合与测量技术/荀占超主编. —2 版. —北京:机械工业出版社,2022.9(2025.4 重印)

ISBN 978-7-111-71566-5

Ⅰ. ①公… Ⅱ. ①荀… Ⅲ. ①公差 – 配合②技术测量 Ⅳ. ①TG801

中国版本图书馆 CIP 数据核字(2022)第 165478 号

机械工业出版社(北京市百万庄大街 22 号 邮政编码 100037)
策划编辑:王晓洁 责任编辑:王晓洁 杜丽君
责任校对:潘 蕊 张 薇 封面设计:马若濛
责任印制:邬 敏
北京中科印刷有限公司印刷
2025 年 4 月第 2 版第 6 次印刷
184mm×260mm · 14 印张 · 352 千字
标准书号:ISBN 978-7-111-71566-5
定价:49.80 元

电话服务　　　　　　　　　网络服务
客服电话:010-88361066　　机 工 官 网:www.cmpbook.com
　　　　　010-88379833　　机 工 官 博:weibo.com/cmp1952
　　　　　010-68326294　　金 书 网:www.golden-book.com
封底无防伪标均为盗版　机工教育服务网:www.cmpedu.com

前　言

本教材全面落实党的二十大报告关于"实施科教兴国战略，强化现代化建设人才支撑"精神，坚持优先发展教育事业，坚持立德树人，增强学生文明素养、社会责任意识、实践本领，为党育人，为国育才，培养德智体美劳全面发展的社会主义建设者和接班人，大力弘扬劳模精神、劳动精神、工匠精神，激励更多劳动者走技能成才、技能报国之路，为全面建设社会主义现代化国家提供有力人才保障，以及适应新技术新标准和人才培养的新要求，对第1版进行了修订。

本书在修订的过程中，以职业能力为本，突出职业教育培养特色，围绕生产的技术要求，着重介绍几何参数的精度确定方法及其应用；通过工件的检测，使学生熟练掌握常用通用量具与专用量具的使用方法。全书共九个教学项目，通过相关知识和技能实训，把理论与实践有机地融合起来，发掘学生的创造创新能力，提高学生解决实际问题的能力。

本书根据企业岗位需求编写，主要特点如下：

1）体现了"工学一体、理论教学和实践教学融通合一、专业学习和工作实践学做合一、能力培养和工作岗位对接合一"的特色，突出以实际操作为核心的知识体系。

2）通俗易懂，准确把握学生的知识水平和接受能力，力求知识结构科学合理，采用实物图片，由浅入深，使学生易于接受。

3）全部采用现行的国家标准，使内容更加科学、规范。

4）配套齐全，包含习题、微课、动画、课件、习题答案等配套资源（资源仅供参考，涉及标准的部分请以书上内容为准）。

本书由衡水学院荀占超任主编，衡水技师学院田峰、赣州技师学院李晓娟、衡水学院赵艳珍任副主编，参加编写的有衡水学院苏丽娜、刘浩、郭向荣，青岛技师学院顾曙光，赣州职业技术学院刘源，青岛工程职业学院郐艳。具体编写分工如下：刘浩编写概述；顾曙光、郐艳编写项目一、七并制作项目一、七的微课、动画和PPT课件；李晓娟编写项目二、四、六，刘源制作项目二、四、六的微课、动画和PPT课件；田峰编写项目三并制作项目三、五、八、九的微课；荀占超编写项目五；赵艳珍编写项目八并制作项目三、五、八、九的动画；苏丽娜编写项目九并制作项目三、五、八、九的PPT课件；郭向荣编写附录。全书由荀占超负责统稿。

本书在编写过程中得到了有关教育部门、企业的大力支持，对参加第1版编写的戴宁、王健、杨芬蕊和主审王伯平老师，在此一并表示衷心的感谢。

尽管我们在本书特色方面做出了许多努力，但由于编者水平有限，书中难免存在一些不妥之处，恳请各位同仁和读者在使用本书时多提宝贵意见，以便修订时改进。

编　者

目 录

附录

187

参考文献

218

概　　述

"公差配合与测量技术"是机械类专业的一门专业技术基础课。在学习公差配合与测量技术时，应具有一定的机械制图方面的知识及初步的生产实践知识，既能够读图又懂得图样的标注方法。通过学习公差配合与测量技术，可以比较全面地了解机械加工中有关尺寸公差、几何公差（形状、方向、位置、跳动公差）和表面粗糙度的标注等技术内容以及各种量具测量技术的基本知识，为专业工艺课程的学习和生产实习打下牢固的基础。

随着机械工业科学技术的飞速发展，业内分工越来越专业化。在机械制造业中，无论汽车、坦克、飞机，还是大型机械设备，都是由零部件组成的。这些零部件都不是在一个车间、一个工厂制造完成的，而是由几个、几十个协作单位完成的。各协作单位之间只要把公差控制在一定的范围内，就能够使各自生产的零部件装配在一起，并能保证机械产品的使用性能与技术要求。由于各协作单位都遵循了互换性这一原则，以便于组织大规模的专业化批量生产，从而提高了生产率，降低了生产成本。

即使加工条件相同，同一批工件的尺寸也各不相同。但是，只要满足产品使用性能的要求，就允许加工的工件尺寸有所差异，即允许存在尺寸误差。随着数控加工技术水平的提高，可以减少尺寸误差，但是永远消除不了尺寸误差。实际上，在加工时保证将各尺寸误差几何（形状、方向、位置、跳动）误差控制在一定的范围之内，保证工件的使用性能和质量，就能够达到互换性的目的。工件不需要经过挑选、辅助加工或修配就能达到装配精度，则其互换性称为完全互换性。若工件在装配或更换时，需要对工件进行挑选、调整，才能达到的装配精度，则其互换性称为不完全互换性。

要保证工件具有互换性，就必须保证工件的准确性（即加工精度）。工件在加工过程中，由于机床精度、测量器具准确度、操作工人技术水平及生产环境等诸多因素的影响，其加工后得到的尺寸和形状等会不可避免地偏离图样要求。为了控制这些误差，公差概念被提出。公差就是工件尺寸与几何要素允许的变动量。

可根据设备的使用功能和性能、技术要求，选择适当的公差，但同时要考虑加工时的可行性，充分运用相关的原则，如互换性原则、工艺性原则、经济性原则、匹配性原则、最优化原则、标准化原则、基准统一原则、尺寸链最短原则等，来开展精度设计工作，并要保证不降低工件的工作性能。

1. 公差的标准化

采用几何公差来控制几何误差的大小时，必须合理地确定公差的大小。一种产品的制造往往涉及许多部门和企业，为了适应各个部门或企业之间在技术上相互协调的要求，必须有一个统一的公差标准，使独立的、分散的部门之间保持统一，使相互联系的生产过程形成一个统一的整体，以达到工件互换的目的。标准化是实现互换性的重要技术措施之一。

标准化的基本特征是统一。机械产品的标准化包括技术要求的统一，装配尺寸的统一，性能参数的系列化，零部件的通用化、组合化等特定内容。标准化是以制定标准，发布、贯彻标准，实施、监督、完善、修订标准为主要内容的全部活动过程。

技术标准是对产品的技术质量、规格以及检验方法等方面做出的技术规定，是从事生产、工程建设工作的一种共同依据。技术标准分为国际标准、国家标准、行业标准和企业标准。与公差标准化有关的国家标准修改采用或等同采用了国际标准化组织（ISO）的标准，便于与国际之间的技术交流与协作。

2. 几何量的检测

仅有公差标准而无检测措施是不能保证实现互换性目的的，测量技术是保证实现互换性的重要手段。测量结果说明：如果工件的几何参数误差控制在规定的公差范围之内，工件就合格，也就能满足互换性的要求；如果工件的几何参数误差超出规定的公差范围，工件就不合格，也就不能满足工件的互换性要求。

检测的目的是通过测量出的结果，来分析产生不合格工件的原因，及时采取必要的工艺措施，提高加工精度，减少不合格产品，进而消除废品，降低生产成本，提高经济效益。

为了保证测量的正确性，必须保证测量过程中计量单位的统一，为此我国以国际单位制为基础确定了法定的计量单位，在全国范围内规定严格的量值传递系统以及相应的测量方法和测量工具，以保证必要的检测精度。

3. 本课程的目的和任务

本课程的目的是使学生掌握机械工艺技术人员所必须具备的公差与检测方面的基本知识和技能。

本课程的任务是通过学习有关国家标准，合理地解决产品使用要求与制造工艺之间的矛盾，并能根据不同工件选用适当的测量器具进行测量。

通过本课程的学习，学生应熟练掌握公差与配合的术语和基本计算方法，知道几何公差代号和表面结构代号标注的含义，掌握常用量具、量仪的结构、工作原理及使用方法。

项目一　光滑圆柱的公差与配合

第一部分　基础知识

一、光滑圆柱公差的基本术语及定义

光滑圆柱的配合与连接，是大多数机器设备连接形式中最简单、最基本的形式。这种连接形式的公差与配合标准，不仅适合于光滑圆柱面，还适用于工件上其他表面（如两平行平面）与结构（如键联接），是一项应用最广泛的重要基础标准。

偏差与公差的术语和定义、公差带图、配合制微课

1. 孔、轴的术语和定义

（1）孔　通常是指工件圆柱形的内尺寸要素，也包括非圆柱形的内尺寸要素（由两平行平面或切面形成的包容面）。

（2）轴　通常是指工件圆柱形的外尺寸要素，也包括非圆柱形的外尺寸要素（由两平行平面或切面形成的被包容面）。

从孔和轴的定义可知，孔并不一定是圆柱形的，也可以是非圆柱形的，如键槽也是孔；同样，轴也不一定是圆柱形的，也可以是非圆柱形的，如轴上的键也是轴，如图1-1所示。

从加工工艺看，轴的尺寸越加工越小，孔的尺寸越加工越大。从装配看，孔是包容面，轴是被包容面。

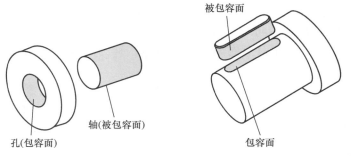

图1-1　孔与轴

2. 尺寸的术语和定义

（1）尺寸要素　线性尺寸要素或角度尺寸要素。由一定大小的线性尺寸或角度尺寸确定几何形状。尺寸是以特定单位表示线性尺寸的数值，由数值和特定单位所组成。在机械工

件上，线性长度通常是指两点之间的距离，如φ50mm、长度50mm、中心距、高度等。国家标准规定：在机械图样上，一般均采用毫米（mm）作为尺寸的特定单位。若以此为单位，图样上的尺寸仅标数字，单位 mm 省略不标；采用其他单位时，则必须在数值后注写单位。

（2）公称尺寸　由图样规范确定的理想形状要素的尺寸（公称尺寸是由设计者给定的尺寸）。通过计算、试验或经验选用标准直径或标准长度而确定的公称尺寸，是计算极限尺寸和偏差的起始尺寸。公称尺寸一般应按（GB/T 2822—2005）标准尺寸系列选取。设计时应尽量把公称尺寸圆整成标准尺寸，有特殊需要时也允许使用非标准尺寸。如图 1-2 所示，φ10mm 为轴直径的公称尺寸，35mm 为轴长度的公称尺寸，φ20mm 为孔直径的公称尺寸。公称尺寸可以是一个整数或一个小数值，例如8、15、7.5……

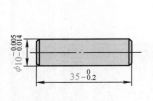
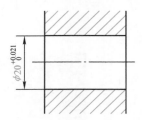

图 1-2　公称尺寸　　　　　　　　　　　　　　　　　公称尺寸动画

孔的公称直径用"D"表示，轴的公称直径用"d"表示。

（3）公称组成要素　由设计者在产品技术文件中定义的理想组成要素。

（4）实际尺寸　拟合组成要素的尺寸。实际尺寸与公称尺寸不同，实际尺寸是通过测量获得的尺寸。

（5）Δ值　为得到内尺寸要素的基本偏差，给一定值增加的变动值。

（6）公差极限　确定允许值上界限和/或下界限的特定值。

由于测量误差的存在，工件的实际尺寸并非工件尺寸的真实值。从理论上讲，尺寸的真实值是难以得到的，但随着量具准确度的提高，测量的尺寸越来越接近工件的真实尺寸。

应当指出，同一工件的相同部位，用同一量具重复测量多次，由于测量误差的随机性，其测得的实际尺寸也不一定相等。例如，在图 1-3a 所示上部、图 1-3b 所示中部、图 1-3c 所示下部 3 点测量的尺寸是不完全相同的，因此实际尺寸不一定是尺寸的真值。由于被测工件形状误差的存在，测量器具与被测工件接触状态的不同，在同一轴截面内，不同方向上的实际尺寸，其测量结果也是不同的。当工件旋转一定角度后测得的尺寸也是不相同的，如图 1-3d、e 所示。把任何两相对点之间测得的尺寸，称为局部实际尺寸，即两点法测得的尺寸。

（7）极限尺寸　尺寸要素的尺寸所允许的极限值。提取组成要素的局部尺寸应位于其中，也可达到极限尺寸。孔的上、下极限尺寸分别以 D_{max} 和 D_{min} 表示；轴的上、下极限尺寸分别以 d_{max} 和 d_{min} 表示。

1）上极限尺寸：尺寸要素允许的最大尺寸。

2）下极限尺寸：尺寸要素允许的最小尺寸。

在机械加工中，由于存在各种因素组成的加工误差，要把同一规格的工件加工成同一尺寸是不可能的。从使用的角度来讲，也没有必要将同一规格的工件都加工成同一尺寸，只需将工件的实际尺寸控制在一个具体范围内，就能满足使用要求，这个范围由上述两个极限尺寸确定，如图 1-4 所示。

a) 测量圆柱上部　　　　　　b) 测量圆柱中部　　　　　　　c) 测量圆柱下部

d) 水平方向测量圆度误差　　　　　　　　e) 旋转90°测量圆度误差

图 1-3　不同位置的测量和不同方向的测量

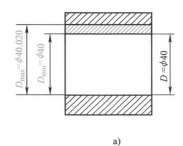 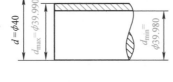

a)　　　　　　　　　　　　　b)

图 1-4　上、下极限尺寸

极限尺寸动画

孔的公称尺寸 $D = \phi40\text{mm}$，孔的上极限尺寸 $D_{max} = \phi40.020\text{mm}$，孔的下极限尺寸 $D_{min} = \phi40\text{mm}$。

轴的公称尺寸 $d = \phi40\text{mm}$，轴的上极限尺寸 $d_{max} = \phi39.990\text{mm}$，轴的下极限尺寸 $d_{min} = \phi39.980\text{mm}$。

完工后工件的尺寸合格条件是：任一局部实际（组成）要素尺寸均不得超出上、下极限尺寸。表达式为：对于孔，$D_{max} \geq D_a \geq D_{min}$；对于轴，$d_{max} \geq d_a \geq d_{min}$。

实际尺寸应介于上、下极限尺寸之间，超出上极限尺寸，小于下极限尺寸，工件就不合格。如图 1-4 所示，若轴加工后的实际尺寸刚好等于公称尺寸 $\phi40\text{mm}$，由于 $\phi40\text{mm}$ 大于轴的上极限 $\phi39.990\text{mm}$，因此尺寸不合格。

3. 偏差

（1）偏差（E、e）　某值与其参考值之差。对于尺寸偏差，参考值是公称尺寸，某值是实际尺寸（或极限尺寸）减去公称尺寸得到的代数差值。偏差为代数差，可以为正值、负值或 0。

> 💡 **注意** 偏差值的正负号，不能遗漏。

孔偏差用"*E*"表示，轴偏差用"*e*"表示。偏差有以下几种：

（2）极限偏差 相对于公称尺寸的上极限偏差和下极限偏差。（极限尺寸减其公称尺寸所得的代数差值）。由于极限尺寸有上极限尺寸和下极限尺寸之分，对应的极限偏差又分为上极限偏差和下极限偏差。孔的上极限偏差代号用大写字母"*ES*"表示，下极限偏差代号用大写字母"*EI*"表示；轴的上极限偏差代号用小写字母"*es*"表示，下极限偏差代号用小写字母"*ei*"表示，如图1-5所示。

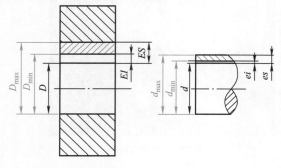

图1-5　上、下极限偏差

极限偏差动画

1）上极限偏差：上极限尺寸减其公称尺寸所得的代数差。

孔的上极限偏差 ES 等于孔的上极限尺寸减去孔的公称尺寸，公式：$ES = D_{max} - D$。

轴的上极限偏差 es 等于轴的上极限尺寸减去轴的公称尺寸，公式：$es = d_{max} - d$。

2）下极限偏差：下极限尺寸减其公称尺寸所得的代数差。

孔的下极限偏差 EI 等于孔的下极限尺寸减去孔的公称尺寸，公式：$EI = D_{min} - D$。

轴的下极限偏差 ei 等于轴的下极限尺寸减去轴的公称尺寸，公式：$ei = d_{min} - d$。

机械制图国家标准规定：在图样上和技术文件上标注极限偏差数值时，上极限偏差标在公称尺寸的右上角，下极限偏差标在公称尺寸的右下角。

> 💡 **注意** 当偏差为零时，必须在相应的位置上标注"0"，如图1-2中的 $35 _{-0.2}^{\ 0}$、$\phi20 _{\ 0}^{+0.021}$。当上、下极限偏差数值相等而符号相反时，应简化标注，如 $\phi40 \pm 0.008$。

3）实际偏差：实际尺寸减去公称尺寸所得的代数差。由于实际尺寸可能大于、小于或等于公称尺寸，因此实际偏差可能为正、负或0，不论书写或计算时，都必须带上正号或负号。

合格工件的实际偏差应在规定的上、下极限偏差之间。孔的实际偏差 $E_a = D_a - D$，轴的实际偏差 $e_a = d_a - d$。

完工后的工件尺寸合格性的条件也常用偏差的关系式来表示。对于孔，$ES \geqslant E_a \geqslant EI$；对于轴，$es \geqslant e_a \geqslant ei$。

【例1】 计算轴 $\phi50 _{+0.017}^{+0.056}$ mm 的极限尺寸，若该轴加工后测得实际尺寸为 $\phi50.022$ mm，试判断该工件尺寸是否合格。

解： 轴的上极限尺寸 $d_{max} = d + es = 50$ mm $+ 0.056$ mm $= 50.056$ mm

轴的下极限尺寸 $d_{min} = d + ei = 50$ mm $+ 0.017$ mm $= 50.017$ mm

方法一： 由于 $\phi50.056$ mm $> \phi50.022$ mm $> \phi50.017$ mm，因此该工件尺寸合格。

方法二： 轴的实际偏差 $e_a = d_a - d = 50.022$ mm $- 50$ mm $= +0.022$ mm

由于 +0.017mm < +0.022mm < +0.056mm，因此该工件合格。

4. 尺寸公差

尺寸公差：上极限尺寸与下极限尺寸之差，或上极限偏差与下极限偏差之差。公差是一个没有符号的绝对值，它是允许尺寸的变动量。公差不为零，永远是正值。两者计算结果是一样的。

孔和轴的公差分别用 "T_h" 和 "T_s" 表示。其表达式为

孔的公差　$T_h = |D_{max} - D_{min}| = |ES - EI|$

轴的公差　$T_s = |d_{max} - d_{min}| = |es - ei|$

公差和偏差是既有联系又有区别的两个概念。两者都是设计者给定的，公差的大小是表示工件的加工尺寸范围变化的大小，即精度指标，而偏差是判断工件尺寸是否合格的依据。

特别提示　公差为绝对值，没有正负的含义。因此，在公差值的前面不应出现 "＋" 号或 "－" 号。由于加工误差不可避免，从加工的角度看，公称尺寸相同的工件，公差值越大，工件精度越低，加工越容易，加工成本低；反之，公差值越小，工件精度越高，加工越困难，加工成本高。

5. 公差带

公差带是由代表上极限偏差和下极限偏差或上极限尺寸和下极限尺寸的两条直线所限定的一个区域。它由公差大小和其相对零线的位置基本偏差来确定，如图 1-6 所示。

为了说明公称尺寸、极限尺寸、偏差和公差之间的关系，一般采用极限与配合示意图，如图 1-7 所示。这种示意图是把极限偏差和公差部分放大而尺寸不放大画出来的，不画出孔和轴的全形，从图中可直观地看出其对应关系。

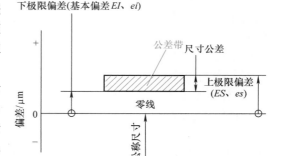

图 1-6　公差带图解

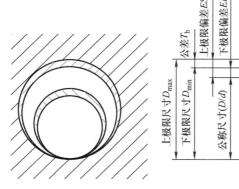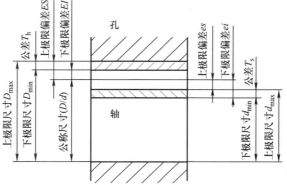

图 1-7　极限与配合示意图　　　　　　　　　　　极限与配合动画

为了简化起见，在实际应用中常不画出孔和轴的全形，只要按规定将有关公差部分放大

画出即可，用图表示的公差带称为公差带图，如图1-8所示。

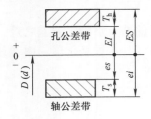

图1-8 公差带图

公差带图动画

零线：在公差带图中，表示公称尺寸的一条直线称为零线。以零线为基准确定偏差。习惯上，零线沿水平方向绘制，在其左端画出表示偏差大小的纵坐标并标上"0"和"+""－"号，在其左下方画上带单向箭头的尺寸线，并标上公称尺寸值。正偏差位于零线上方，负偏差位于零线下方，零偏差与零线重合。由于工件公称尺寸与公差值的大小相差悬殊，不便于用同一比例在图上表示，如果用同一比例来表示，公差带就画不出来。为了便于分析问题，可以不画整个零件图，而只画出工件的公差带。这样，就可以将公差带的比例放大，看起来非常清楚。公差带沿零线方向的长度可以适当选取。

为了区别，一般在同一图中，孔和轴的公差带的剖面线的方向应该相反。

公差带由两个要素构成：一个是公差带的大小，即公差带在零线垂直方向的宽度，由公差的大小决定；另一个是公差带的位置，即公差带相对于零线的坐标位置，由靠近零线的基本偏差决定。

【例2】 绘出孔 $\phi30^{+0.021}_{0}$mm 和轴 $\phi30^{-0.020}_{-0.033}$mm 的公差带图。

解： 作图步骤如下

1）作零线，并在零线左端标上"0"和"+""－"号，在其左下方画出单向箭头尺寸线并标注出公称尺寸 $\phi30$mm。

2）作上、下极限偏差线，选择合适比例（一般选500:1，偏差值较小时可选1000:1），本题采用放大比例500:1，则图面上0.5mm代表1μm。

画孔的上、下极限偏差线：孔的上极限偏差为+0.021mm，在零线上方10.5mm处画出上极限偏差线；下极限偏差为零，故下极限偏差线与零线重合。

画轴的上、下极限偏差线：轴的上极限偏差为－0.020mm，在零线下方10mm处画出上极限偏差线；下极限偏差为－0.033mm，在零线下方16.5mm处画出下极限偏差线。

3）在孔、轴的上、下极限偏差线左右两侧分别画垂直于偏差线的线段，将孔、轴公差带封闭成矩形，这两条垂直线之间的距离没有具体规定，可酌情而定。然后在孔、轴公差带内分别画出剖面线，并在相应的部位分别标注孔、轴的上、下极限偏差值，如图1-9所示。

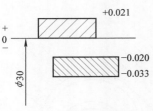

图1-9 绘制尺寸公差带图

二、配合的术语及定义

1. 配合

公称尺寸相同并且相互结合的孔和轴公差带之间的关系称为配合。相互配合的孔和轴其公称尺寸是相同的。孔、轴公差带之间的不同相对位置关系，决定了孔、轴装配的松紧程度，也就是决定了孔、轴的配合性质。配合分为三类，即间隙配合、过渡配合和过盈配合。

（1）间隙 当轴的直径小于孔的直径时，孔和轴的尺寸之差。孔的尺寸减去相配合的轴的尺寸之差为正值。

1）最小间隙：在间隙配合中，孔的下极限尺寸与轴的上极限尺寸之差。

2）最大间隙：在间隙配合或过渡配合中，孔的上极限尺寸与轴的下极限尺寸之差。

（2）过盈 当轴的直径大于孔的直径时，孔和轴的尺寸之差。孔的尺寸减去相配合的轴的尺寸之差为负值。

1）最小过盈：在过盈配合中，孔的上极限尺寸与轴的下极限尺寸之差。

2）最大过盈：在过盈配合或过渡配合中，孔的下极限尺寸与轴的上极限尺寸之差。

（3）间隙配合 孔和轴装配时，总是存在间隙的配合。孔的下极限尺寸大于或（在极端情况下）等于轴的上极限尺寸，最小间隙等于零。此时，孔的公差带在轴的公差带之上，如图 1-10 所示。孔的尺寸减去相配合的轴的尺寸为正时，一般用 X 表示，其数值前应标 " + " 号，如 + 0.016，" + " 号仅代表间隙的意思。

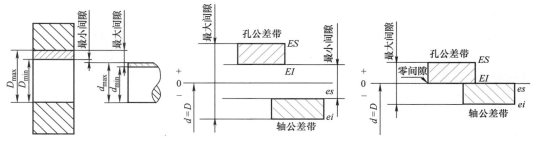

图 1-10 间隙配合的孔、轴公差带

由于在加工中孔、轴的实际尺寸允许在其公差带内变动，因而其配合的间隙也是变动的。当孔为上极限尺寸与相配合的轴为下极限尺寸时，配合处于最松状态，此时的间隙为最大间隙，用 X_{max} 表示。当孔为下极限尺寸与相配的轴为上极限尺寸时，配合处于最紧状态，此时的间隙为最小间隙，用 X_{min} 表示。

即：$X_{max} = D_{max} - d_{min} = ES - ei$ $X_{min} = D_{min} - d_{max} = EI - es$

最大间隙与最小间隙统称为极限间隙，它们表示间隙配合中允许间隙变动的两个界限值。孔和轴装配后的实际间隙在最大间隙和最小间隙之间。

间隙配合中，当孔的下极限尺寸等于轴的上极限尺寸时，最小间隙等于零，称为零间隙。

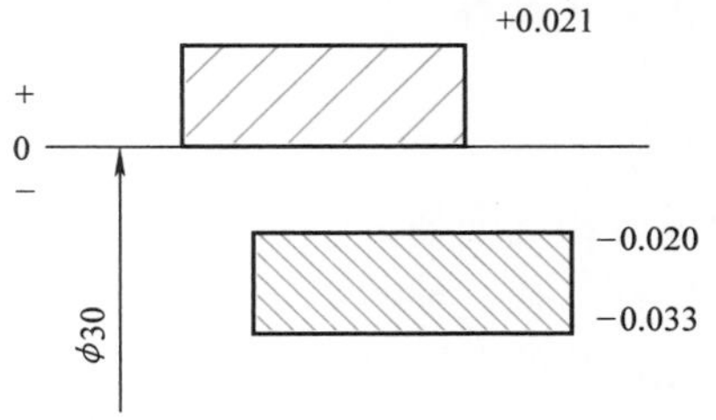

【例3】 孔 $\phi 30^{+0.021}_{0}$ mm 和轴 $\phi 30^{-0.020}_{-0.033}$ mm 相配合，试判断配合类型。若为间隙配合，试计算其极限间隙。

图 1-11 间隙配合示例

解：作孔、轴公差带图，如图 1-11 所示，由图可知，该组孔轴为间隙配合。

由公式可得 $X_{max} = ES - ei = + 0.021\text{mm} - (- 0.033)\text{mm} = + 0.054\text{mm}$

$$X_{min} = EI - es = 0 - (- 0.020)\text{mm} = + 0.020\text{mm}$$

（4）过盈配合 孔和轴装配时，总是存在过盈的配合。孔的上极限尺寸小于或（在极端情况下）等于轴的下极限尺寸，最小过盈等于零。此时，孔的公差带在轴的公差带之下，如图 1-12 所示。孔的尺寸减去相配合的轴的尺寸为负，一般用 Y 表示，其数值前应 " - "

号。如 -0.20mm，"－"号仅代表过盈的意思。

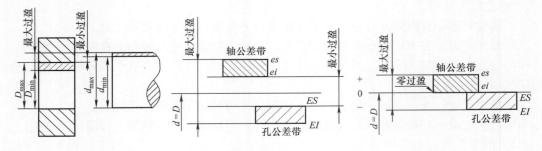

图 1-12   过盈配合的孔、轴公差带

为了使轴和孔的配合有适当的紧度，过盈不能小于一定的数值，也不能大于一定的数值。不然，装配时用力过大，会损坏工件，对每一种过盈配合，都应规定出最大过盈和最小过盈。

同样，由于孔、轴的实际尺寸允许在其公差带内变动，因而其配合的过盈也是变动的。当孔为下极限尺寸与相配的轴为上极限尺寸时，配合处于最紧状态，此时的过盈为最大过盈，用 $Y_{\max}$ 表示。当孔为上极限尺寸与相配的轴为下极限尺寸时，配合处于最松状态，此时的过盈为最小过盈，用 $Y_{\min}$ 表示。

即：$Y_{\max} = D_{\min} - d_{\max} = EI - es$ $Y_{\min} = D_{\max} - d_{\min} = ES - ei$

最大过盈和最小过盈统称为极限过盈，它们表示过盈配合中允许过盈变动的两个界限值。孔、轴装配后的实际过盈在最小过盈和最大过盈之间。

过盈配合中，当孔的上极限尺寸等于轴的下极限尺寸时，最小过盈等于零，称为零过盈。

【例4】   孔 $\phi25^{+0.025}_{\ 0}\text{mm}$ 和轴 $\phi25^{+0.042}_{+0.026}\text{mm}$ 相配合，试判断配合类型，并计算其极限间隙或极限过盈。

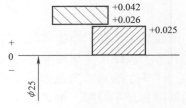

图 1-13   过盈配合示例

解：作孔轴、公差带图，如图 1-13 所示，由图可知，该配合为过盈配合。

由公式可得 $Y_{\max} = EI - es = 0 - (+0.042)\text{mm} = -0.042\text{mm}$

$Y_{\min} = ES - ei = +0.025\text{mm} - (+0.026)\text{mm} = -0.001\text{mm}$

（5）过渡配合   孔和轴装配时，可能具有间隙或过盈的配合。此时，孔的公差带与轴的公差带相互交叠，如图 1-14 所示。

同样，孔、轴的实际尺寸是允许在其公差带内变动的。当孔的尺寸大于轴的尺寸时，具有间隙。孔的上极限尺寸减轴的下极限尺寸所得的差值为最大间隙 $X_{\max}$，配合处于最松状态。当孔的尺寸小于轴的尺寸时，具有过盈。孔的下极限尺寸减轴的上极限尺寸所得的差值为最大过盈 $Y_{\max}$，配合处于最紧状态。

即：$X_{\max} = D_{\max} - d_{\min} = ES - ei$ $Y_{\max} = D_{\min} - d_{\max} = EI - es$

【例5】   孔 $\phi40^{+0.025}_{\ 0}\text{mm}$ 和轴 $\phi40^{+0.018}_{+0.002}\text{mm}$ 相配合，试判断配合类型，并计算其极限间隙或极限过盈。

解：作孔、轴公差带图，如图 1-15 所示。由图可知，该组孔轴为过渡配合。

由公式可得：$X_{\max} = ES - ei = +0.025\text{mm} - (+0.002)\text{mm} = +0.023\text{mm}$

$Y_{\max} = EI - es = 0 - (+0.018)\text{mm} = -0.018\text{mm}$

2. 配合公差

配合公差（T_f）是组成配合的孔与轴的公差之和。它是允许间隙或过盈的变动量。配合公差是一个没有符号的绝对值，用"T_f"表示。配合公差愈大，则配合后的松紧差别程度愈大，即配合的一致性差，配合的精度低。反之，配合公差愈小，配合的松紧差别也愈小，即配合的一致性好，配合精度高。

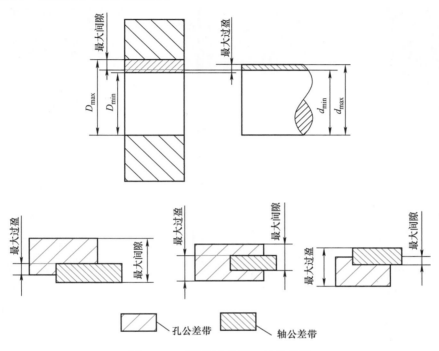

图 1-14　过渡配合的孔、轴公差带

对于间隙配合，配合公差等于最大间隙与最小间隙之差；对于过盈配合，配合公差等于最大过盈与最小过盈之差；对于过渡配合，配合公差等于最大间隙与最大过盈之和。

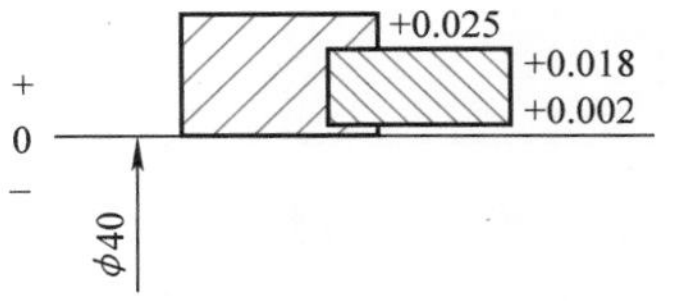

间隙配合公差　$T_f = | X_{max} - X_{min} |$

过盈配合公差　$T_f = | Y_{max} - Y_{min} |$　$\Big\}$　$T_f = T_h + T_s$

过渡配合公差　$T_f = | X_{max} + Y_{max} |$

图 1-15　过渡配合示例

配合公差等于组成配合的孔和轴的公差之和。配合精度的高低是由相配合的孔和轴的精度决定的。配合精度要求越高，孔和轴的精度要求也越高，加工成本越高。反之配合精度要求越低，孔和轴的加工成本越低。

配合公差与尺寸公差具有相同的性质，同样以绝对值定义，没有正负，也不可能为零。

> 💡 **注意**　配合公差不反映配合的松紧程度，它反映的是配合的松紧变化范围。

三、公差带的标准化

1. 公差标准的基本规定

公差与配合国家标准中所规定的任一公差称为标准公差，用于确定公差带大小。标准公差用符号"IT"表示。国家标准 GB/T 1800.1—2020《产品几何技术规范（GPS）线性尺寸公差 ISO 代号体系 第1部分：公差、偏差和配合的基础》规定的公称尺寸至 3150mm 的标准公差数值见表 1-1。从表中可以看出，标准公差的数值与两个因素有关，即标准公差等级和公称尺寸分段。

表 1-1 标准公差数值（GB/T 1800.1—2020）

公称尺寸/mm		标准公差等级																			
		IT01	IT0	IT1	IT2	IT3	IT4	IT5	IT6	IT7	IT8	IT9	IT10	IT11	IT12	IT13	IT14	IT15	IT16	IT17	IT18
		标准公差数值																			
大于	至	μm												mm							
—	3	0.3	0.5	0.8	1.2	2	3	4	6	10	14	25	40	60	0.1	0.14	0.25	0.4	0.6	1	1.4
3	6	0.4	0.6	1	1.5	2.5	4	5	8	12	18	30	48	75	0.12	0.18	0.3	0.48	0.75	1.2	1.8
6	10	0.4	0.6	1	1.5	2.5	4	6	9	15	22	36	58	90	0.15	0.22	0.36	0.58	0.9	1.5	2.2
10	18	0.5	0.8	1.2	2	3	5	8	11	18	27	43	70	110	0.18	0.27	0.43	0.7	1.1	1.8	2.7
18	30	0.6	1	1.5	2.5	4	6	9	13	21	33	52	84	130	0.21	0.33	0.52	0.84	1.3	2.1	3.3
30	50	0.6	1	1.5	2.5	4	7	11	16	25	39	62	100	160	0.25	0.39	0.62	1	1.6	2.5	3.9
50	80	0.8	1.2	2	3	5	8	13	19	30	46	74	120	190	0.3	0.46	0.74	1.2	1.9	3	4.6
80	120	1	1.5	2.5	4	6	10	15	22	35	54	87	140	220	0.35	0.54	0.87	1.4	2.2	3.5	5.4
120	180	1.2	2	3.5	5	8	12	18	25	40	63	100	160	250	0.4	0.63	1	1.6	2.5	4	6.3
180	250	2	3	4.5	7	10	14	20	29	46	72	115	185	290	0.46	0.72	1.15	1.85	2.9	4.6	7.2
250	315	2.5	4	6	8	12	16	23	32	52	81	130	210	320	0.52	0.81	1.3	2.1	3.2	5.2	8.1
315	400	3	5	7	9	13	18	25	36	57	89	140	230	360	0.75	0.89	1.4	2.3	3.6	5.7	8.9
400	500	4	6	8	10	15	20	27	40	63	97	155	250	400	0.63	0.97	1.55	2.5	4	6.3	9.7
500	630			9	11	16	22	32	44	70	110	175	280	440	0.7	1.1	1.75	2.8	4.4	7	11
630	800			10	13	18	25	36	50	80	125	200	320	500	0.8	1.25	2	3.2	5	8	12.5
800	1000			11	15	21	28	40	56	90	140	230	360	560	0.9	1.4	2.3	3.6	5.6	9	14
1000	1250			13	18	24	33	47	66	105	165	260	420	660	1.05	1.65	2.6	4.2	6.6	10.5	16.5
1250	1600			15	21	29	39	55	78	125	195	310	500	780	1.25	1.95	3.1	5	7.8	12.5	19.5
1600	2000			18	25	35	46	65	92	150	230	370	600	920	1.5	2.3	3.7	6	9.2	15	23
2000	2500			22	30	41	55	78	110	175	280	440	700	1100	1.75	2.8	4.4	7	11	17.5	28
2500	3150			26	36	50	68	96	135	210	330	540	860	1350	2.1	3.3	5.4	8.6	13.5	21	33

2. 标准公差等级

同一公差等级（例如 IT7）对所有公称尺寸的一组公差被认为具有同等精确程度。标准公差等级代号用符号"IT"和数字组成。如 IT7，"IT"表示标准公差，7 表示等级。当其与代表基本偏差的字母一起组成公差带时，省略"IT"字母，如 h7。

标准公差等级用以确定尺寸公差等级。国家标准设置了 20 个公差等级，即 IT01、IT0、IT1、IT2、IT3、…、IT18。IT01 ~ IT18 公差等级逐渐减低，相应的标准公差数值逐渐增大。

高   低

◄——— 公差等级 ———►

IT01、IT0、IT1、…、IT18

小   大

——— 标准公差数值 ———►

显然，同一公称尺寸的孔和轴，其公差等级越高，标准公差数值越小；公差等级越低，标准公差数值越大。另一方面，同一公差等级的孔和轴，公称尺寸越小，标准公差数值越小；公称尺寸越大，标准公差数值越大。

公差等级是划分尺寸精确程度高低的标志。虽然在同一公差等级中，不同公称尺寸对应不同的标准公差值，但这些尺寸被认为具有同等的精确程度。例如公称尺寸 25mm 的 IT6 数值为 0.013mm，公称尺寸 200mm 的 IT6 数值为 0.029mm，两者虽然标准公差值相差很大，但不能因此认为前者比后者精确，它们具有相同的精确程度。

公差等级越高，工件的精度越高，使用性能也越高，但加工难度大；公差等级越低，工件的精度越低，使用性能也越低，但加工难度小。因而要综合考虑工件的使用要求和加工经济性两方面的因素，合理确定公差等级。

3. 公称尺寸段

同一公差等级的标准公差数值随公称尺寸的增大而增大。在实际生产中使用的公称尺寸很多，如果每一个公称尺寸都对应一个公差值，就会形成一个庞大的公差数值表，不利于实现标准化。因此，对公称尺寸进行了分段。同一尺寸段内所有的公称尺寸，相同公差等级，具有相同的公差值。例如：公称尺寸 60mm 和 70mm，IT7 数值均为 0.030mm。

4. 基本偏差

（1）基本偏差定义 用以确定公差带相对于零线位置的上极限偏差或下极限偏差称为基本偏差。为了满足不同配合性质的需要，对孔和轴公差带的位置予以标准化，基本偏差一般为靠近零线的偏差。如图 1-16 所示，公差带在零线上方时，基本偏差为下极限偏差；公差带在零线下方时，基本偏差为上极限偏差。当公差带的某一偏差为零时，零就是基本偏差。若公差带相对于零线对称，则基本偏差可取上极限偏差，也可取下极限偏差。例如 $\phi 30 \pm 0.018$mm 的基本偏差可为上偏差 $+0.018$mm，也可为下偏差 -0.018mm。

（2）基本偏差代号 国家标准 GB/T 1800.1—2020 中规定了孔、轴各 28 种公差带的位置，分别用不同的拉丁字母表示。这些拉丁字母即为基本偏差代号，其中大写字母代表孔的基本偏差，小写字母代表轴的基本偏差。为了不与其他代号相混淆，在 26 个拉丁字母中去掉了 5 个字母 I、L、O、Q、W（i、l、o、q、w），又增加了 7 个双写字母 CD、EF、FG、JS、ZA、ZB、ZC（cd、ef、fg、js、za、zb、zc），共 28 个，表示孔、轴的 28 种公差带位置。基本偏差是确定公差带的位置参数，原则上与公差等级无关。孔、轴基本偏差代号见表 1-2。

表 1-2 孔、轴基本偏差代号

孔	A	B	C	D	E	F	G	H	J	K	M	N	P	R	S	T	U	V	X	Y	Z			
			CD		EF	FG		JS												ZA	ZB	ZC
轴	a	b	c	d	e	f	g	h	j	k	m	n	p	r	s	t	u	v	x	y	z			
			cd		ef	fg		js												za	zb	zc

（3）基本偏差系列图及其特征 图 1-16 为基本偏差系列图，它表示公称尺寸相同的 28 种孔、轴的基本偏差相对零线的位置关系。此图只表示公差带的位置，不表示公差带的大小。所以，图中公差带只画了靠近零线的一端，另一端是开口的，开口端的极限偏差由标准公差确定。基本偏差相对零线基本呈对称分布。轴和孔的基本偏差排列规律见表 1-3。

1）轴的基本偏差从 a ~ h 为上偏差 es，h 的上极限偏差为零，其余均为负值，从 j ~ zc 为下极限偏差 ei，除 j 和 k 的部分外都为其正值。

2）孔的基本偏差从 A ~ H 为下极限偏差 EI，从 J ~ ZC 为上极限偏差 ES，其正负号情况与轴的基本偏差的正负号情况相反。

3）基本偏差代号为 JS 和 js 的公差带，按国家标准对基本偏差的定义，在基本偏差数值表中将 js 归为上极限偏差，将 JS 划归为下极限偏差。

4）代号为 k、K 和 N 的基本偏差的数值随公差等级的不同而分为两种情况（k、K 可为正值或零值，N 可为负值或零值）。

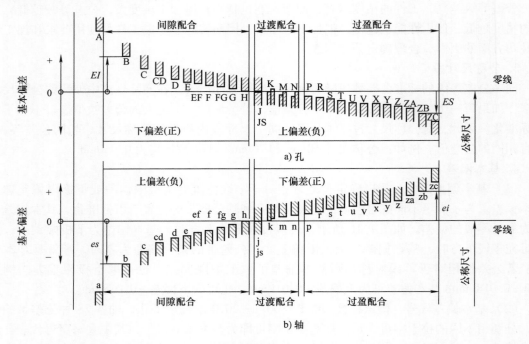

图 1-16 基本偏差系列图

表 1-3 轴和孔的基本偏差排列规律

基本偏差代号		公差带位置		基本偏差性质	
轴	孔	轴	孔	轴	孔
a ~ g	A ~ G	零线下方	零线上方	es = −	EI = +
h	H			es = 0	EI = 0
js	JS	对称于零线两侧		es = + IT/2 ei = − IT/2	ES = + IT/2 EI = − IT/2
k ~ zc	K ~ ZC	零线上方	零线下方	ei = +	ES = −

（4）轴的基本偏差数值（表 1-4） 轴的另一个偏差，下极限偏差（ei）和上极限偏差（es）可由轴的基本偏差和标准公差（IT）表 1-1 求得

ei = 负（−）的基本偏差：$ei = es - IT$ es = 正（+）的基本偏差：$es = ei + IT$

（5）孔的基本偏差数值（表 1-5） 孔的另一个偏差，上极限偏差（ES）和下极限偏差（EI）可由孔的基本偏差和标准公差（IT）表 1-1 求得

EI = 正（+）的基本偏差：$ES = EI + IT$ ES = 负（−）的基本偏差：$EI = ES - IT$

在实际生产中，为了方便，轴和孔的基本偏差，可以直接查表 1-4 轴的基本偏差数值和表 1-5 孔的基本偏差数值。

表 1-4 轴的基本偏差数值　　　　　　　　（单位：μm）

公称尺寸/mm 大于	至	a	b	c	cd	d	e	ef	f	fg	g	h	js	j (IT5和IT6)	j (IT7)	j (IT8)	k (IT4~IT7)	k (≤IT3 >IT7)
		上极限偏差 es（所有标准公差等级）												下极限偏差 ei				
—	3	−270	−140	−60	−34	−20	−14	−10	−6	−4	−2	0		−2	−4	−6	0	0
3	6	−270	−140	−70	−46	−30	−20	−14	−10	−6	−4	0		−2	−4	—	+1	0
6	10	−280	−150	−80	−56	−40	−25	−18	−13	−8	−5	0		−2	−5	—	+1	0
10	14	−290	−150	−95	—	−50	−32	—	−16	—	−6	0		−3	−6	—	+1	0
14	18	−290	−150	−95	—	−50	−32	—	−16	—	−6	0		−3	−6	—	+1	0
18	24	−300	−160	−110	—	−65	−40	—	−20	—	−7	0		−4	−8	—	+2	0
24	30	−300	−160	−110	—	−65	−40	—	−20	—	−7	0		−4	−8	—	+2	0
30	40	−310	−170	−120	—	−80	−50	—	−25	—	−9	0		−5	−10	—	+2	0
40	50	−320	−180	−130	—	−80	−50	—	−25	—	−9	0		−5	−10	—	+2	0
50	65	−340	−190	−140	—	−100	−60	—	−30	—	−10	0		−7	−12	—	+2	0
65	80	−360	−200	−150	—	−100	−60	—	−30	—	−10	0		−7	−12	—	+2	0
80	100	−380	−220	−170	—	−120	−72	—	−36	—	−12	0		−9	−15	—	+3	0
100	120	−410	−240	−180	—	−120	−72	—	−36	—	−12	0		−9	−15	—	+3	0
120	140	−460	−260	−200	—	−145	−85	—	−43	—	−14	0		−11	−18	—	+3	0
140	160	−520	−280	−210	—	−145	−85	—	−43	—	−14	0		−11	−18	—	+3	0
160	180	−580	−310	−230	—	−145	−85	—	−43	—	−14	0		−11	−18	—	+3	0
180	200	−660	−340	−240	—	−170	−100	—	−50	—	−15	0		−13	−21	—	+4	0
200	225	−740	−380	−260	—	−170	−100	—	−50	—	−15	0		−13	−21	—	+4	0
225	250	−820	−420	−280	—	−170	−100	—	−50	—	−15	0		−13	−21	—	+4	0
250	280	−920	−480	−300	—	−190	−110	—	−56	—	−17	0		−16	−26	—	+4	0
280	315	−1050	−540	−330	—	−190	−110	—	−56	—	−17	0		−16	−26	—	+4	0
315	355	−1200	−600	−360	—	−210	−125	—	−62	—	−18	0		−18	−28	—	+4	0
355	400	−1350	−680	−400	—	−210	−125	—	−62	—	−18	0		−18	−28	—	+4	0
400	450	−1500	−760	−440	—	−230	−135	—	−68	—	−20	0		−20	−32	—	+5	0
450	500	−1650	−840	−480	—	−230	−135	—	−68	—	−20	0		−20	−32	—	+5	0
500	560	—		—		−260	−145		−76		−22	0		—	—	—	0	0
560	630	—		—		−260	−145		−76		−22	0		—	—	—	0	0
630	710	—		—		−290	−160		−80		−24	0		—	—	—	0	0
710	800	—		—		−290	−160		−80		−24	0		—	—	—	0	0
800	900	—		—		−320	−170		−86		−26	0		—	—	—	0	0
900	1000	—		—		−320	−170		−86		−26	0		—	—	—	0	0
1000	1120	—		—		−350	−195		−98		−28	0		—	—	—	0	0
1120	1250	—		—		−350	−195		−98		−28	0		—	—	—	0	0
1250	1400	—		—		−390	−220		−110		−30	0		—	—	—	0	0
1400	1600	—		—		−390	−220		−110		−30	0		—	—	—	0	0
1600	1800	—		—		−430	−240		−120		−32	0		—	—	—	0	0
1800	2000	—		—		−430	−240		−120		−32	0		—	—	—	0	0
2000	2240	—		—		−480	−260		−130		−34	0		—	—	—	0	0
2240	2500	—		—		−480	−260		−130		−34	0		—	—	—	0	0
2500	2800	—		—		−520	−290		−145		−38	0		—	—	—	0	0
2800	3150	—		—		−520	−290		−145		−38	0		—	—	—	0	0

js 列：偏差 $= \pm \dfrac{ITn}{2}$，式中，n 为标准公差等级数。

（续）

公称尺寸 /mm		基本偏差数值													
		下极限偏差 ei													
大于	至	m	n	p	r	s	t	u	v	x	y	z	za	zb	zc
		所有标准公差等级													
—	3	+2	+4	+6	+10	+14	—	+18	—	+20	—	+26	+32	+40	+60
3	6	+4	+8	+12	+15	+19	—	+23	—	+28	—	+35	+42	+50	+80
6	10	+6	+10	+15	+19	+23	—	+28	—	+34	—	+42	+52	+67	+97
10	14	+7	+12	+18	+23	+28	—	+33	—	+40	—	+50	+64	+90	+130
14	18	+7	+12	+18	+23	+28	—	+33	+39	+45	—	+60	+77	+108	+150
18	24	+8	+15	+22	+28	+35	—	+41	+47	+54	+63	+73	+98	+136	+188
24	30	+8	+15	+22	+28	+35	+41	+48	+55	+64	+75	+88	+118	+160	+218
30	40	+9	+17	+26	+34	+43	+48	+60	+68	+80	+94	+112	+148	+200	+274
40	50	+9	+17	+26	+34	+43	+54	+70	+81	+97	+114	+136	+180	+242	+325
50	65	+11	+20	+32	+41	+53	+66	+87	+102	+122	+144	+172	+226	+300	+405
65	80	+11	+20	+32	+43	+59	+75	+102	+120	+146	+174	+210	+274	+360	+480
80	100	+13	+23	+37	+51	+71	+91	+124	+146	+178	+214	+258	+335	+445	+585
100	120	+13	+23	+37	+54	+79	+104	+144	+172	+210	+254	+310	+400	+525	+690
120	140	+15	+27	+43	+63	+92	+122	+170	+202	+248	+300	+365	+470	+620	+800
140	160	+15	+27	+43	+65	+100	+134	+190	+228	+280	+340	+415	+535	+700	+900
160	180	+15	+27	+43	+68	+108	+146	+210	+252	+310	+380	+465	+600	+780	+1000
180	200	+17	+31	+50	+77	+122	+166	+236	+284	+350	+425	+520	+670	+880	+1150
200	225	+17	+31	+50	+80	+130	+180	+258	+310	+385	+470	+575	+740	+960	+1250
225	250	+17	+31	+50	+84	+140	+196	+284	+340	+425	+520	+640	+820	+1050	+1350
250	280	+20	+34	+56	+94	+158	+218	+315	+385	+475	+580	+710	+920	+1200	+1550
280	315	+20	+34	+56	+98	+170	+240	+350	+425	+525	+650	+790	+1000	+1300	+1700
315	355	+21	+37	+62	+108	+190	+268	+390	+475	+590	+730	+900	+1150	+1500	+1900
355	400	+21	+37	+62	+114	+208	+294	+435	+530	+660	+820	+1000	+1300	+1650	+2100
400	450	+23	+40	+68	+126	+232	+330	+490	+595	+740	+920	+1100	+1450	+1850	+2400
450	500	+23	+40	+68	+132	+252	+360	+540	+660	+820	+1000	+1250	+1600	+2100	+2600
500	560	+26	+44	+78	+150	+280	+400	+600							
560	630	+26	+44	+78	+155	+310	+450	+660							
630	710	+30	+50	+88	+175	+340	+500	+740							
710	800	+30	+50	+88	+185	+380	+560	+840							
800	900	+34	+56	+100	+210	+430	+620	+940							
900	1000	+34	+56	+100	+220	+470	+680	+1050							
1000	1120	+40	+66	+120	+250	+520	+780	+1150							
1120	1250	+40	+66	+120	+260	+580	+840	+1300							
1250	1400	+48	+78	+140	+300	+640	+960	+1450							
1400	1600	+48	+78	+140	+330	+720	+1050	+1600							
1600	1800	+58	+92	+170	+370	+820	+1200	+1850							
1800	2000	+58	+92	+170	+400	+920	+1350	+2000							
2000	2240	+68	+110	+195	+440	+1000	+1500	+2300							
2240	2500	+68	+110	+195	+460	+1100	+1650	+2500							
2500	2800	+76	+135	+240	+550	+1250	+1900	+2900							
2800	3150	+76	+135	+240	+580	+1400	+2100	+3200							

注：1. 公称尺寸小于或等于1mm时，基本偏差a和b均不采用。

　2. 公差带 js7 至 js11，若 ITn 值数是奇数，则取偏差 $= \pm \dfrac{\text{IT}n-1}{2}$。

表 1-5　孔的基本偏差数值　　　　　　　　　　　　　（单位：μm）

公称尺寸 /mm		基本偏差数值																				
		下极限偏差 EI												上极限偏差 ES								
大于	至	A	B	C	CD	D	E	EF	F	FG	G	H	JS	J			K		M		N	
		所有标准公差等级												IT6	IT7	IT8	≤IT8	>IT8	≤IT8	>IT8	≤IT8	>IT8
—	3	+270	+140	+60	+34	+20	+14	+10	+6	+4	+2	0		+2	+4	+6	0	0	−2	−2	−4	−4
3	6	+270	+140	+70	+46	+30	+20	+14	+10	+6	+4	0		+5	+6	+10	−1 +Δ		−4 +Δ	−4	−8 +Δ	0
6	10	+280	+150	+80	+56	+40	+25	+18	+13	+8	+5	0		+5	+8	+12	−1 +Δ		−6 +Δ	−6	−10 +Δ	0
10	14	+290	+150	+95		+50	+32		+16		+6	0		+6	+10	+15	−1 +Δ		−7 +Δ	−7	−12 +Δ	0
14	18																					
18	24	+300	+160	+110		+65	+40		+20		+7	0		+8	+12	+20	−2 +Δ		−8 +Δ	−8	−15 +Δ	0
24	30																					
30	40	+310	+170	+120		+80	+50		+25		+9	0		+10	+14	+24	−2 +Δ		−9 +Δ	−9	−17 +Δ	0
40	50	+320	+180	+130																		
50	65	+340	+190	+140		+100	+60		+30		+10	0		+13	+18	+28	−2 +Δ		−11 +Δ	−11	−20 +Δ	0
65	80	+360	+200	+150																		
80	100	+380	+220	+170		+120	+72		+36		+12	0		+16	+22	+34	−3 +Δ		−13 +Δ	−13	−23 +Δ	0
100	120	+410	+240	+180																		
120	140	+460	+260	+200		+145	+85		+43		+14	0		+18	+26	+41	−3 +Δ		−15 +Δ	−15	−27 +Δ	0
140	160	+520	+280	+210																		
160	180	+580	+310	+230																		
180	200	+660	+340	+240		+170	+100		+50		+15	0		+22	+30	+47	−4 +Δ		−17 +Δ	−17	−31 +Δ	0
200	225	+740	+380	+260																		
225	250	+820	+420	+280																		
250	280	+920	+480	+300		+190	+110		+56		+17	0		+25	+36	+55	−4 +Δ		−20 +Δ	−20	−34 +Δ	0
280	315	+1050	+540	+330																		
315	355	+1200	+600	+360		+210	+125		+62		+18	0		+29	+39	+60	−4 +Δ		−21 +Δ	−21	−37 +Δ	0
355	400	+1350	+680	+400																		
400	450	+1500	+760	+440		+230	+135		+68		+20	0		+33	+43	+66	−5 +Δ		−23 +Δ	−23	−40 +Δ	0
450	500	+1650	+840	+480																		
500	560					+260	+145		+76		+22	0					0		−26		−44	
560	630																					
630	710					+290	+160		+80		+24	0					0		−30		−50	
710	800																					
800	900					+320	+170		+86		+26	0					0		−34		−56	
900	1000																					
1000	1120					+350	+195		+98		+28	0					0		−40		−66	
1120	1250																					
1250	1400					+390	+220		+110		+30	0					0		−48		−78	
1400	1600																					
1600	1800					+430	+240		+120		+32	0					0		−58		−92	
1800	2000																					
2000	2240					+480	+260		+130		+34	0					0		−68		−110	
2240	2500																					
2500	2800					+520	+290		+145		+38	0					0		−76		−135	
2800	3150																					

JS 列：偏差 $= \pm \dfrac{ITn}{2}$，式中，n 为标准公差等级数

（续）

公称尺寸 /mm		基本偏差数值 上极限偏差 ES												Δ 值					
大于	至	P~ZC	P	R	S	T	U	V	X	Y	Z	ZA	ZB	ZC	IT3	IT4	IT5	IT6	IT7	IT8
			所有标准公差等级大于 IT7												标准公差等级					
—	3		−6	−10	−14		−18		−20		−26	−32	−40	−60	0	0	0	0	0	0
3	6		−12	−15	−19		−23		−28		−35	−42	−50	−80	1	1.5	1	3	4	6
6	10		−15	−19	−23		−28		−34		−42	−52	−67	−97	1	1.5	2	3	6	7
10	14		−18	−23	−28		−33		−40		−50	−64	−90	−130	1	2	3	3	7	9
14	18		−18	−23	−28		−33	−39	−45		−60	−77	−108	−150	1	2	3	3	7	9
18	24	在大于 IT7 的标准公差等级的基本偏差数值上增加一个 Δ 值	−22	−28	−35		−41	−47	−54	−63	−73	−98	−136	−188	1.5	2	3	4	8	12
24	30		−22	−28	−35	−41	−48	−55	−64	−75	−88	−118	−160	−218	1.5	2	3	4	8	12
30	40		−26	−34	−43	−48	−60	−68	−80	−94	−112	−148	−200	−274	1.5	3	4	5	9	14
40	50		−26	−34	−43	−54	−70	−81	−97	−114	−136	−180	−242	−325	1.5	3	4	5	9	14
50	65		−32	−41	−53	−66	−87	−102	−122	−144	−172	−226	−300	−405	2	3	5	6	11	16
65	80		−32	−43	−59	−75	−102	−120	−146	−174	−210	−274	−360	−480	2	3	5	6	11	16
80	100		−37	−51	−71	−91	−124	−146	−178	−214	−258	−335	−445	−585	2	4	5	7	13	19
100	120		−37	−54	−79	−104	−144	−172	−210	−254	−310	−400	−525	−690	2	4	5	7	13	19
120	140		−43	−63	−92	−122	−170	−202	−248	−300	−365	−470	−620	−800	3	4	6	7	15	23
140	160		−43	−65	−100	−134	−190	−228	−280	−340	−415	−535	−700	−900	3	4	6	7	15	23
160	180		−43	−68	−108	−146	−210	−252	−310	−380	−465	−600	−780	−1000	3	4	6	7	15	23
180	200		−50	−77	−122	−166	−236	−284	−350	−425	−520	−670	−880	−1150	3	4	6	9	17	26
200	225		−50	−80	−130	−180	−258	−310	−385	−470	−575	−740	−960	−1250	3	4	6	9	17	26
225	250		−50	−84	−140	−196	−284	−340	−425	−520	−640	−820	−1050	−1350	3	4	6	9	17	26
250	280		−56	−94	−158	−218	−315	−385	−475	−580	−710	−920	−1200	−1550	4	4	7	9	20	29
280	315		−56	−98	−170	−240	−350	−425	−525	−650	−790	−1000	−1300	−1700	4	4	7	9	20	29
315	355		−62	−108	−190	−268	−390	−475	−590	−730	−900	−1150	−1500	−1900	4	5	7	11	21	32
355	400		−62	−114	−208	−294	−435	−530	−660	−820	−1000	−1300	−1650	−2100	4	5	7	11	21	32
400	450		−68	−126	−232	−330	−490	−595	−740	−920	−1100	−1450	−1850	−2400	5	5	7	13	23	34
450	500		−68	−132	−252	−360	−540	−660	−820	−1000	−1250	−1600	−2100	−2600	5	5	7	13	23	34
500	560		−78	−150	−280	−400	−600													
560	630		−78	−155	−310	−450	−660													
630	710		−88	−175	−340	−500	−740													
710	800		−88	−185	−380	−560	−840													
800	900		−100	−210	−430	−620	−940													
900	1000		−100	−220	−470	−680	−1050													
1000	1120		−120	−250	−520	−780	−1150													
1120	1250		−120	−260	−580	−840	−1300													
1250	1400		−140	−300	−640	−960	−1450													
1400	1600		−140	−330	−720	−1050	−1600													
1600	1800		−170	−370	−820	−1200	−1850													
1800	2000		−170	−400	−920	−1350	−2000													
2000	2240		−195	−440	−1000	−1500	−2300													
2240	2500		−195	−460	−1100	−1650	−2500													
2500	2800		−240	−550	−1250	−1900	−2900													
2800	3150		−240	−580	−1400	−2100	−3200													

注：1. 公称尺寸小于或等于 1mm 时，基本偏差 A 和 B 及大于 IT8 的 N 均不采用。

2. 公差带 JS7 至 JS11，若 ITn 值数是奇数，则取偏差 $= \pm \dfrac{ITn - 1}{2}$。

3. 对小于或等于 IT8 的 K、M、N 和小于或等于 IT7 的 P~ZC，所需 Δ 值从表内右侧选取。
   例如：18~30mm 段的 K7：$\Delta = 8\mu m$，所以 $ES = -2\mu m + 8\mu m = +6\mu m$
   18~30mm 段的 S6：$\Delta = 4\mu m$，所以 $ES = -35\mu m + 4\mu m = -31\mu m$

4. 特殊情况：250~315mm 段的 M6，$ES = -9\mu m$（代替 $-11\mu m$）。

四、公差带代号、公差带的选择及在图样上的标注

1. 公差带代号

孔、轴的公差带代号由基本偏差代号和公差等级代号组成，并要求用同一字号书写。如 H9、D11、M7 等为孔的公差带代号，h8、k7、t5 等为轴的公差带代号。图样上标注尺寸公差时，可用公称尺寸与公差带代号表示。例如：

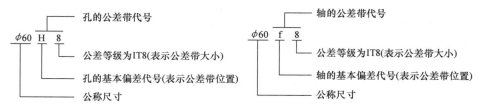

2. 在图样上标注尺寸公差的方法

图 1-17a 所示为在图样上标注公称尺寸和公差带代号，如 $\phi20H7$ 和 $\phi20g6$，此种标注适用于大批量生产的产品。

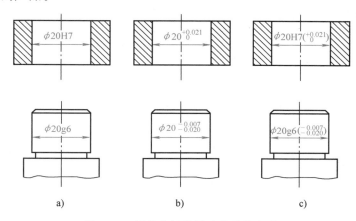

图 1-17　图样上标注尺寸公差的方法

图 1-17b 所示在图样上标注公称尺寸和极限偏差数值，如 $\phi20^{+0.021}_{0}$ 和 $\phi20^{-0.007}_{-0.020}$，标注偏差数值，方便工件加工，适用于单件或小批量生产的产品。

图 1-17c 所示在图样上标注公称尺寸、公差带代号和极限偏差值，如 $\phi20H7(^{+0.021}_{0})$ 和 $\phi20g6(^{-0.007}_{-0.020})$，公差带代号和偏差数值一起标注，适用于中小批量生产的产品，此种标注适用范围广泛。

3. 公差带系列

孔和轴的公差带又可以组成很多种数量的公差带。国家标准 GB/T 1800.1—2020 规定了 20 个公差等级，分别对轴、孔规定了各 28 种基本偏差代号。孔的公差带有 543 种（J 仅有 J6、J7、J8），轴的公差带有 544 种（j 仅有 j5、j6、j7、j8），在生产实践中，使用这么多的公差带，既发挥不了标准化的作用，也不利于生产。在满足生产与需要的前提下，为了尽量减少工件、定值刀具和量具及工艺装备的品种、规格等，对孔、轴所选用的公差带作了必要的限制。

国家标准对公称尺寸至 500mm 的轴公差带规定了优先配合和一般用途配合两类公差带。

轴的优先配合公差带有 17 种（圆圈中），一般用途配合公差带有 33 种，如图 1-18 所示。

国家标准对公称尺寸至 500mm 的孔公差带规定了优先配合和一般配合两类公差带。孔的优先配合公差带有 17 种（圆圈中），一般用途配合公差带有 28 种，如图 1-19 所示。

在实际应用中，各类公差带选择顺序是：首先选用优先公差带，其次选用一般公差带。

图 1-18 和图 1-19 中的公差带代号仅应用于不需要对公差带代号进行特定选取的一般性用途。需要特定选取的，如键槽在特定应用中，偏差 js 和 JS 可被相应的偏差 j5、j6、j7 和 J6、J7、J8 替代。

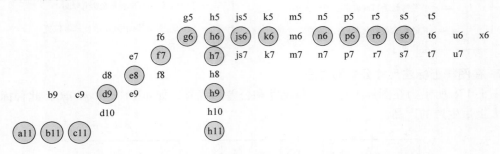

图 1-18　公称尺寸至 500mm 的轴的优先和一般性用途公差带

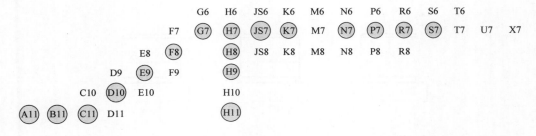

图 1-19　公称尺寸至 500mm 的孔的优先和一般性用途公差带

4. 孔、轴极限偏差数值的确定

孔的极限偏差表见附录 A，轴的极限偏差表见附录 B，利用查表的方法，能快速确定孔和轴的两个极限偏差数值。查表时由公称尺寸查行，由基本偏差代号和公差等级查列，行与列相交处的框格有上下两个偏差数值，上方的为上极限偏差，下方的为下极限偏差。

【例 6】　已知孔 $\phi25H8$ 与轴 $\phi25f7$ 相配合，查表确定孔和轴的极限偏差，计算极限尺寸和公差，画出公差带图，判定配合类型，并求配合的极限间隙或极限过盈及配合公差。

解： 从附录 A 查到孔 $\phi25H8$ 的上极限偏差为 $+0.033$mm，下极限偏差为 0，即孔尺寸为 $\phi25^{+0.033}_{0}$mm。

$$D_{\max} = D + ES = 25\text{mm} + 0.033\text{mm} = 25.033\text{mm}$$

$$D_{\min} = D + EI = 25\text{mm} + 0\text{mm} = 25\text{mm}$$

$$T_{\text{h}} = ES - EI = (0.033 - 0)\text{mm} = 0.033\text{mm}$$

查附录 B，轴 $\phi25f7$ 的上极限偏差为 -0.020mm，下极限偏差为 -0.041mm，即轴尺寸为 $\phi25^{-0.020}_{-0.041}$mm。

$$d_{\max} = d + es = 25\text{mm} + (-0.020)\text{mm} = 24.980\text{mm}$$

$$d_{\min} = d + ei = 25\text{mm} + (-0.041)\text{mm} = 24.959\text{mm}$$

$$T_s = es - ei = |(-0.020) - (-0.041)|\text{mm} = 0.021\text{mm}$$

孔和轴的公差带图如图 1-20 所示，孔的公差带在轴的公差带之上，此配合为间隙配合。

$$X_{\max} = ES - ei = +0.033\text{mm} - (-0.041)\text{mm} = +0.074\text{mm},$$

$$X_{\min} = EI - es = 0\text{mm} - (-0.020)\text{mm} = +0.020\text{mm}。$$

$$T_f = X_{\max} - X_{\min} = 0.074\text{mm} - 0.020\text{mm} = 0.054\text{mm},$$

$$T_f = T_h + T_s = 0.033\text{mm} + 0.021\text{mm} = 0.054\text{mm}。$$

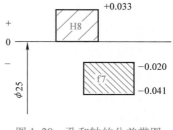

图 1-20　孔和轴的公差带图

五、配合的选用

任何一种孔的公差带和任何一种轴的公差带都可以形成一种配合。只要固定配合的一个工件的公差范围，而只改变另一个工件的公差范围，便可满足不同使用性能要求的配合，就能获得良好的技术经济效益。为了便于实际应用，国家标准对孔与轴公差带之间的相互关系，规定了两种配合制，即基孔制配合和基轴制配合。

1. 配合制

配合制是公称尺寸相同的孔和轴由线性尺寸公差、公差带代号、公差等级确定组成的一种配合制度。

（1）基孔制配合　孔的基本偏差为零的配合，其下极限偏差等于零。基本偏差为一定的孔的公差带，与不同基本偏差轴的公差带形成各种配合的一种制度，是孔的下极限尺寸与公称尺寸相等，孔的下极限偏差为零的一种配合制。

基准孔的基本偏差代号为 H，如图 1-21a 所示。上极限偏差为正值，其公差带位于零线上方并紧邻零线，图中基准孔的上极限偏差用虚线画出，以表示其公差带大小随不同公差等级变化。基孔制中的轴，公差带相对零线可有各种不同的位置，因而可形成各种不同性质的配合。

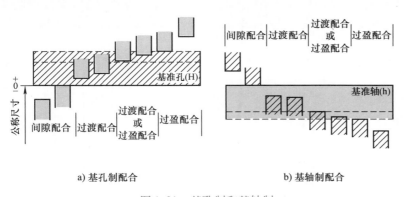

图 1-21　基孔制和基轴制

基准制动画

（2）基轴制配合　轴的基本偏差为零的配合，其上极限偏差等于零。基本偏差为一定的轴的公差带，与不同基本偏差的孔的公差带形成各种配合的一种制度，是轴的上极限尺寸与公称尺寸相等，轴的上极限偏差为零的一种配合制。

基准轴的基本偏差代号为 h，如图 1-21b 所示。下极限偏差为负值，其公差带位于零线下方并紧邻零线，图中基准轴的下极限偏差用虚线画出，以表示其公差带大小随不同公差等级变化。基轴制中的孔，公差带相对零线可有各种不同的位置，因而可形成各种不同性质的配合。

（3）混合配合 在实际生产中，根据需要有时也采用非基准孔和非基准轴相配合，这种没有基准件的配合称为混合配合。混合配合一般表示为 G8/m7、F7/n6 等形式。特殊情况下可采用混合配合，当机器上出现一个非基准孔（轴）和两个以上的轴（孔）要求组成不同性质的配合时，其中至少有一个为混合配合。也就是说，为满足配合的特殊要求，允许采用任一孔、轴的公差带组成配合。

2. 配合代号

由孔和轴的公差带代号组成，写成分数形式，分子为孔的公差带代号，分母为轴的公差带代号，如 H7/g6 或 $\frac{H7}{g6}$。在图样上标注时，配合代号标注在公称尺寸之后，如 $\phi25$ H7/g6 或 $\phi25\frac{H7}{g6}$，其含义是：公称尺寸为 $\phi25$mm，孔的公差带为 H7（基本偏差为 H，公差等级为 IT7），轴的公差带为 g6（基本偏差为 g，公差等级为 IT6），为基孔制间隙配合。

凡分子中含有 H 的均为基孔制配合，凡分母中含有 h 的均为基轴制配合。

3. 常用和优先配合

从理论上讲，任意一孔的公差带和任意的一轴公差带都能组成配合，形成了庞大的配合数目，远远超出了实际生产的需求，为此国家标准对配合数目进行了限制。国标在公称尺寸至 500mm 范围内，对基轴制规定了 38 种常用配合，18 种优先配合，对基孔制规定了 45 种常用配合，16 种优先配合，见表 1-6 和表 1-7。

表 1-6　基孔制优先、常用配合 GB/T 1800.1—2020

基准孔	a	b	c	d	e	f	g	h	js	k	m	n	p	r	s	t	u	x
	间隙配合								过渡配合				过盈配合				
H6							H6/g5	H6/h5	H6/js5	H6/k5	H6/m5	H6/n5	H6/p5					
H7						H7/f6	▼H7/g6	▼H7/h6	H7/js6	▼H7/k6	H7/m6	▼H7/n6	▼H7/p6	H7/r6	▼H7/s6	H7/t6	▼H7/u6	H7/x6
H8					H8/e7	▼H8/f7		▼H8/h7	H8/js7	H8/k7	H8/m7				H8/s7		H8/u7	
H8				H8/d8	H8/e8	H8/f8		H8/h8										
H9				▼H9/d9	H9/e9	H9/f9		▼H9/h9										
H10		H10/b9	H10/c9	▼H10/d9	H10/e9			▼H10/h9										
H11		▼H11/b11	▼H11/c11	H11/d11				▼H11/h11										

注：1. H6/n5、H7/p6 在公称尺寸≤3mm 时，为过渡配合。

　　 2. 标注▼的为优先配合。

表 1-7　基轴制优先、常用配合 GB/T 1800.1—2020

基准轴	孔																	
	A	B	C	D	E	F	G	H	JS	K	M	N	P	R	S	T	U	X
	间 隙 配 合								过 渡 配 合				过 盈 配 合					
h5							$\frac{G6}{h5}$	$\frac{H6}{h5}$	$\frac{JS6}{h5}$	$\frac{K6}{h5}$	$\frac{M6}{h5}$	$\frac{N6}{h5}$	$\frac{P6}{h5}$					
h6						$\frac{F7}{h6}$	$\frac{G7}{h6}$	$\frac{H7}{h6}$	$\frac{JS7}{h6}$	$\frac{K7}{h6}$	$\frac{M7}{h6}$	$\frac{N7}{h6}$	$\frac{P7}{h6}$	$\frac{R7}{h6}$	$\frac{S7}{h6}$	$\frac{T7}{h6}$	$\frac{U7}{h6}$	$\frac{X7}{h6}$
h7					$\frac{E8}{h7}$	$\frac{F8}{h7}$		$\frac{H8}{h7}$										
h8				$\frac{D9}{h8}$	$\frac{E9}{h8}$	$\frac{F9}{h8}$		$\frac{H9}{h8}$										
h9					$\frac{E8}{h9}$	$\frac{F8}{h9}$		$\frac{H8}{h9}$										
				$\frac{D9}{h9}$	$\frac{E9}{h9}$	$\frac{F9}{h9}$		$\frac{H9}{h9}$										
		$\frac{B11}{h9}$	$\frac{C10}{h9}$	$\frac{D10}{h9}$				$\frac{H10}{h9}$										

注：1. $\frac{N7}{h6}$ 为过渡配合。

　　2. 标注 ◤ 的为优先配合。

4. 孔、轴配合标注方法

图样上孔、轴配合标注方法如图 1-22 所示。

5. 配合制的选用原则

配合制的选用原则是在满足使用条件下，主要从生产、工艺的经济性和结构的合理性等方面综合考虑。

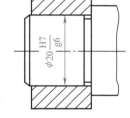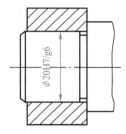

图 1-22　孔、轴配合标注方法

1）一般情况下，应优先选用基孔制配合。因为孔难以加工、并且难以测量，特别是小孔，中、小尺寸段的孔的加工一般采用钻头、铰刀、拉刀等刀具加工，检验也多采用塞规等定尺寸的量具，而轴的加工不存在这类问题。因此采用基孔制可大大减少定尺寸刀具和量具的品种和规格，有利于刀具和量具的生产和储备，从而降低成本。

2）在有些情况下可采用基轴制。例如采用冷拔圆棒料制造精度要求不高的轴，由于这种棒料外圆的尺寸、形状相当准确，表面光洁，因而外圆不需加工就能满足配合要求，这时采用基轴制在技术上、经济上都是合理的。

3）与标准件配合时，必须按标准件来选择基准制。如滚动轴承外圈与轴承座孔的配合应采用基轴制，且基准轴的 h 公差带代号省略，只标注轴承座孔 ϕ52J7，滚动轴承内圈与台阶轴的配合应采用基孔制，且基准孔的 H 公差带代号省略，只标注轴颈 ϕ25j6，如图 1-23b。

4）多件配合要具体分析。如一根轴和多个孔相配时，考虑结构需要，宜采用基轴制。如图 1-24 所示，活塞销同时与活塞和连杆上的孔配合，连杆要转动，故采用间隙配合，活

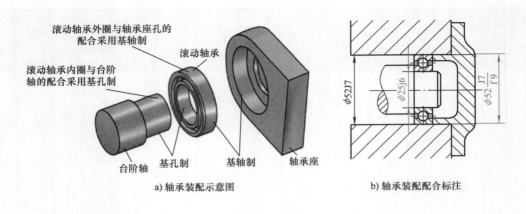

图 1-23 与标准件（轴承）配合的基准制选择

塞销与活塞孔配合应紧一些，故采用过渡配合。综上采用基轴制，便于加工和装配，降低成本。

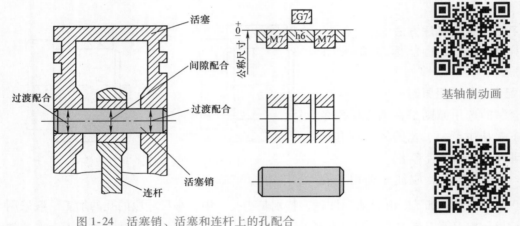

图 1-24 活塞销、活塞和连杆上的孔配合

基轴制动画

基孔制动画

6. 配合松紧的选用

一般情况下，采用类比法选择配合的种类。首先应了解该配合在机器中的作用、使用要求及工作条件，还应掌握国家标准中的各种基本偏差特点，了解各种常用和优先配合的特征及应用场合，确定配合的类别，即确定是间隙配合、过盈配合，还是过渡配合。表 1-8 为配合类别选择的基本原则。

六、公差等级的选择

1. 公差等级选用的基本原则

选择公差等级时要综合考虑使用性能和经济性能两方面的因素，总的选择原则是：在满足使用要求的条件下，尽量选取低的公差等级。

表 1-8　配合类别选择的基本原则

			永久结合	过盈配合
无相对运动	要传递转矩	要精确同轴	可拆结合	过渡配合或基本偏差为 H(h)[①] 的间隙配合加紧固件[②]
		无须精确同轴		间隙配合加紧固件[②]
	不传递转矩			过渡配合或小过盈配合
有相对运动	只有移动			基本偏差为 H(h)[①]、G(g)[①] 的间隙配合
	转动或转动和移动复合运动			基本偏差为 A～F(a～f)[①] 的间隙配合

① 指非基准件的基本偏差代号。
② 紧固件指键、销和螺钉等。

2. 公差等级的选用

孔和轴的工艺等价性是指孔和轴加工难易程度应相同。在公差等级≤IT8 时，中小尺寸的孔加工，要比相同尺寸相同等级的轴加工困难，加工成本也高一些，其工艺是不等价的。为了使相配合的孔、轴工艺等价，其公差等级按优先、常用配合（表 1-6、表 1-7），孔比轴低一级选用，这样就可以保证孔、轴工艺等价。公差等级的选用，一般采用类比的方法，即参考经过实践证明是合理的典型产品公差等级，结合待定工件的配合、工艺和结构等特点，经分析对比后确定公差等级。用类比法选择公差等级时，应掌握各公差等级的应用范围，以便类比选择时有所依据。表 1-9 为各公差等级的应用范围，表 1-10 为各公差等级的主要应用实例，表 1-11 为了各种加工方法与公差等级的关系。

表 1-9　公差等级的应用范围

应用	公差等级 IT																		
	01	0	1	2	3	4	5	6	7	8	9	10	11	12	13	14	15	16	17	18
量块	—	—	—																
量规			—	—	—	—	—	—	—	—									
特别精密的配合				—	—	—	—												
一般配合							—	—	—	—	—	—	—	—					
非配合尺寸													—	—	—	—	—	—	—	—
原材料尺寸									—	—	—	—	—	—	—	—	—		

表 1-10　公差等级的主要应用实例

公差等级	主要应用实例
IT01～IT1	一般用于精密标准量块。IT1 也用于检验 IT6 和 IT7 级轴用量规的校对量规
IT2～IT7	用于检验 IT5～IT6 的量规的尺寸公差
IT3～IT5（孔为 IT6）	用于精度要求很高的配合。如机床主轴与精密滚动轴承的配合、发动机活塞销与连杆孔和活塞孔的配合，配合公差很小，对加工要求很高，应用较少
IT6（孔为 IT7）	用于机床、发动机和仪表中的重要配合。如机床传动机构中齿轮和轴的配合，轴和轴承的配合，发动机活塞和气缸、曲轴与轴承、气阀杆与导套的配合。配合公差较小，一般精密加工能够实现，在精密机械中广泛应用
IT7、IT8	用于机床和发动机中不太重要的配合，也用于重型机械、农用机械、纺织机械、机车车辆等的重要配合。如机床上操纵杆的支承配合、发动机中活塞环与活塞环槽的配合、农业机械中齿轮与轴的配合等。配合公差中等，加工易于实现，在一般机械中广泛应用

（续）

公差等级	主要应用实例
IT9、IT10	用于一般要求、长度精度要求较高的配合。某些非配合尺寸的特殊要求，如飞机机身的外壳尺寸，由于质量限制，要求到达到 IT9 或 IT10
IT11、IT12	多用于各种不严格要求，只要求便于联接的配合。如螺栓和螺孔、铆钉和孔等的配合
IT12～IT18	用于非配合尺寸和粗加工的工序尺寸。例如手柄的直径、壳体的外形和壁厚尺寸，以及端面之间的距离等

表 1-11　各种加工方法与公差等级的关系

加工方法	公差等级 IT																	
	01	0	1	2	3	4	5	6	7	8	9	10	11	12	13	14	15	16
研磨	—	—	—	—	—	—	—											
珩磨						—	—	—	—									
圆磨							—	—	—	—								
平磨							—	—	—	—								
金刚石车							—	—	—									
金刚石镗							—	—	—									
拉削							—	—	—	—								
铰孔								—	—	—	—	—						
车									—	—	—	—	—					
镗									—	—	—	—	—					
铣										—	—	—	—					
刨、插												—	—	—	—			
钻孔												—	—	—	—			
滚压挤压												—	—	—				
冲压												—	—	—	—	—		
压铸													—	—	—	—		
粉末冶金成形								—	—	—								
粉末冶金烧结									—	—	—	—						
砂型铸造、气割																		—
锻造																	—	—

七、一般公差——线性尺寸的未注公差

1. 线性尺寸的一般公差的概念

设计时，对机器工件上各部位注出的尺寸、几何形状和位置公差要求，取决于它们的使用功能要求，工件上的某些部位在使用功能上无特殊要求时，则可给出一般公差。国家标准（GB/T 1804—2000）所规定的一般公差可应用于线性尺寸、角度尺寸、形状和位置等几何要素中。

线性尺寸的一般公差是在车间普通工艺条件下，机床设备一般加工能力可保证的公差。在正常维护和操作情况下，它代表经济加工精度。

采用一般公差的尺寸在正常加工精度保证的条件下，一般可以不进行检验，而由工艺保证。如冲压件的一般公差由模具保证；短轴端面对轴线的垂直度由机床的精度保证。

机械图样上一般公差不需标注，在图样上、技术文件或技术标准中作出总的说明。可简化制图，使图样清晰易读；节省图样设计时间，突出图样上注出公差的尺寸，便于在加工和检验时引起重视，还可简化工件上某些部位的检测。

2. 线性尺寸的一般国家标准规定

（1）适用范围　线性尺寸的一般公差标准既适用于金属切削加工尺寸，也适用于一般冲压加工的尺寸，非金属材料和其他工艺加工的尺寸也可参照采用。国家标准规定线性尺寸的一般公差适用于非配合尺寸。

（2）公差等级与数值　线性尺寸的一般公差规定了四个公差等级。其公差等级从高到低依次为：精密级（f）、中等级（m）、粗糙级（c）、最粗级（v）。公差等级越低，公差数值越大。一般线性尺寸未注公差极限偏差数值见表1-12。

表1-12　一般线性尺寸未注公差极限偏差数值　　　　　　　（单位：mm）

公差等级 IT	公称尺寸						
	>3 ~ 6	>6 ~ 30	>30 ~ 120	>120 ~ 400	>400 ~ 1000	>1000 ~ 2000	>2000 ~ 4000
精密级（f）	±0.05	±0.1	±0.15	±0.2	±0.3	±0.5	—
中等级（m）	±0.1	±0.2	±0.3	±0.5	±0.8	±1.2	±2
粗糙级（c）	±0.3	±0.5	±0.8	±1.2	±2	±3	±4
最粗级（v）	±0.5	±1	±1.5	±2.5	±4	±6	±8

3. 以角度单位规定的一般公差

以角度单位规定的一般公差仅控制表面的线或素线的总方向，不控制它们的形状误差。从实际表面得到的线的总方向，是理想几何形状的接触线方向。接触线和实际线之间的最大距离是最小可能值（GB/T 4249—2018）。倒圆半径与倒角高度尺寸的极限偏差数值见表1-13，角度尺寸的极限偏差数值见表1-14。

表1-13　倒圆半径与倒角高度尺寸的极限偏差数值　　　　　（单位：mm）

公差等级	公称尺寸		
	>3 ~ 6	>6 ~ 30	>30
精密级（f）	±0.5	±1	±2
中等级（m）			
粗糙级（c）	±1	±2	±4
最粗级（v）			

表1-14　角度尺寸的极限偏差数值

公差等级	长度单位分段				
	≤10mm	>10 ~ 50mm	>50 ~ 120mm	>120 ~ 400mm	>400mm
精密级（f）	±1°	±30′	±20′	±10′	±5′
中等级（m）					
粗糙级（c）	±1°30′	±1°	±30′	±15′	±10′
最粗级（v）	±3°	±2°	±1°	±30′	±20′

4. 线性尺寸的一般公差

线性尺寸的一般公差的表示方法，在图样上，一般是在技术要求中标注线性尺寸的一般公差标准号和公差等级符号表示，或写在标题栏上方。例如选用中等级时，表示为 GB/T 1804 − m，选用粗糙级时，表示为 GB/T 1804 − c。没有公差的尺寸是不存在的，而是公差按技术要求标出按一般公差处理，如果工件长度尺寸为 38mm，未注公差为 m 级时，可查表 1-12 得到其公差数值为 ±0.3，即 38mm ±0.3mm。

第二部分   测量技能实训

任务一   分析图样中标注的尺寸、公差、偏差和计算

1. 任务内容

找出公称尺寸、极限尺寸、公差、偏差，用公式换算它们之间的数值。

2. 任务准备

阶梯轴工件如图 1-25 所示。

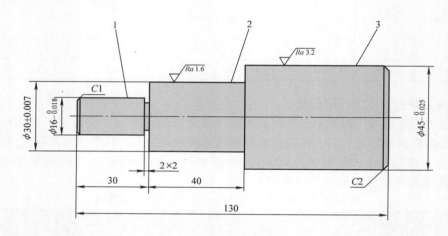

图 1-25   阶梯轴

3. 任务实施

读图、数据整理，根据图样标注将数据填入表 1-15。

表   1-15   （单位：mm）

读取点	读取数据								判断是否合格
	公称尺寸	上极限尺寸	下极限尺寸	上极限偏差	下极限偏差	公差	实际尺寸	实际偏差	
1							15.992		
2							30.010		
3							44.980		

任务二　查表确定孔、轴极限偏差的数值

1. 任务内容

能利用标准公差等级表及孔、轴的极限偏差表（附录 A 和附录 B），根据要求查出具体数值。

2. 任务准备

套筒工件如图 1-26 所示。

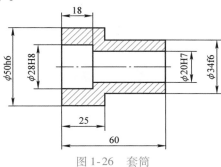

图 1-26　套筒

3. 任务实施

读图、数据整理，根据图样标注将数据填入表 1-16。

表 1-16　读图结果

读取尺寸及 公差带代号	读取数据						
	公称尺寸/mm	公差等级	标准 公差值	基本偏 差代号	基本偏 差值/mm	上极限 偏差/mm	下极限 偏差/mm
ϕ50h6							
ϕ28H8							
ϕ20H7							
ϕ34f6							

任务三　配合类型的判别

1. 任务内容

找出公差带代号，配合公差带代号、基准制、配合类型，能够根据图样标注，判断配合的松紧。

2. 任务准备

轴承配合如图 1-27 所示。

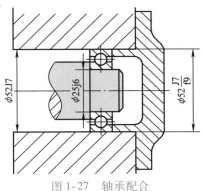

图 1-27　轴承配合

3. 任务实施

读图、数据整理，根据图样标注将结果填入表 1-17。

表 1-17　读图结果

配合位置	完整配合公差带代号	孔公差带代号	是否基准孔	轴公差带代号	是否基准轴	配合类型	基准制
轴承外圈与座孔							
轴承内圈与轴							
座孔与端盖凸缘							

习　题

一、单选题

1. 有一个孔的直径为 50mm，上极限尺寸为 50.048mm，下极限尺寸为 50.009mm，孔的上极限偏差为（　　　）mm。

    A. -0.048　　　　　B. +0.048　　　　　C. -0.009　　　　　D. +0.009

2. 对于公差的数值，下列说法正确的是（　　　）。

    A. 必须为正值　　　B. 必须大于零或等于零

    C. 必须为负值　　　D. 可为正，为负，为零

3. 对间隙的描述正确的是（　　　）。

    A. 间隙数值前可以没有正号　　　　B. 间隙数值前必须有正号

    C. 间隙数值前有没有正号均可　　　D. 间隙数值不可以为零

4. 在基准制的选择中应优先选用（　　　）。

    A. 基孔制　　　　　B. 基轴制　　　　　C. 混合制　　　　　D. 配合制

5. 允许间隙或过盈的变动量称为（　　　）。

    A. 最大间隙　　　　B. 最大过盈　　　　C. 配合公差　　　　D. 变动误差

6. 当孔的公差带完全位于轴的公差带之上时，轴与孔装配在一起则必定是（　　　）。

    A. 间隙配合　　　　B. 过盈配合　　　　C. 过渡配合　　　　D. 以上三种都有可能

7. 两平行非完整孔的内径为 $\phi38H7$，其上极限偏差是（　　　）mm。

    A. +0.025　　　　　B. -0.025　　　　　C. 0.1　　　　　D. -0.1

8. 在公差带图中，一般取靠近零线的那个偏差为（　　　）。

    A. 上极限偏差　　　B. 下极限偏差　　　C. 基本偏差　　　　D. 自由偏差

9. 在尺寸符号 $\phi50F8$ 中，用于表示公差等级的符号是（　　　）。

    A. 50　　　　　　　B. F8　　　　　　　C. F　　　　　　　D. 8

10. 国标规定，对于一定的公称尺寸，其标准公差共有 20 个等级，IT18 表示（　　　）。

    A. 精度最高，公差值最小　　　　B. 精度最低，公差值最大

    C. 精度最高，公差值最大　　　　D. 精度最低，公差值最小

11. 尺寸标注 $\phi30H7$ 中 H 表示公差带中的（　　　）。

    A. 基本偏差　　　　B. 下极限偏差　　　C. 上极限偏差　　　D. 公差

12. 公差与配合的基本规定中，H7 中的符号 H 代表基孔制，其上极限偏差为正，下极限偏差为（　　　）。

　　A. 负值　　　　　　B. 正值　　　　　　C. 配合间隙值　　　D. 零

13. 尺寸标注中 50H7/m6 表示配合是（　　　）。

　　A. 间隙配合　　　　B. 过盈配合　　　　C. 过渡配合　　　D. 不能确定

14. 配合的松紧程度取决于（　　　）。

　　A. 公称尺寸　　　　B. 极限尺寸　　　　C. 公差带　　　　D. 标准公差

15. 公差配合 H7/g6 是（　　　）。

　　A. 间隙配合，基轴制　　　　　　　　B. 过渡配合，基孔制

　　C. 过盈配合，基孔制　　　　　　　　D. 间隙配合，基孔制

二、判断题

1. 公称尺寸是设计时给定的尺寸，工件的实际尺寸越接近公称尺寸越好。　　（　　　）

2. 公差是上极限尺寸与下极限尺寸的差，所以它的值只能是正值。　　　　（　　　）

3. 公差可以说是工件尺寸允许的最大偏差。　　　　　　　　　　　　　　（　　　）

4. 配合是指公称尺寸相同，相互结合的孔、轴公差带之间的关系。　　　　（　　　）

5. 可能有间隙或可能有过盈的配合称为过盈配合。　　　　　　　　　　　（　　　）

6. 相配合的孔与轴尺寸的代数差为正值时称为间隙配合。　　　　　　　　（　　　）

7. 最小间隙为零的配合与最小过盈等于零的配合，两者实质相同。　　　　（　　　）

8. 间隙配合中，孔的公差带一定在零线以上，轴的公差带一定在零线以下。（　　　）

9. 配合公差的大小等于相配合的孔轴公差之和。　　　　　　　　　　　　（　　　）

10. 配合公差的数值越小，则相互配合的孔、轴的尺寸公差等级越高。　　（　　　）

11. 基本偏差 a～h 的轴与基准制的孔构成间隙配合，其中 h 配合间隙最大。（　　　）

12. 国家规定基轴制配合的轴的上极限偏差为零，下极限偏差为负值。　　（　　　）

13. 公差等级常选用类比法，参考生产实践中总结的经验资料，进行比较选用。（　　　）

14. 国家标准中规定了两种平行的基准制为基孔制和基轴制。　　　　　　（　　　）

15. 在同一尺寸段内配合时，孔比轴难以加工，应选择孔比轴高一级公差等级。（　　　）

三、简答题

1. 什么是公称尺寸？什么是实际尺寸？

2. 什么是极限尺寸？什么是极限偏差？如何判断工件是否合格？

3. 什么是配合？配合有哪几类？

4. 什么是配合制？有哪几种配合制？

5. 查附录 A、B，确定下列各公差带代号的上、下极限偏差。

（1）$\phi30f7$　　　　（2）$\phi60h8$　　　（3）$\phi80F7$　　　（4）$\phi60M6$

四、计算题

根据已知数据，计算并将数值填入表 1-18 的空格中。

表 1-18　计算结果　　　　　　　　　　　　　　　　　　（单位：mm）

公称尺寸	上极限尺寸	下极限尺寸	上极限偏差	下极限偏差	公差	尺寸标注
$\phi30$	30.021	30				
$\phi50$						$\phi 50^{+0.012}_{-0.027}$
$\phi60$			+0.066		0.046	
$\phi80$		80.032			0.030	

项目二 量块与游标量具的测量操作

第一部分 基 础 知 识

一、测量的基本知识

我国是实行米制的国家，依据 1983 年第十七届国际计量大会审议通过并批准的定义，米是光在真空中 1/299792458s 时间间隔内所经路径的长度。

在机械制造中用毫米（mm）作为长度单位，精密制造用微米（μm）和纳米（nm）作为长度单位。测量工件时不可能直接利用光波的波长去对工件的长度进行测量。为了保证长度测量的量值统一，便于生产中直接应用，要建立从光波长度基准到生产车间中实际使用的各种测量量具、量块、量仪与工件尺寸的传递系统。量块是作为实物量具来实现光波波长到测量实际之间的尺寸传递媒介，是机械制造中的实用长度基准。我国长度量值传递系统如图 2-1 所示。

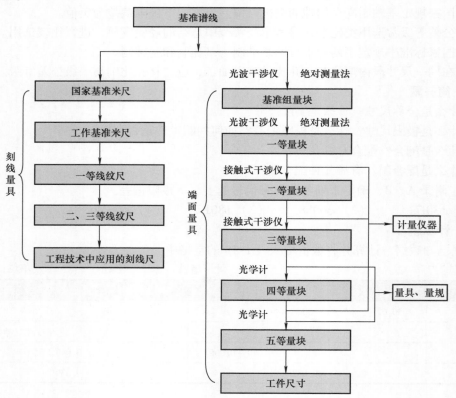

图 2-1 我国长度量值传递系统

尺寸传递系统中的量块是有一对相互平行测量面的实物量具，是由两个相互平行的测量面之间的距离来确定其工作长度的一种高准确度量具。量块除可作为长度基准进行尺寸传递媒介外，还可用来检定和校准测量器具、调整零位（如外径千分尺），同时也可以直接用来检验工件、精密划线，使机械加工中各种制成产品的尺寸能够溯源到长度基准。

工件互换性的实现，除了要合理地规定公差，还需要在加工的过程中进行正确的测量和检验。只有通过测量和检验判定为合格的工件，才具有互换性。

测量是利用有计量单位的标准量具对工件的几何量进行的测量。例如，用米尺测量桌面的宽度，桌面宽度就是被测的几何量，米尺是体现计量单位的标准量具。一个完整的测量过程应包括测量对象、计量单位、测量方法、测量准确度和测量条件五个方面的要素。

检验是确定被测工件的几何量是否在规定的极限尺寸范围之内（不一定测出具体的数值），判断其是否合格的方法，如用光滑极限量规检验孔和轴。

1. 测量对象

测量对象主要指被测工件的几何量，包括长度、角度、形状误差、方向误差、位置误差和跳动误差等。

2. 计量单位

目前世界各国使用的单位制有米制、英制等。我国颁布的法定计量单位主要以国际单位制为基础。

1）长度单位：m（米）。$1m = 1000mm$，$1mm = 1000\mu m$。

2）在机械制造行业中常用的计量单位：mm（毫米）和 μm（微米）。$1\mu m = 0.001mm$。企业中有些生产技术人员习惯把 0.01mm 叫作"丝"或"道"，即 1 丝（或 1 道）= $0.01mm = 10\mu m$。

3）英制长度单位：yd（码）、ft（英尺）、in（英寸）。$1yd = 3ft$，$1ft = 12in$，$1in = 25.4mm$。

4）角度单位：度（°）、分（′）、秒（″）、弧度（rad）。$1° = 60′$，$1′ = 60″$，$1rad = 57.2958°$。

3. 测量方法

（1）直接测量和间接测量

1）直接测量：直接用量具或量仪测出被测量的一种方法。

2）间接测量：先测出与被测量相关的其他几何量的量值，再通过计算获得被测量量值的方法。

（2）绝对测量和相对测量

1）绝对测量：从量具或量仪上直接读出被测量量值的方法。

2）相对测量（比较测量或微差测量）：通过读取被测几何量与标准量的偏差来确定被测量量值的方法。

（3）单项测量和综合测量

1）单项测量：在一次测量中只测量一个几何量的量值。

2）综合测量：在一次测量中可得到几个相关几何量量值的综合结果，以判断工件是否合格。测量方法可分为接触测量与非接触测量、主动测量与被动测量、动态测量与静态测量。

4. 测量准确度

测量准确度为测量结果与真值的符合程度。由于测量误差的存在，测量的结果不一定是工件尺寸的真值，测量结果越接近真值，测量准确度就越高。准确度和误差是两个相对的概念。

5. 测量条件

一个工件在某一温度条件下测量合格，而在另一温度条件下测量可能不合格，特别是高精度工件出现这种情况的可能性更大。所以国家标准中明确规定：尺寸测量的基准温度为20℃。因此，测量结果应以工件和测量器具的温度在20℃时为准，同时还要尽可能使被测工件与测量器具在相同温度下进行测量。测量时应远离振动源，保持工件清洁。

二、测量器具的分类与基本术语

1. 分类

测量器具按结构特点可以分为四类。

（1）量具　量具通常是指以固定形式复现量值的测量工具，结构较简单，没有放大系统。量具可分为通用量具（包括单值量具和多值量具）和标准量具等。

单值量具是用来复现单一量值的量具，如块、角度块、直角尺等，都是成套使用的。

多值量具是用来复现一定范围内的一系列不同量值的量具，如游标卡尺、千分尺、钢直尺、游标万能角度尺、线纹尺等。

标准量具用作计量标准，是供量值传递的量具，如量块、基准米尺等。

（2）量规　量规是没有分度值的专用检验工具，用于检验工件要素的实际尺寸以及形状、位置的实际情况所形成的综合结果是否在规定的范围内。量规检验不能获得被测几何量的具体数值，只能判断工件被测的几何量是否合格。用光滑极限量规检验光滑圆柱形工件的合格性，如图2-2所示；用螺纹量规综合检验螺纹的合格性，如图2-3所示。

图2-2　光滑极限量规　　　　　　　　图2-3　螺纹量规

（3）量仪　量仪是能将被测几何量的量值转换成可直接观察的指示值或等效信息的测量器具，一般具有传动放大系统。量仪按原始信号转换的原理不同可分为机械式量仪、光学式量仪、电动式量仪、气动式量仪、杠杆齿轮比较仪（图2-4）、万能测长仪（图2-5），其中机械式量仪应用最广泛。

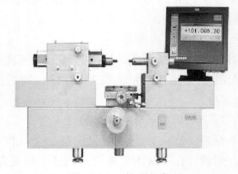

图2-4　杠杆齿轮比较仪　　　　　　　图2-5　万能测长仪

（4）计量装置　计量装置是为确定被测量的量值所必需的测量器具和辅助设备的总体。它能够测量较多的几何量和较复杂的工件，有助于实现检测自动化或半自动化，一般用于大批量生产中，以提高检测效率和检测准确度。

2. 测量器具的基本术语

测量器具的基本术语包括标尺间距、分度值、示值范围和测量范围等。

（1）标尺间距　沿着标尺长度的同一条线测得的两相邻标尺标记之间的距离。一般标尺间距在 1~2.5mm 之间。间距太小，会影响估读准确度；间距太大，会加大读数装置的外形尺寸。

（2）分度值（标尺间隔）　测量器具的标尺上每一标尺间距所代表的量值。常用的分度值有 0.1mm、0.05mm、0.02mm、0.01mm、0.002mm 和 0.001mm 等。一般分度值越小，测量器具的准确度越高。

（3）示值范围　测量器具所能显示或指示的被测量量值的起始值到终止值的范围，是极限示值界限内的一组值。

（4）测量范围　测量器具的误差在规定极限内的一组被测量的值。一般测量范围上限值与下限值之差称为量程。

三、量块

1. 量块的材料、形状、尺寸特性

量块用耐磨材料制造，按其材料分为钢制量块、硬质合金量块和陶瓷量块等。钢质量块用优质钢制成，其线胀系数小，性能稳定不易变形，耐磨性好。钢质量块测量面的硬度应不低于 63HRC。量块的横截面为矩形，标称长度从 0.5mm 到 1000mm。量块具有上、下两个测量面和 4 个非测量面，其各表面名称如图 2-6 所示。

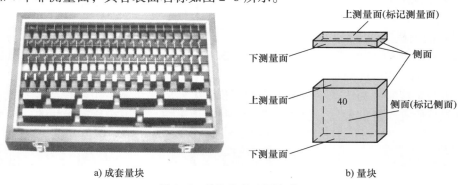

a) 成套量块	b) 量块

图 2-6　量块的各表面名称

量块有一个重要特性——研合性。量块是具有一对相互平行测量面的实物量具，且两平面间具有准确的尺寸。量块的测量面可以和另一个量块的测量面相研合而组合使用，将几个量块研合在一起组成需要的各种尺寸，也可以与具有类似表面质量的辅助体表面相研合而用于量块长度的测量，如图 2-7 所示。

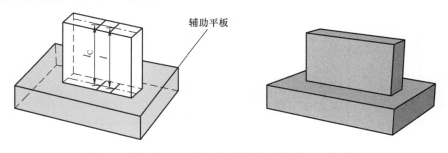

图 2-7　量块与具有类似表面质量的辅助体表面相研合

量块长度 l 是量块一个测量面上的任意点到与其相对的另一测量面相研合的辅助体表面之间的垂直距离，辅助体的材料和表面质量应与量块相同。量块中心长度 l_C 对应于量块未研合测量面中心点的量块长度。量块的准确度虽然很高，但上、下测量面并不是绝对平行的，量块的工作长度是以量块中心的长度来表示的标称长度并标记在量块上，用以说明与主单位（m）之间关系的量值。

对量块的制造准确度规定了 5 个级别，分别为 K 级（标准级）和 0、1、2、3 级（准确度级别），"级"是根据量块的中心长度相对于标称长度的极限偏差、量块的变动量、量块测量面的平面度、量块测量面的表面粗糙度、量块测量面的研合性等指标来划分的。其中 K 级最高，3 级最低。

按 JJG 146—2011《量块》的检定规程，在计量部门，量块按测量不确定度，即量块中心长度实际尺寸测量的极限偏差、平面度和允许偏差划分为 1、2、3、4、5 等，其中 1 等准确度最高，5 等准确度最低。

测量中用作标准的量具——千分尺专用量块、卡尺专用量块、数显卡尺专用量块、角度量块、多面棱体、表面粗糙度比较样块、基准米尺，是作为量值传递的量块，通常都是成套使用的。标称长度大于 100mm 的量块具有连接孔，K 级量块不能用连接装置组合。

量块按级使用时，应以量块的标称长度作为工作长度，该尺寸包括了量块的制造误差。量块按等使用时，应以检定后给出的量块中心长度的实际尺寸作为工作尺寸，该尺寸排除了量块制造误差，但包含测量误差，应根据检定说明书按等使用。常用的规定量块组合尺寸见表 2-1。

2. 量块的测量方法

例如：从 91 块一套的量块中选取尺寸为 13.621mm 的量块组，则可分别选用 1.001mm、1.02mm、1.6mm、10mm 的量块。

使用组合量块时，为了减少量块组合的累积误差，应尽量减少组合块数，一般不超过 4 块，应首先从所需尺寸的最后一位数字选取，每选取 1 块至少减少所需尺寸的一位小数。

表 2-1　常用的规定量块组合尺寸（摘自 GB/T 6093—2001）

总块数	级别	尺寸系列/mm	间隔/mm	块数
91	0, 1	0.5	—	1
		1	—	1
		1.001, 1.002, 1.003, …, 1.009	0.001	9
		1.01, 1.02, 1.03, …, 1.49	0.01	49
		1.5, 1.6, 1.7, 1.8, 1.9	0.1	5
		2.0, 2.5, 3.0, …, 9.5	0.5	16
		10, 20, 30, …, 100	10	10
83	0, 1, 2	0.5	—	1
		1	—	1
		1.005	—	1
		1.01, 1.02, 1.03, …, 1.49	0.01	49
		1.5, 1.6, 1.7, 1.8, 1.9	0.1	5
		2.0, 2.5, 3.0, …, 9.5	0.5	16
		10, 20, 30, …, 100	10	10

（续）

总块数	级别	尺寸系列/mm	间隔/mm	块数
46	0, 1, 2	1	—	1
		1.001, 1.002, 1.003, …, 1.009	0.001	9
		1.01, 1.02, 1.03, …, 1.09	0.01	9
		1.1, 1.2, 1.3, …, 1.9	0.1	9
		2, 3, 4, …, 9	1	8
		10, 20, 30, …, 100	10	10
38	0, 1, 2	1	—	1
		1.005	—	1
		1.01, 1.02, 1.03, …, 1.09	0.01	9

💡 注意

量块测量面和侧面不应有影响使用性能的划痕、碰伤和锈蚀等缺陷，在不影响研合质量和尺寸精度的情况下，允许有无毛刺的精研痕迹，但在使用后应注意防锈。

测量时的标准温度为 $20℃$，一般温度应控制在 $(20±2)℃$，要尽可能使被测工件与量具在相同的温度下进行测量。测量时应远离振动源，室内保持较高的清洁度。

四、游标量具

常用的游标类量具有：游标卡尺、游标深度卡尺、游标高度卡尺、数显卡尺、带表卡尺。游标卡尺的结构如图 2-8 所示，主标尺是一个带有刻度的尺身，沿尺身滑动的尺框上装有游标尺。游标卡尺可测量内尺寸、外尺寸、深度、台阶。

游标卡尺的应用微课

1. 游标卡尺

（1）游标卡尺的工作原理和读数方法　游标卡尺的读数部分由主标尺与游标尺组成。其工作原理是利用主标尺的标尺间距与游标尺的标尺间距之差（分度值）来进行小数读数。如图 2-9 所示，通常主标尺的标尺间距 a 为 1mm，主标尺标记 $n-1$ 格的长度等于游标尺标记 n 格的长度。常用的有 $n=10$、$n=20$ 和 $n=50$ 三种，对应的游标

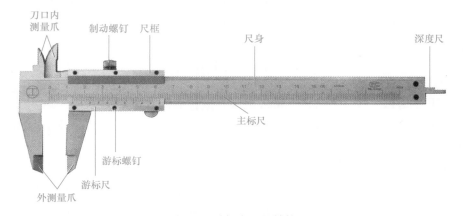

图 2-8　游标卡尺的结构

刀口内测量爪　制动螺钉　尺框　尺身　深度尺　主标尺　游标螺钉　游标尺　外测量爪

尺标尺间距 $b = (n-1)a/n$ 分别为 0.90mm、0.95mm 和 0.98mm。主标尺标尺间距与游标尺标尺间距之差，即 $i = a - b$ 为游标卡尺的分度值，其分度值分别为 0.10mm、0.05mm 和 0.02mm。

图 2-9　游标卡尺的读数原理

在测量时，尺框沿着尺身移动，根据被测尺寸的大小尺框停留在某一确定的位置，此时游标尺上的零线落在主标尺的某两个标记间，游标尺上的某一标记与主标尺上的某一标记对齐，由以上两点，得出被测尺寸的整数和小数部分，两者相加，即得测量结果。被测尺寸的读数方法和步骤如下：

1）游标尺被划分为 10 格，故其分度值为 0.1mm，如图 2-10 所示。

① 游标尺的零线落在主标尺的 4～5mm 之间，故整数读数为 4mm。

② 游标尺的第 5 格标记与主标尺标记对齐，故小数读数为 0.1mm×5 = 0.5mm。

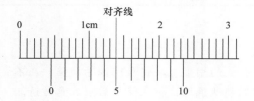

图 2-10　游标卡尺读数示例（一）

游标卡尺读数动画

③ 整数和小数读数相加，故被测尺寸为 4mm + 0.5mm = 4.5mm。

2）游标尺被划分为 20 格，故其分度值为 0.05mm，如图 2-11 所示。

① 游标尺的零线落在主标尺 10～11mm 之间，故整数读数为 10mm。

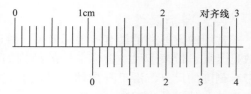

图 2-11　游标卡尺读数示例（二）

② 游标尺的第 17 格标记与主标尺标记对齐，故小数读数为 0.05mm×17 = 0.85mm。

③ 整数和小数读数相加，故被测尺寸为 10mm + 0.85mm = 10.85mm。

3）游标尺被划分为 50 格，故其分度值为 0.02mm，如图 2-12 所示。

图 2-12　游标卡尺读数示例（三）

① 游标尺的零线位于主标尺 2～3mm 之间，故整数读数为 2mm。

② 游标尺第 21 格标记与主标尺标记对齐，故小数读数为 0.02mm×21 = 0.42mm。

③ 整数和小数读数相加，故被测尺寸为 2mm + 0.42mm = 2.42mm。

（2）测量方法

1）测量前置零。在置零之前，用软布或软纸擦净尺身与尺框测量面，轻推动尺框凸钮使两测量面接触，卡尺的两个量爪合拢后，应密不透光，若透光，则需进行修理。量爪合拢后，游标尺零线应与主标尺零线对齐。若对不齐就存在零位偏差，一般不能使用，若要使用，则需加校正值。若游标尺零线与主标尺的零线不在一条线上，可用如下方法置零：轻推动尺框凸钮，使两测量面接触，拧紧制动螺钉紧锁尺框，用螺钉旋具松动游标螺钉，用锤子轻轻敲下游标前端或尾端，直至主标尺和游标尺的零线对齐，拧紧游标螺钉，便可进行测量。

2）测量时，尺框在尺身上的滑动要灵活自如，不能过松或过紧，不能晃动，以免产生测量误差。用游标卡尺测量工件时，卡尺应与工件保持垂直，看游标尺零线在主标尺上的位置，先读出整数部分的数值，再读出小数部分的数值，最后将其相加即为测量结果。用游标卡尺进行外尺寸、内尺寸、深度和台阶测量如图 2-13 ~ 图 2-16 所示。

图 2-13　外尺寸测量

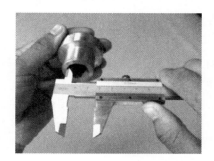

图 2-14　内尺寸测量

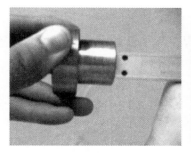

图 2-15　深度测量

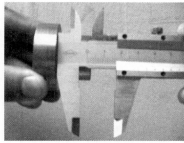

图 2-16　台阶测量

游标卡尺测量动画

3）测量时要先弄清游标卡尺的分度值，以免读错小数值产生粗大误差。应使量爪轻轻接触工件的被测表面，保持合适的测量力，量爪位置要摆正，不能歪斜。图 2-17 所示为使用游标卡尺的正误对比。

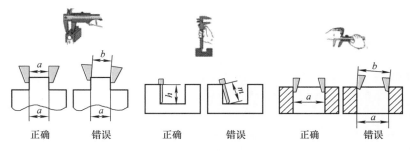

图 2-17　使用游标卡尺的正误对比

（3）量具的维护与保养　正确维护与保养游标卡尺，对保持其准确度和使用寿命具有重要作用。

1）不要把游标卡尺的量爪当作划针、钩子、圆规和螺钉旋具等其他工具使用。

2）用完游标卡尺后，用干净布擦净，放入盒内固定位置，然后存放于干燥、无酸、无振动、无强力磁场的地方。没有装盒的游标卡尺，严禁与其他工具放在一起，以防受压或磕碰而造成损伤。

3）不要用砂纸、砂布等擦拭游标卡尺的任何部位。非专职修理量具人员，不得拆卸游标卡尺。

2. 数显卡尺

数显卡尺的外形结构如图 2-18 所示，由于这种卡尺采用了新的更准确的读数装置，因而减小了测量误差，提高了测量的准确性。

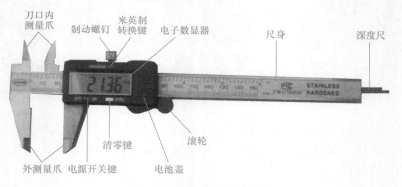

刀口内测量爪　制动螺钉　米英制转换键　电子数显器　尺身　深度尺

外测量爪　电源开关键　清零键　电池盖　滚轮

图 2-18　数显卡尺外形结构

数显卡尺的基本参数见表 2-2。

表 2-2　数显卡尺的基本参数

测量范围/mm	0～150 或 0～500
分辨力/mm	0.01
示值误差/mm	0.01
最大移动速度/（m/s）	1
工作环境温度/℃	0～40

（1）性能特点　由液晶显示器显示测量数值，可直接读取数值，测量方便可靠。具有与游标卡尺相同的四种测量功能，能进行直接测量和比较测量。

（2）测量方法

1）使用前，松开尺框上紧固螺钉，并将尺框平稳拉开，用布将测量面等擦拭干净。

2）检查"零"位：轻推尺框，使卡尺两个测量爪的测量面合拢，显示读数应为"零"，否则用清零键置"零"。

3）绝对测量和相对测量

① 绝对测量：用卡尺直接测量工作，可在电子数显器上直接读出工件的测量值。

② 相对测量：测量标准样件（或标准量块）时置"零"，再测量工件，从显示屏上即可读出工件相对于标准样件的尺寸差值。

> 💡 **注意**
>
> 　　1）使用中应尽可能避免卡尺暴露在灰尘较多的地方，避免受阳光、紫外线及高温辐射。
>
> 　　2）移动尺框时应平稳，并避免跌落碰撞，不要将卡尺放在磁性物体上，发现卡尺带有磁性，应及时退磁。

3）可用汽油或酒精擦洗测量面，电子元件及尺身上平面避免接触任何溶液。使用和检验环境的相对湿度≤80%。若卡尺受潮，则数字显示会无规律。

4）数字跳动或无任何数字显示时，应更换电池，用镊子调整电极簧片。

3. 带表卡尺

带表卡尺的外形结构如图 2-19 所示。

（1）性能特点　带表卡尺同游标卡尺功能相同，不同之处是通过机械传动装置，将两测量爪的相对直线位移转变为指示表针的回转运动，以两测量爪在主标尺上相对位移分隔的距离和圆标尺数值进行读数。测量值的小数部分经指示表放大显示，可消除读数误差。

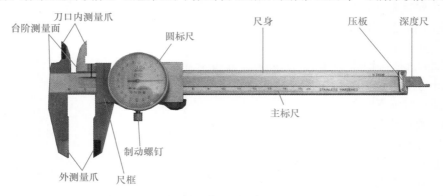

图 2-19　带表卡尺的外形结构

带表游标卡尺的测量范围、分度值、圆标尺周值和示值误差见表 2-3。

（2）读数方法　如图 2-20 所示，在主标尺上读出毫米整数值，在圆标尺上读出小数值。

表2-3 带表卡尺的测量范围、分度值、圆标尺周值和示值误差   （单位：mm）

测量范围		0 ~ 150		0 ~ 200		0 ~ 300	
分度值		0.01	0.02	0.01	0.02	0.01	0.02
圆标尺周值		1	2	1	2	1	2
示值误差	0 ~150	±0.02					
	>150 ~200	±0.03					
	>200 ~300	±0.04					

例如：分度值为0.02mm，主标尺读数为27mm。

圆标尺读数：表针指向4，是0.40mm，过2个格是2×0.02mm=0.04mm，0.40mm+0.04mm=0.44mm。或者，计算总格数22×0.02mm=0.44mm。

完整读数：27mm+0.44mm=27.44mm。

（3）圆标尺零位调整   测量爪合拢时，指针应对准圆标尺零位。若有偏离，按下面顺序调整零位。

1）松开表盘制动螺钉。

2）并拢测量爪，转动圆标尺，使指针对准零位。

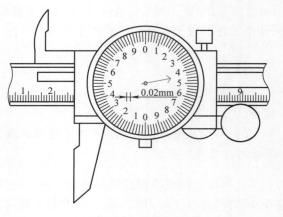

图2-20 读数方法

3）拧紧制动螺钉，防止圆标尺松动。

4）指针偏离过大时，应按下面装拆指针的方法，将指针重新调整、对零位，然后铆紧。合拢测量爪，拧紧制动螺钉，拆下圆标尺上的表蒙后，用镊子轻轻撬出指针，转动圆标尺，指针对好零位铆紧，装上表蒙即可。

（4）绝对测量和比较测量

1）绝对测量：用带表卡尺直接测量工件，按读数方法读出工件尺寸。

2）比较测量：用带表卡尺测量标准样件，然后将指针对准零位再测量工件，从圆标尺上即可读出工件相对标准样件的尺寸差值。

4. 游标高度卡尺

游标高度卡尺是一种利用游标工作原理对装置在尺框上的划线量爪或测量头工作面与底座工作面相对移动分隔的距离，进行读数的一种测量器具，如图2-21所示。测量范围为0~150mm至0~1000mm，分度值有0.02mm、0.05mm、0.10mm等。

游标高度卡尺可用于直接测量、比较测量和划线。高度卡尺还有带表高度卡尺、数显高度卡尺等。

读数方法如下：

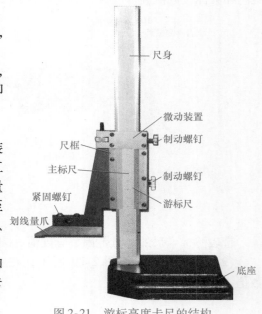

图2-21 游标高度卡尺的结构

尺身
微动装置
制动螺钉
尺框
主标尺
制动螺钉
紧固螺钉
游标尺
划线量爪
底座

1）使用前应在平板上对好零位。

2）测量时，先读出游标尺的零标记所指示的主标尺的毫米整数，再观察游标上零标记右边第几条标记与主标尺上的标记对准，将游标尺上读得的标记的格数条乘以游标分度值，即为毫米小数，两数相加，即为被测工件的尺寸。

> **注意**
>
> 1）测量前应擦干净底座和测量爪的测量面，在平板上检查零位是否正确，否则要对测量读数进行修正。
>
> 2）测量时，移动尺框使测量爪高度略大于被测工件尺寸，再利用微动装置使量爪测量面与工件接触。
>
> 3）划线时，底座应贴合平板，平稳移动。
>
> 4）搬动游标高度卡尺时应握持底座，不允许抓住尺身，以防尺身变形。

随着科学技术的发展与进步，测量器具的设计不断更新，测量准确度也越来越高，游标卡尺的种类也越来越多，此处不再做一一介绍。

在测量的过程中，因为测量误差的存在，实际尺寸不可能等于真实尺寸，它只是接近真实尺寸的一个随机尺寸。由于测量方法不当，用力的大小，是否与工件垂直，对于圆柱体及内孔工件是否是测量工件的直径处等原因，都可能使每一个人所测量的尺寸、读出的数值不一样，即便是同一个人分几次测量的数值，也不尽相同。此外，还有测量者主观上的疏忽大意读错格数及测量中由于振动造成的粗大误差。

第二部分　测量技能实训

任务一　使用量块和游标卡尺检验内径

1. 任务内容

检验工件上 $\phi20H6$ 孔的内径尺寸，判断其是否合格。

2. 任务准备

被测工件 5 件，游标卡尺（0～150mm/0.02mm）若干，量块 1 套（83 块，2 级）。

3. 任务实施

1）查附表 A（孔的极限偏差），确定直径 $\phi20H6$ 孔的上极限偏差 +0.013mm、下极限偏差 0。

2）用 3 块量块组合孔径尺寸（0.003mm、0.01mm、20mm），用游标卡尺与量块校对误差，（图 2-22a）。

a) 校对误差　　　　　　　b) 制动螺钉　　　　　　　c) 测量

图 2-22　测量过程

3）使用制动螺钉，将一把游标卡尺定为上极限尺寸 20.013mm，另一把游标卡尺定为下极限尺寸 20.00mm（图 2-22b）。

4）固定好后，用游标卡尺与孔径进行比较测量，若在上极限尺寸 20.013mm 和 20.00mm 下极限尺寸之间卡尺的测量爪能够进入，则判断工件是否合格（图 2-22c），并填入表 2-4 内。

表 2-4　测量结果

项目	工件尺寸	比较测量结果
上极限尺寸	20.013mm	
下极限尺寸	20.00mm	

任务二　测量工件尺寸

1. 任务内容

使用游标卡尺测量工件的尺寸。

2. 任务准备

被测工件（图 2-23）5 件，游标卡尺（0～150mm/ 0.02mm）若干。

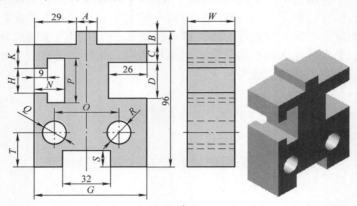

图 2-23　被测工件

3. 任务实施

1）检查游标卡尺，校对零位。

2）去除工件上的毛刺，用干净抹布擦去污物。

3）测量外尺寸。拉动尺框使两个外测量爪的测量面之间的距离略大于被测尺寸，将被测部位置于游标卡尺两测量面之间，将两个外测量爪轻卡在被测部位上，再慢慢推动尺框，当外测量爪测量面与被测表面接触紧密后，即可读数。

4）测量内尺寸。先推动尺框，使两个刀口内测量爪间的距离比被测的内尺寸略小，再将两个刀口内测量爪伸入槽内或孔内，轻拉尺框，当刀口内测量爪与被测表面接触后，轻轻地摆动游标卡尺并查看游标尺找到最小值，读数值就是测量结果。

5）测量两孔的中心距。先分别量出两孔的直径 Q 和 R，然后用刀口内测量爪量出两孔间的最大距离 X，则两孔的中心距

$$O = X - \frac{1}{2}(Q + R)$$

6）测量深度尺寸。使用游标深度卡尺测量，注意要使游标深度卡尺的端面与被测工件的顶端平面贴合，同时保持游标深度卡尺与该平面垂直。

根据测量结果，将有关数据填入表 2-5 的空格内。

表 2-5　检验结果

检验项目		实测值/mm			平均值/mm
		1	2	3	
外尺寸	A				
	C				
	G				
	K				
	W				
内尺寸	D				
	H				
	Q				
	P				
	R				
中心距	O				
	T				
深度尺寸	B				
	N				
	S				

习　题

一、单选题

1. 检验与测量相比，其最主要的特点是（　　）。
    A. 检验适合大批量生产
    B. 检验所使用的测量器具比较简单
    C. 检验只判定工件的合格性，而无须得出具体量值
    D. 检验的准确度比较低

2. 关于量具，下列说法中错误的是（　　）。
    A. 量具的结构一般比较简单　　　　　B. 量具可分为标准量具和通用量具两种
    C. 量具没有传动放大系统　　　　　　D. 量具只能与其他测量器具同时使用

3. 下列测量器具中，不属于通用量具的是（　　）。
    A. 钢直尺　　　　　B. 量块　　　　　C. 游标卡尺　　　　　D. 千分尺

4. 关于间接测量法，下列说法中错误的是（　　）。
    A. 测量的是与被测尺寸有一定函数关系的其他尺寸
    B. 测量器具的测量装置不直接和被测工件表面接触
    C. 必须通过计算获得被测尺寸的量值

  D. 用于不便直接测量的场合

5. 关于相对测量法,下列说法中正确的是( )。

  A. 相对测量的准确度一般比较低

  B. 相对测量时只需用量仪即可

  C. 测量器具的测量装置不直接和被测工件表面接触

  D. 测量器具所读取的是被测几何量与标准量的偏差

6. 用游标卡尺测量工件的轴径尺寸属于( )。

  A. 直接测量、绝对测量   B. 直接测量、相对测量

  C. 间接测量、绝对测量   D. 间接测量、相对测量

7. 测量器具能准确读出的最小单位数值就是测量器具的( )。

  A. 校正值   B. 示值误差   C. 分度值   D. 标尺间距

8. 下列各项中,不属于方法误差的是( )。

  A. 计算公式不正确   B. 操作者看错读数

  C. 测量方法选择不当   D. 工件安装定位不准确

9. 分度值为 0.02mm 的游标卡尺,当游标卡尺的读数为 42.18mm 时,游标尺上第 9 格标记应对齐主标尺上( )mm 的标记。

  A. 24   B. 42   C. 51   D. 60

10. 用游标卡尺的深度尺测量槽深时,尺身应( )槽底。

  A. 垂直于   B. 平行于   C. 倾斜于   D. 没有关系于

11. 图 2-24 中游标卡尺的读数是( )。

  A. 1.25mm   B. 1.5mm   C. 10.5mm   D. 10.25mm

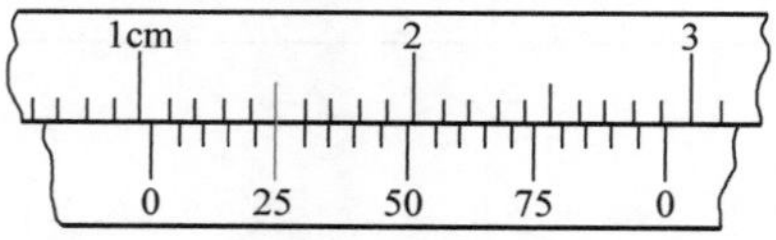

图 2-24 游标卡尺的读数

二、判断题

1. 在机械制造中,只有通过测量或检验判定为合格的工件,才具有互换性。 ( )

2. 测量和检验的区别是,测量能得到被测几何量的大小,而检验只确定被测几何量是否合格,不能得到具体的量值,因而,测量比检验的准确度高。 ( )

3. 游标卡尺的分度值有 0.10mm、0.05mm 和 0.02mm 三种。 ( )

4. 使用相同准确度的测量器具,采用直接测量法比采用间接测量法准确度高。 ( )

5. 用游标卡尺测量两孔的中心距属于相对测量法。 ( )

6. 综合测量一般属于检验,如用螺纹量规综合检验螺纹的合规性。 ( )

7. 游标卡尺是利用尺身标尺间距和游标尺的标尺间距之差来进行小数部分读数的。差值越小,其分度值越小,游标卡尺的测量准确度越高。 ( )

8. 校正游标卡尺的零位就是校正主标尺零线与游标尺零线对齐。 ( )

9. 量规是没有刻度的量具,因而利用量规进行测量时,不可能得到被测尺寸的具体数值,而只能确定工件合格与否。 ( )

三、填空题

1. 一个完整的测量过程包括_____、_____、_____、_____和_____五个过程要素。

2. 检验是指确定被测几何量是否在规定的_____内，从而判断被测对象是否合格，而无须得出_____的测量方式。

3. 测量方法的分类：按测量时实测量是否为要求被测的量分为_____测量法和_____测量法；按被测工件表面是否与测量器具接触分为_____测量法和_____测量法。

四、简答题

1. 直接测量和间接测量有什么区别？
2. 简述测量误差产生的原因。
3. 简述分度值为 0.02mm 的游标卡尺的工作原理。

项目三　千分尺与指示表的测量操作

第一部分　基础知识

一、千分尺

常用千分尺类量具按用途可分为外径、内径、深度千分尺；根据测量工艺不同，外径千分尺的种类也比较多，如微米外径千分尺、带表的千分尺、可调测砧的千分尺、可换测砧的千分尺、数显千分尺等。

测量对象：外径千分尺使用最为普遍，主要用于测量各种外尺寸和几何公差的测量；内径千分尺用于测量工件的内径尺寸。

千分尺的应用微课

测量条件：测量器具与被测量的工件必须等温，手应握在隔热垫处，减少温度对测量准确度的影响。工件精度要求较高时，最好在（20±1）℃下测量。

1. 外径千分尺

外径千分尺的外形结构如图 3-1 所示，最上面是测量范围为 0～25mm 的外径千分尺，它主要由尺架、测微螺杆、测力装置和微分筒等组成。

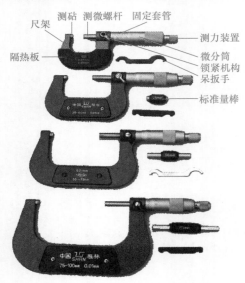

图 3-1　外径千分尺的外形结构

千分尺结构动画

（1）读数原理　千分尺是应用螺旋副的传动原理，将回转运动变为直线运动的一种量具。测微螺杆的螺距为 0.5mm 时，固定套管上的标尺间隔也是 0.5mm，微分筒的圆锥面上有 50 等分的圆周标记。将微分筒旋转一圈时，测微螺杆轴向位移为 0.5mm；当微分筒转过

48

一格时，测微螺杆轴向位移为 0.5mm × 1/50 = 0.01mm，分度值为 0.01mm。可由微分筒上的刻度精确地读出测微螺杆轴向位移的小数部分。常用的千分尺分度值有两种：0.01mm 和 0.001mm。

常见外径千分尺的测量范围有 0~25mm、25~50mm、50~75mm、75~100mm 以至几米以上，测微螺杆的测量距离每隔 25mm 为一个规格。

（2）测量方法　用量棒置零时，用软布或者软纸擦净测砧的量面和测微螺杆的量面，用测力装置使两测量面接触。若微分筒上的零线与固定套管上的零线不在一条直线上，可用如下方法置零。

1）测微头误差不超过 0.02mm（0.01″）（微分筒标记两格之内），用锁紧机构锁紧测微螺杆，用呆扳手扳动固定套管，直至零线对齐。

2）测微头误差超过 0.02mm（0.01″）（微分筒标记两格以上），用锁紧机构锁紧测微螺杆，用呆扳手松动测力装置，取下微分筒，重新对齐固定套管和微分筒上的零线，装上测力装置。

3）除了用前一种方法置零或用后一种方法置零，在使用千分尺时，如果微分筒零线的中线没有对准，可记下差数，以便在测量结果中除去。

（3）读数方法

1）从微分筒上读取靠近固定套管孔边缘标记的整数和半毫米数。

2）从固定套管上读取与微分筒基线对齐的标记数（百分之几毫米），不足一格的数可用估计法确定千分之几毫米（若微分筒上有游标标记，可从微分筒上读取游标标记与固定套管刻线对齐的标记数来确定千分之几毫米）。

3）将整数部分和小数部分相加，即为被测工件的尺寸。

4）千分尺的最小读数为 0.01mm（图 3-2、图 3-3），读数分别为 5.88mm、7.35mm（可以估读到 0.001~0.002mm）。

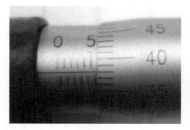

图 3-2　读数 5.88mm　　　　图 3-3　读数 7.35mm　　　　千分尺测量动画

💡 **注意**

1）测量时，使用测力装置，避免冲击，不要任意拆卸千分尺，保持干净整洁。

2）测量时，利用测力装置使两测量面与被测量工件接触，直至测力装置棘轮发出"咔咔"响声，方可读数。

3）转动测力装置不能用力过猛，不能直接转动固定套管进行测量。

4）测量工件应在静态下进行。

5）测量时测量轴线要与被测尺寸方向一致，测量外径时应与工件保持垂直。

6）读数时要特别注意半毫米刻度的读取。

2. 内测千分尺

内测千分尺的结构如图 3-4 所示。它与外测千分尺不同的是测量位置不同，内测千分尺用于测量各种内尺寸，它与外径千分尺恰好相反，其他相同。测量内尺寸的千分尺还有两点内径千分尺、三爪内径千分尺等。

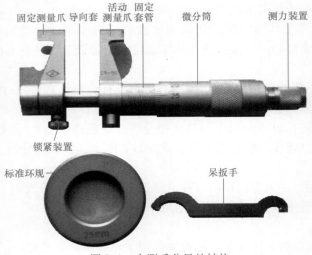

图 3-4　内测千分尺的结构

测量方法如下：

1）普通内测千分尺的标记方向与外径千分尺的标记方向相反。测量时当微分筒顺时针旋转时，固定套管连同右面活动量爪一起向右移动，接触工件测量面；反之，当微分筒逆时针旋转时，向左移动，远离工件。

2）测量孔径时，内测千分尺应在孔内做轴向、径向摆动，轴向摆动以最小尺寸为准，圆周摆动以最大尺寸为准，两个重合的尺寸就是孔的实际尺寸。

> 💡 **注意**
>
> 1）测量时，先转动微分筒，当测量面接触工件时，改用测力装置，直到测力装置棘轮发出"咔咔"声为止。
>
> 2）不准在转动的工件上或切削过程中进行测量，必须在静态下测量，并注意温度的影响。
>
> 3）测量精密工件时，为防止千分尺受热变形，影响准确度，应将千分尺装在固定架上测量。必须用标准环规校正零位。

二、指示表

游标卡尺和千分尺虽然结构简单，使用方便，但由于其示值范围较大及受机械加工精度的限制，测量准确度不高。

机械量仪是利用机械结构齿条和齿轮的传动，将测杆的直线位移变为指针的角位移，经传动、放大后，通过读数装置表示出来的一种测量量具，其种类很多，应用十分广泛。常用的机械量仪主要有：指示表、内径指示表、杠杆指示表、扭簧比较仪和机械比较仪等。不同类型的指针式机械量

指示表的应用微课

仪其结构各不相同。

1. 指示表

指示表是一种应用最广的机械量仪，其外形及传动结构如图3-5、图3-6所示。

图3-5　指示表外形结构　　图3-6　指示表传动结构　　指示表外部结构动画　　指示表内部结构动画

从图3-6可以看出，当测量杆上下移动时，带动与齿条相啮合的小齿轮转动，同时与小齿轮固定在同一轴的大齿轮1也跟着转动，大齿轮1可带动中间齿轮与和中间齿轮固定在同一轴上的指针，通过齿轮传动系统将测量杆的微小位移经放大转变为指针的偏转，由指针在刻度盘上指示出测量的数值。为了消除齿轮传动系统中的齿侧间隙而引起的测量误差，指示表内装有游丝，游丝产生的扭转力矩作用在大齿轮2上，大齿轮2也与中间齿轮啮合，保持齿轮在正反转时都在同一齿侧面啮合，弹簧是用来控制指示表测量力的。

指示表的分度值为0.01mm，表盘圆周刻有100条等分标记。指示表的测量杆移动1mm，指针正好转一圈。指针转过1个格，等于测量杆移动0.01mm。指示表的示值范围：小量程有0～3mm、0～5mm、0～10mm三种规格；大量程有0～15mm、0～20mm、0～25mm、0～30mm、0～50mm、0～80mm、0～100mm七种规格。

当被测工件精度要求较高时，可用高准确度指示表测量（分度值为0.001mm和0.002mm）。现在已有了双指示数显指示表（分度值为0.01mm、0.001mm），模拟指针指示，任意角度旋转显示屏，具有多种公差测量功能，便于操作和测量。

（1）测量对象　指示表主要用于长度的相对测量，可单独使用，也可进行形状和相互位置误差的测量。

（2）测量方法　指示表可用于直接测量、间接测量和比较测量。也可安装在其他仪器中作为测微头使用。测量时，先对好零位，即测头与工件接触时，测量杆有一定的压缩量，调整表盘使大指针指向零线。

（3）读数方法　小表盘1格分度值为1mm，大表盘1格分度值为0.01mm。测量时，以小指针转过的毫米数加上大指针所转刻度数乘以0.01mm为测量读数。

> 💡 **注意**
>
> 1）使用时，指示表的夹紧力不能过猛，以免影响测量杆移动的灵活性。
>
> 2）使用时，应先对好零位。如果大指针对零有偏差，可转动外圈进行调整，否则要对测量读数加以修正。
>
> 3）轻拿轻放，不得猛烈振动，严禁超量程使用，以免齿轮等运动部件损坏。

2. 内径指示表

内径指示表是一种将测头的直线位移，通过杠杆传动转变为指示表指针的角位移，进行内尺寸测量的工具。内径指示表测量范围大，选用可换测头和接杆的不同组合，可测量不同范围的内尺寸。其测量范围有 6～10mm、10～18mm、18～35mm、35～50mm、50～100mm、100～160mm、160～250mm、250～450mm 等。内径指示表的结构如图 3-7 所示，它由指示表和表架等组成。

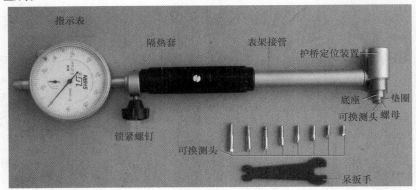

图 3-7　内径指示表的结构

测量时，测量杆与传动杆始终接触，通过传动杆推动指示表的测量杆，使指针偏转。当活动测量头移动1mm 时，传动杆也移动1mm，推动指示表指针回转一圈。所以，测量工件的内径时，活动测量头的移动量可以在指示表上读出来，达到测量的目的。

护桥定位装置起找正直径位置的作用，因为可换测量头和活动测量头的轴线在护桥定位装置的中垂线上，护桥定位装置保证了可换测量头和活动测量头的轴线位于被测孔的直径位置上。内径指示表活动测量头的位移量很小，测量范围是由更换或调整可换测量头的长度来实现的。

（1）测量对象　内径指示表主要是用相对测量法，测量孔径及圆度、圆柱度几何形状公差检测的常用量仪。

（2）测量方法

1）指示表的安装：将指示表插入接管孔中，压缩一定量，内径指示表压缩约1mm，用锁紧螺钉紧固。

2）测头配用与安装：使用时，根据被测尺寸按产品配合表选用对应的可换测头、垫圈和杆进行组合（一般配合表在包装盒内）。

3）对规格小于35mm 的内径指示表，当用 1 号可换测头测量，测量范围比被测孔径小时，可用呆扳手将 1 号可换测头松开，垫入所配 "0" 号垫圈，再用呆扳手将 1 号可换测头拧紧。当用其他编号的可换测头进行测量时，测量范围调整可用呆扳手将可换测头拧到适当的位置，并用螺母锁紧。

4）对规格大于35mm 的内径指示表，调整测量范围时，松开螺母，将可换测头拧到所需尺寸位置，并用螺母锁紧。

5）零位调整时，应先将内径指示表放入尺寸与被测工件名义尺寸相近的环规中或用于量块校准的外径千分尺中，调整内径指示表的零位，此时活动测头应有一定的压缩量（压缩量一般为 0.1mm）。

6）测量时，手握隔热套，压缩活动测头和护桥，把内径指示表放进被测孔内，使活动测头、可换测头和护桥与孔壁接触，再往复摆动内径指示表，并与工件内径保持垂直，在径向平面内所得的最小尺寸，即为孔的实际尺寸，如图3-8所示。

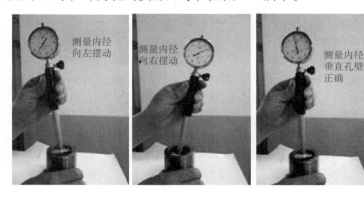

图 3-8　内径指示表测量内径的方法

7）圆度的检测：孔的圆度，在生产现场用内径指示表在孔的圆周上旋转几个角度去测量，测量三、四次后，比较各次测量的结果，就可以知道孔的圆度是否合格，如图 3-9所示。

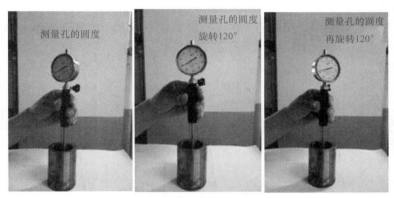

图 3-9　内径指示表测量圆度的方法

8）圆柱度的检测：当圆度合格后，再用内径指示表沿孔的轴线方向上下移动测量几个点，看前后读数是否相等，就可知道圆柱度是否合格，如图 3-10 所示。

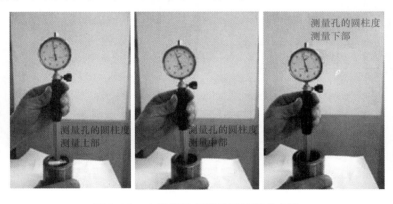

图 3-10　内径指示表测量圆柱度的方法

> **注意**
>
> 1）内径指示表应在静态下测量工件尺寸。
>
> 2）测头移动要轻缓，距离不要太大，更不能超量程使用，要轻拿轻放，避免测量机构碰伤测量面、影响测量准确度。测量时，度盘若有转动，应重新校正零位。
>
> 3）测量杆与被测表面的相对位置要正确，防止产生较大的测量误差。
>
> 4）表体不得猛烈振动，被测量表面不能太粗糙，以免损坏运动部件。
>
> 5）护桥两翼轮经过校验并固定，更换或拆装后需重新校验，以免影响定心精度。
>
> 6）内径指示表使用时，应避免螺纹式可换测头旋入过深影响正常测量。
>
> 7）应先用游标卡尺粗测一下孔径尺寸，再用内径指示表测量，以防止误读尺寸。

第二部分　测量技能实训

任务一　工件尺寸测量

1. 任务内容

对工件分别进行直接测量和比较测量。只对长度、深度、高度进行单项测量，即对测量工件的每一个尺寸分别单独测量，测量检验工件各部分尺寸是否合格。

2. 任务准备

液压活塞工件（图 3-11）5 件；平板（400mm×600mm）5 块；游标卡尺（0～150mm/0.02mm）5 把；深度游标卡尺（0～200mm/0.02mm）5 把；外径千分尺（75～100mm/0.01mm）5 把；内径千分尺（50～75mm/0.01mm）5 把；内径指示表（50～100mm/0.01mm）5 把。

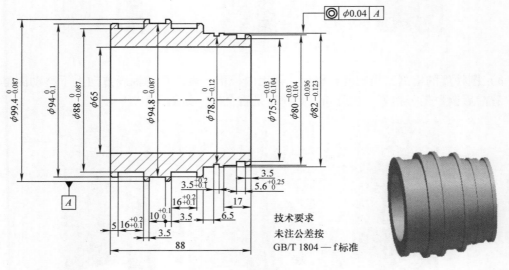

图 3-11　液压活塞

3. 任务实施

1）分析图样中的尺寸、公差和技术要求确定使用测量量具。

通过分析外径 ϕ75.5mm，尺寸公差允许偏差：上极限偏差 − 0.03mm，下极限偏差 − 0.104mm，最大外径 ϕ99.4mm，上极限偏差 0，下极限偏差 − 0.087mm，显然游标卡尺的准确度是达不到的；则选用外径千分尺（75 ～ 100mm/0.01mm），其余外径尺寸都在测量范围之内。其他尺寸台阶、槽宽公差范围较宽，用游标卡尺（0 ～ 150mm/0.02mm）。内径 ϕ65mm，用内径千分尺（50 ～ 75mm/0.01mm），或内径指示表（50 ～ 100mm/0.01mm）均可。

> 　**注意**
>
> 　　未注公差执行 GB/T 1804—f，查项目一表1-12，f 代表精密级，如长度 88mm，极限偏差数值为 ±0.15mm，即 88mm ±0.15mm。

2）依据图 3-11 标注的公称尺寸上、下极限偏差，计算各部分公称尺寸的上、下极限尺寸，从左至右分别是：

公称尺寸 ϕ99.4mm，上极限尺寸 ϕ99.4mm，下极限尺寸 ϕ99.313mm。

公称尺寸 ϕ94mm，上极限尺寸 ϕ94mm，下极限尺寸 ϕ93.9mm。

公称尺寸 ϕ88mm，上极限尺寸 ϕ88mm，下极限尺寸 ϕ87.913mm。

公称尺寸 ϕ94.8mm，上极限尺寸 ϕ94.8mm，下极限尺寸 ϕ94.713mm。

公称尺寸 ϕ78.5mm，上极限尺寸 ϕ78.5mm，下极限尺寸 ϕ78.38mm。

公称尺寸 ϕ75.5mm，上极限尺寸 ϕ75.47mm，下极限尺寸 ϕ75.396mm。

公称尺寸 ϕ80mm，上极限尺寸 ϕ79.97mm，下极限尺寸 ϕ79.896mm。

公称尺寸 ϕ82mm，上极限尺寸 ϕ81.964mm，下极限尺寸 ϕ81.877mm。

槽宽：公称尺寸 16mm，上极限尺寸 16.2mm，下极限尺寸 16.1mm（两处）。

　　　公称尺寸 10mm，上极限尺寸 10.1mm，下极限尺寸 10mm。

　　　公称尺寸 5.6mm，上极限尺寸 5.85mm，下极限尺寸 5.6mm。

　　　公称尺寸 3.5mm，上极限尺寸 3.7mm，下极限尺寸 3.6mm。

其余未注公差执行一般线性公差标准 f 级（精密级），查表 1-12，内径 ϕ65mm ± 0.15mm，88mm ±0.15mm。如果测量的实际尺寸在上、下极限尺寸之内，说明活塞合格，如果测量的实际尺寸超出上、下极限尺寸，则说明不合格。

任务二　测量考评

1. 任务内容

依据图 3-12 所示，进行内径、外径、长度、偏心距的实物测量实训，并把测量结果填入表 3-1 内。

2. 任务准备

实物工件 5 件；游标卡尺（0 ～ 150mm/0.02mm）；深度游标卡尺（0 ～ 200mm/0.02mm）；外径千分尺（25 ～50mm/0.01mm）；内径指示表 ［（18 ～35mm）、（35 ～50mm）/0.01mm］；指示表（0 ～ 5mm/0.01mm）；数显卡尺（0 ～ 150mm/0.01mm）；螺纹通 止 规 M30 ×2 −6H；60°螺纹样板（0.5 ～7.0mm）；磁性表座支架（200mm ×60mm）。

3. 任务实施

（1）测量提示　测量偏心距时应在机床上夹住工件一端，利用指示表、磁性表座进行测

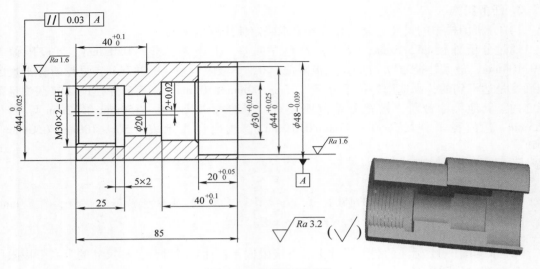

图 3-12　测量实训图样

量，手转动卡盘时，速度要均匀缓慢，方便读取数值。偏心距 2mm，正好指示表针转 4 周。

（2）测量方法　如果偏心距较小，测量时以指示表的测头接触在偏心轴上，指示表必须垂直于基准轴线，用手转动卡盘一周，指示表上指示的最大值和最小值之差的一半就等于偏心距。

表 3-1　评分标准（100 分）　　　　　　　　　　　　　　　　　　教师签名：

序号	测量项目	测量内容及要求	配分	测量结果	扣分	得分
1	外径/mm	$\phi 48$	10			
2	外径/mm	$\phi 44$	10			
3	内径/mm	$\phi 44$	10			
4	内径/mm	$\phi 30$	10			
5	内径/mm	$\phi 20$	5			
6	偏心/mm	2	10			
7	内螺纹	M30 × 2 – 6H	10			
8	长度/mm	25、85	5			
9	长度/mm	20	2			
10	长度/mm	40	2			
11	深度/mm	40	3			
12	槽宽/mm	5 × 2	3			
13	几何公差/mm	平行度	5			
14	量具的放置与保养		5			
15	正确使用量具与规范		10			
16	总分		100			

任务三　千分尺准确度的检验

1. 任务内容

利用量块检验千分尺的准确度。

2. 任务准备

量块（83 块，2 级）1 盒，外径千分尺（0 ~ 25mm/0.01mm）。

3. 任务实施

1）从量块（83 块，2 级）中，如图 3-13 所示，选择量块，用软布擦净，不得有油污、划痕。

2）校正千分尺零位，如图 3-14 所示。

图 3-13　量块

图 3-14　校正千分尺零位

3）用量块组合尺寸 22.24mm，组合尺寸为：1.04mm、1.2mm、20mm 共 3 块，黏合在一起，并用千分尺测量，然后进行比较，如图 3-15 ~ 图 3-17 所示。

4）用同类方法将量块组合尺寸 23.245mm，组合尺寸为：1.005mm、1.04mm、1.2mm、20mm 共 4 块，再次测量并进行比较，得出结论，如图 3-18 所示。

图 3-15　黏合量块（一）

图 3-16　黏合量块（二）

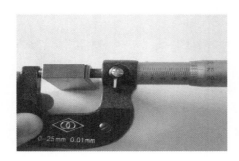

图 3-17　测量（一）

图 3-18　测量（二）

习　题

一、单选题

1. 若千分尺测微螺杆的螺距为 0.5mm，则微分筒圆周上的刻度为（　　　）。

A. 50 等分   B. 100 等分   C. 10 等分   D. 20 等分

2. 关于千分尺的特点，下列错误的是（   ）。

    A. 使用灵活，读数方便

    B. 测量准确度比游标卡尺高

    C. 测量范围广

    D. 螺纹传动副准确度很高，因而适合测量准确度要求较高的工件

3. 利用指示表测量工件的长度尺寸，所采用的方法是（   ）。

    A. 绝对测量   B. 相对测量   C. 间接测量   D. 动态测量

4. 指示表的分度值是（   ）。

    A. 0.01mm   B. 0.01 ~ 0.05mm   C. 0.1mm   D. 0.001mm

5. 指示表的测杆移动 1mm，其大小指针分别转了（   ）。

    A. 大指针转了 10 格小指针转了 1 格

    B. 大指针转了 100 格小指针转了 1 格

    C. 大指针转了 1 格小指针转了 100 格

    D. 大指针转了 1 格小指针转了 1 格

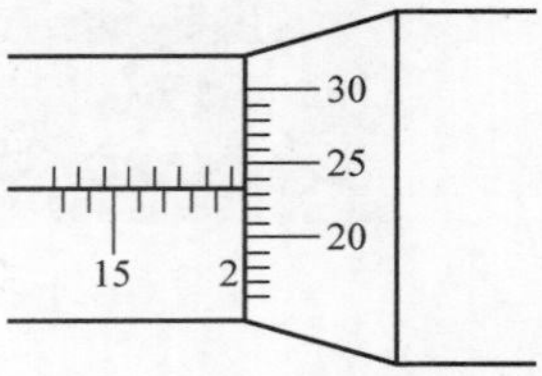

6. 图 3-19 中正确的读数是（   ）。

图 3-19   千分尺读数示意图

    A. 19.730mm   B. 19.235mm   C. 20.235mm   D. 2.730mm

二、判断题

1. 在机械制造中，只有经过测量和检验合格的工件，才具有互换性。   （   ）

2. 钢直尺、游标卡尺、千分尺属于常用量具。   （   ）

3. 外径千分尺是用于测量孔径、槽的深度的量具。   （   ）

4. 用指示表测量长度时，采用的是相对测量。   （   ）

5. 分度值为 0.01mm 的指示表大指针转过 1 格，测量杆移动 0.01mm。   （   ）

三、填空题

1. 千分尺的规格按测量范围分为：_____ mm、25 ~ 50mm、_____ mm、_____ mm 等，使用时按被测量工件的_____选用。千分尺的制造准确度分为_____ 级、_____ 级两种，_____级准确度最高，_____级最低。

2. 千分尺一般由_____、_____、_____和_____等组成。

3. 指示表的分度值为_____ mm，其示值范围通常为_____ mm、_____ mm 和_____ mm 三种。

4. 内径指示表是由_____和_____组成的，它主要是用于相对法测量，_____、_____、_____几何形状误差和相互位置的测量。

四、简答题

1. 试述千分尺的刻线原理？使用千分尺应注意哪些事项？

2. 什么是绝对测量？什么是相对测量？两者之间有何区别？

3. 简述测量误差产生的主要原因？

4. 简述普通内径千分尺的测量方法？

项目四　专用量具

第一部分　基础知识

专用量具包括多种量具：进行单项尺寸的测量和进行综合测量的量规、测量几何公差（形状、位置、方向、跳动）的量具、高精密测量仪。

一、游标万能角度尺概述

游标万能角度尺测量工件角度利用的是直接测量法（或称绝对测量法）。在生产车间，游标万能角度尺可用于直接测量工件的角度，其数值可以直接从量具上读出来。

游标万能角度尺是用来测量工件内、外角度的量具。按其游标分度值可分为2′和5′两种，按其尺身的形状不同可分为扇形（Ⅰ型）和圆形（Ⅱ型）两种。以下仅对Ⅰ型游标万能角度尺的结构、刻线原理和读数方法、测量范围进行介绍。

1. 游标万能角度尺的结构

游标万能角度尺由主尺、基尺、直尺、直角尺、游标尺、扇形板、锁紧装置、卡块、锁紧螺钉等组成，如图4-1所示。

2. 游标万能角度尺的刻线原理和读数方法

图4-2a所示是游标尺分度值为2′的Ⅰ型游标万能角度尺的标记。主尺标记每格为1°，游标尺标记是主尺上29°的弧长等分为30格，即游标尺上每格所对应的角度为29°/30。因此，主尺1格与游标1格相差$1° - 29°/30 = 1°/30 = 60′/30 = 2′$，即游标万能角度尺的分度值为2′。

游标万能角度尺读数方法与游标卡尺相似，先从主尺上读出游标尺零线前的整度数，再从游标尺上读出角度"分"的数值，两者相加就是被测工件的角度数值。在图4-2b中，游标上的零刻度线落在主尺上9°～10°之间，因而该被测角度的"度"的数值为9°；游标尺上第8格的刻线与主尺上的某一刻度线对齐，因而被测角度的"分"的数值为$2′×8 = 16′$。所以，被测角度的数值为9°16′。

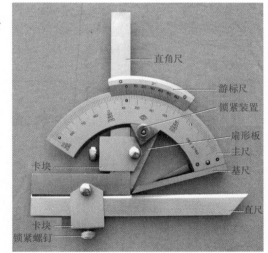

图4-1　游标万能角度尺的结构

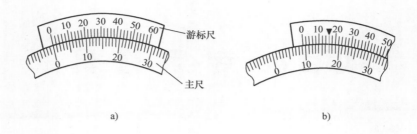

图 4-2　Ⅰ型游标万能角度尺的刻线原理与读数

3. 游标万能角度尺的测量范围

游标万能角度尺可以测量 0°～320°之间 4 个角度段内的任意角度值。根据所测不同角度的需要，它主要由基尺、主尺、直尺、直角尺各工作面进行组合。

用直接测量法（或称绝对测量法）检验外圆锥，测量零件的角度，按图 4-3～图 4-6 所示的方法测量，测量零件的锥度，并读出示值。

（1）测量对象　角度（或锥度）

（2）测量方法

1）当测量 0°～50°的角度时，把基尺按图 4-3 所示加以组合，将零件直接放入基尺与直尺两个工作面之间测量。

2）当测量 50°～140°的角度时，按图 4-4 把直尺连同直尺的卡块同时卸下，并紧固住卡块，将零件放置在直角尺长工作面与基尺之间测量。

图 4-3　在 0°～50°之间

图 4-4　在 50°～140°之间

3）当测量 140°～230°的角度时，把直角尺按图 4-5 所示上移，移至长短边交点，位于基尺旋转中心为止，将零件放在基尺与直角尺短边工作面之间测量。

4）当测量 230°～320°的角度时，把直角尺连同卡块全都卸下，按图 4-6 所示将零件放在扇形板与基尺工作面之间测量。

图 4-5 在 140°～230°之间　　　　　　图 4-6 在 230°～320°之间

> **注意**
>
> 1）使用前应先将游标万能角度尺各组合部件擦干净。
>
> 2）按零件所要求的角度，调整好游标万能角度尺的测量范围。
>
> 3）测量时，游标万能角度尺面应通过中心，并且一个面要与零件测量基准面吻合，透光检查。读数时应固定螺钉，然后离开零件，以免角度值变动。

二、量规

量规的功用及分类：根据被检验工件的不同，可分为光滑极限量规、螺纹量规、圆锥量规、花键量规、半径样板等。量规使用方便，检验效率高，在机械大批量生产时广泛应用。

量规的应用微课

1. 光滑极限量规

光滑极限量规是检验孔和轴尺寸是否合格的专用检验工具，如图 4-7 所示。

光滑极限量规是成对使用的，一端为通规，代号"T"，另一端为止规，代号"Z"。

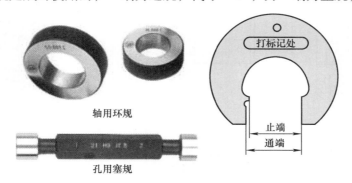

轴用环规

孔用塞规

图 4-7 光滑极限量规

（1）塞规　检验孔的量规称为塞规，由通端、止端和柄组成。其通端控制孔的下极限尺寸，止端控制孔的上极限尺寸。为使两种尺寸有所区别，通端长度比止端长。

（2）卡规（或环规）　检验轴的量规称为卡规或环规。环规的通端与止端是分开的，外圆柱面上有一圆弧槽的为止端。其通端用来控制轴的上极限尺寸，止端用来控制轴的下极限尺寸。

简单地说，当孔、轴被通规通过，而被止规不能通过时，工件即为合格（图4-8）。例如，轴达到最大实体尺寸时被通规通过，达到最小实体尺寸时止规卡住，这样轴就在规定的公差范围内变化，而不能超出其极限尺寸。

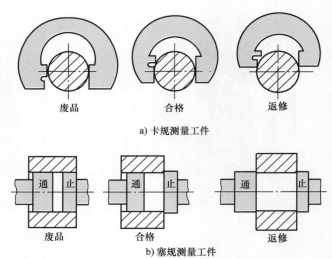

a) 卡规测量工件

b) 塞规测量工件

图4-8　卡规和塞规检测工件

2. 量规公差

量规是被制造出来的，会存在制造误差，故对量规的通端和止端规定相同的制造公差 T，其公差带均位于被检工件的尺寸公差带内（图4-9），以避免将不合格零件判为合格（误收）。这是因为通端测量时频繁通过合格件，易磨损，为保证让其有合理的使用寿命，须给出一定的最小备磨量。而止端因检验不用通过工件，故不需要备磨量。T 和 Z 的值均与被检工件尺寸公差大小有关。量规（工作量规）公差带布置如图4-10所示。

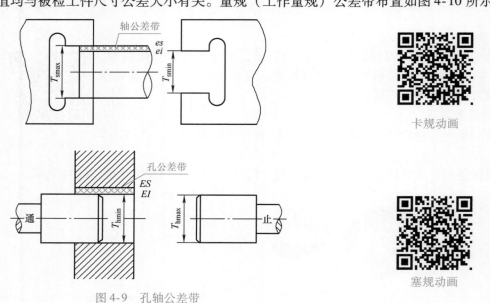

图4-9　孔轴公差带

卡规动画

塞规动画

图4-10 中孔和轴的量规制造公差 T 值以及制造公差带中心到（被检工件最大实体尺寸）磨损极限之间的距离 Z 值见表4-1。

量规工作尺寸计算：

1）查出孔与轴的标准公差与基本偏差，或上极限偏差与下极限偏差。

2）查出工作量规的 T 和 Z 值。

3）计算工作量规的极限偏差或工作尺寸。

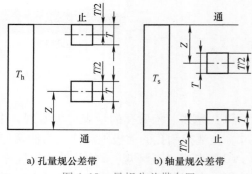

a) 孔量规公差带　　b) 轴量规公差带

图4-10　量规公差带布置

表4-1 光滑极限量规的公差值 （单位：μm）

工件公称尺寸 D/mm	IT6	T	Z	IT7	T	Z	IT8	T	Z	IT9	T	Z	IT10	T	Z	IT11	T	Z	IT12	T	Z	IT13	T	Z	IT14	T	Z	IT15	T	Z	IT16	T	Z
至3	6	1	1	10	1.2	1.6	14	1.6	2	25	2	3	40	2.4	4	60	3	6	100	4	6	140	6	14	250	9	20	400	14	30	600	20	40
>3~6	8	1.2	1.4	12	1.4	2	18	2	2.6	30	2.4	4	48	3	5	75	4	8	120	5	8	180	7	16	300	11	25	480	16	35	750	25	50
>6~10	9	1.4	1.6	15	1.8	2.4	22	2.4	3.2	36	2.8	5	58	3.6	6	90	5	9	150	6	9	220	8	20	360	13	30	580	20	40	900	30	60
>10~18	11	1.6	2	18	2	2.8	27	2.8	4	43	3.4	6	70	4	8	110	6	11	180	7	11	270	10	24	430	15	35	700	24	50	1100	35	75
>18~30	13	2	2.4	21	2.4	3.4	33	3.4	5	52	4	7	84	5	9	130	7	13	210	8	13	330	12	28	520	18	40	840	28	60	1300	40	90
>30~50	16	2.4	2.8	25	3	4	39	4	6	62	5	8	100	6	11	160	8	16	250	10	16	390	14	34	620	22	50	1000	34	75	1600	50	110
>50~80	19	2.8	3.4	30	3.6	4.6	46	4.6	7	74	6	9	120	7	13	190	9	19	300	12	19	460	16	40	740	26	60	1200	40	90	1900	60	130
>80~120	22	3.2	3.8	35	4.2	5.4	54	5.4	8	87	7	10	140	8	15	220	10	22	350	14	22	540	20	46	870	30	70	1400	46	100	2200	70	150
>120~180	25	3.8	4.4	40	4.8	6	63	6	9	100	8	12	160	10	18	250	12	25	400	16	25	630	22	52	1000	35	80	1600	52	120	2500	80	180
>180~250	29	4.4	5	46	5.4	7	72	7	10	115	9	14	185	12	20	290	14	29	460	18	29	720	26	60	1150	40	90	1850	60	130	2900	90	200
>250~315	32	4.8	5.6	52	6	8	81	8	11	130	10	16	210	14	22	320	16	32	520	20	32	810	28	66	1300	45	100	2100	66	150	3200	100	220
>315~400	36	5.4	6.2	57	7	9	89	9	12	140	11	18	230	16	25	360	18	36	570	22	36	890	32	74	1400	50	110	2300	74	170	3600	110	250
>400~500	40	6	7	63	8	10	97	10	14	155	12	20	250	18	28	400	20	40	630	24	40	970	36	80	1550	55	120	2500	80	190	4000	120	280

例 计算 $\phi25H8/f7$ 孔与轴用量规的极限偏差。

解

1）查出孔与轴的上、下极限偏差。

孔：$ES = +0.033\text{mm}$

$EI = 0\text{mm}$

轴：$es = -0.02\text{mm}$

$ei = -0.041\text{mm}$

2）查出工作量规的 T 和 Z 值。

塞规：$T = 0.0034\text{mm}$

$Z = 0.005\text{mm}$

卡规：$T = 0.0024\text{mm}$

$Z = 0.0034\text{mm}$

3）计算工作量规的极限偏差。

① $\phi25H8$ 孔用塞规

通规：上极限偏差 $= EI + Z + T/2 = 0 + 0.005\text{mm} + 0.0017\text{mm} = +0.0067\text{mm}$

下极限偏差 $= EI + Z - T/2 = 0 + 0.005\text{mm} - 0.0017\text{mm} = +0.0033\text{mm}$

磨损极限 $= EI = 0\text{mm}$

止规：上极限偏差 $= ES = +0.033\text{mm}$

下极限偏差 $= ES - T = 0.033\text{mm} - 0.0034\text{mm} = +0.0296\text{mm}$

② $\phi25f7$ 轴用卡规

通规：上极限偏差 $= es - Z + T/2 = -0.02\text{mm} - 0.0034\text{mm} + 0.0012\text{mm} = -0.0222\text{mm}$

下极限偏差 $= es - Z - T/2 = -0.02\text{mm} - 0.0034\text{mm} - 0.0012\text{mm} = -0.0246\text{mm}$

磨损极限 $= es = -0.02\text{mm}$

止规：上极限偏差 $= ei + T = -0.041\text{mm} + 0.0024\text{mm} = -0.0386\text{mm}$

下极限偏差 $= ei = -0.041\text{mm}$

4）画 $\phi25H8/f7$ 孔与轴用量规公差带图，如图 4-11 所示。

3. 螺纹量规

螺纹量规是用来综合检验螺纹几何参数的综合性量具，测量方便、准确。检验内螺纹用螺纹塞规，检验外螺纹用螺纹环规（图4-12）。

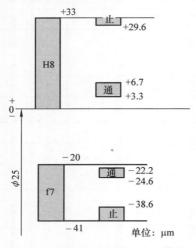

图 4-11　$\phi25H8/f7$ 量规公差带图

图 4-12　螺纹量规

　　螺纹量规的通规用来检验螺纹的作用中径，兼带控制螺纹底径。通规螺纹按工件螺纹的最大实体牙型的尺寸制造，具有完整牙侧，通规螺纹的长度等于旋合长度。

　　螺纹量规的止规只用来检验螺纹的实际中径。为了消除螺距误差和牙型半角误差的影响，止规的螺纹长度只有 2～3.5 圈，并且牙侧截短，因此只有牙侧一段中径按工件螺纹的最小实体尺寸制造。

　　用螺纹量规检验工件螺纹时，若量规的"通规"能通过或旋合被测螺纹，而"止规"拧入工件螺纹不超过 2 圈时，就评定工件合格。

4. 量规的使用保养

　　量规是精密量具，其使用方法如图 4-13 所示。

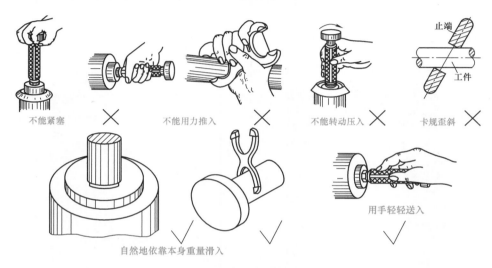

图 4-13　量规的使用方法

　　量规使用完毕，用软布擦净，并涂一薄层无酸性的凡士林油或防锈油，然后放在干燥的盒内或固定的木架上，如图 4-14 所示。

三、螺纹千分尺

1. 螺纹千分尺的功用及结构

　　螺纹千分尺是利用螺旋副原理，对弧形尺架上的锥形测量面和 V 形凹槽测量面间分隔的距离进行读数的用于测量三角形螺纹中径

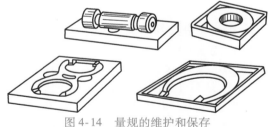

图 4-14　量规的维护和保存

的测量量具，主要用于测量外螺纹中径。它的结构和使用方法与一般千分尺相近。螺纹千分尺的结构如图 4-15 所示。

　　螺纹千分尺有两个可以调换的测量头，备有一系列不同的螺距和不同牙型角的测量头。只需调换测量头，就可以测量各种不同的螺纹中径。螺纹千分尺的分度值为 0.01mm（图4-16），测头有代号，使用时注意序列排列，不要放错位置。

螺距误差对螺纹旋合性的影响动画

　　螺纹千分尺分测量螺距范围与测量中径范围：螺距范围有 0.4～0.5mm、0.6～0.8mm、1.0～1.25mm、1.5～2.0mm、2.5～3.5mm、4～6mm；中径范围有0～25mm、25～50mm、50～75mm、75～100mm、100～125mm、125～150mm。

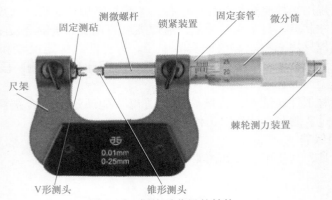

图 4-15　螺纹千分尺的结构

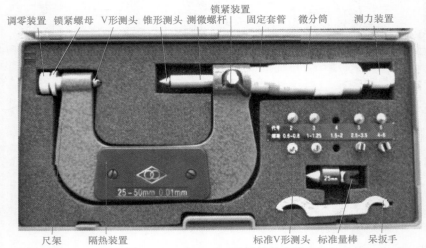

图 4-16　25～50mm 的螺纹千分尺

2. 螺纹千分尺的测量和读数方法

（1）测量方法

1）螺纹千分尺测头标有代号，测量时按被测螺纹的螺距选取测头。

2）锁紧螺母是制动调零装置，逆时针旋转松开锁紧螺母，转动调零装置，可使 V 形测头轴向位置改变，更换测头和对零方便。

3）测量前清洁测量面和测微螺杆，进行零位调整。如零位存在不超过 0.02mm 的微小误差，用产品盒中配套的呆扳手调整，将单爪插入固定套管的小孔内，转动套管，即可调零。零位误差较大时，用呆扳手单爪松开测力装置，用小锤轻震微分筒尾部，使其与测微螺杆脱开，转动微分筒对零，再用呆扳手将测力装置旋紧。

4）测量时先将 V 形测头与螺纹外廓的被测面接触，再缓慢进给测微螺杆，使锥形测头测量面与螺纹的另一被测量面接触，通过转动测力装置渐近被测量面，听到测力装置发出"咔咔"声，表明已接触测量面，方可读数，如图 4-17 所示。

（2）读数方法　螺纹千分尺的刻线原理与外径千分尺相同，读数方法如图 4-18 所示。

（3）测量条件　测量尺寸较大的工件或工件精度要求较高时，要注意温度的影响，最好在 20℃ ±1℃ 条件下测量。

（4）测量对象　测量不同螺距的螺纹中径。

（5）读取数值时，微分筒每转动两圈测微螺杆移动 1mm。当微分筒棱边离开整数标记的第一圈内，用固定套管的整数加微分筒的读数直接读取测量数值；当微分筒在第一圈与第二圈之间时，看到固定套管上整数标记上面的半毫米刻度，整毫米数加0.5mm，加微分筒的读数即为螺纹中径的测量值（图4-18）。

测量螺纹中径

图4-17 螺纹千分尺测量方法

28.7mm

34.05mm

图4-18 螺纹千分尺读数方法

> **注意**
>
> 1）测量时，应在静态下进行，手握住隔热装置，尽量不要接触尺架，以免影响测量精度。
> 2）测量时，不足微分筒一格的测量值（0.001mm）时可估读。
> 3）每次更换测量头之后，必须重新调零。
> 4）保持测量面各部件清洁，要轻拿轻放，不得强力冲击，否则将导致移动不灵活，甚至损坏螺纹千分尺。使用后应擦净，涂好防锈油，放入包装盒内，置于阴凉干燥的环境中。

四、游标齿厚卡尺

游标齿厚卡尺是测量齿厚偏差的一种专用测量量具，它的读数原理与游标卡尺相同，只是用途与结构不同。为了得到设计所需要的齿轮副最小极限侧隙，控制齿轮副的侧隙不能过大，一般用齿厚游标卡尺测量齿厚偏差。因受齿顶圆偏差的影响，游标齿厚卡尺的测量准确度较低，适用于测量准确度较低的齿轮、模数较大的齿轮、蜗杆的测量。它由互相垂直的游标齿高卡尺和游标齿厚卡尺组成，如图4-19所示。

测量方法：

1）用齿厚尺测量齿轮分度圆弦齿厚时，以齿顶圆为基准，调整齿高尺位置使其游标尺示值为弦齿高 h，并紧固。再将齿高量爪置于被测齿顶上，使齿厚固定量爪紧靠齿廓。调整齿厚尺微动装置，使量爪与齿廓对称接触，并垂直于齿轮轴线，如图4-20所示。

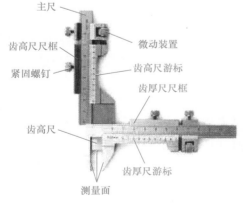

主尺

齿高尺尺框

微动装置

紧固螺钉

齿高尺游标

齿厚尺尺框

齿高尺

齿厚尺游标

测量面

图4-19 游标齿厚卡尺结构

测量齿轮分度圆弦齿厚

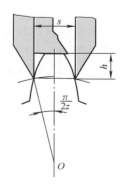

s

h

$\dfrac{\pi}{2z}$

O

图4-20 测量分度圆弦齿厚的偏差值

2）测量齿厚偏差是指分度圆柱面上实际齿厚值与公称齿厚值之差。

3）由于分度圆弧齿厚不易测量，一般测量分度圆弦齿厚，用游标齿厚卡尺测量时，是以齿顶圆为定位基准的测量。

4）测量前，应先将齿高尺调整到被测齿轮的分度圆弦齿高处，然后用齿厚尺水平测量分度圆弦齿厚的实际值。将测量的实际值减去公称值，即为分度圆弦齿厚的偏差值，如图4-20所示。

5）按定义，齿厚是以分度圆弧长（弧齿厚）计值，而测量时，是以弦长（弦齿厚）计值，需计算与之对应的公称弦齿

公称弦齿厚
$$s = mz\sin\frac{90°}{z}$$

公称弦齿高
$$h = m + \frac{zm}{2}\left(1 - \cos\frac{90°}{z}\right)$$

五、公法线千分尺

公法线千分尺是利用螺旋副原理，对弧形尺架上两盘形测量面间分隔的距离进行读数的齿轮公法线测量量具，是测量公法线平均长度偏差的一种专用量具。公法线千分尺结构如图4-21所示。

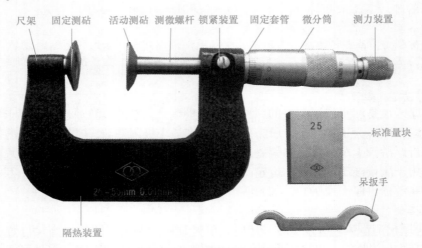

尺架　固定测砧　活动测砧　测微螺杆　锁紧装置　固定套管　微分筒　测力装置

标准量块

呆扳手

隔热装置

图4-21　公法线千分尺结构

1. 公法线的测量方法

齿轮公法线是一对齿轮相啮合时产生作用力的方向线。公法线是控制齿轮加工质量的一个重要参数，其长短会影响齿轮的齿厚，进而会影响啮合齿轮的侧隙。公法线长度 w_k 为两平行平面、齿轮与齿轮两异名齿面相切的两切点的直线间距离。公法线千分尺量具的两测量面应与渐开线齿形面相切于齿轮分度圆附近，如图4-22所示。

2. 跨齿数 k 的确定

测量 w_k 时如果跨齿数 k 太多，量具的两测量平面会与轮齿顶部接触；如 k 较少，则会与轮齿根部接触。这两种情况测得的数据均不正确，因此 k 必须选择得当。测量 w_k 应在分度圆附近进行，一般选择 $k = z/9$，即测量时所卡的齿数，宜约为被测齿轮齿数的 $1/9$。

3. 公法线长度 w_k 和跨齿数 k 的计算

$$w_k = m\cos\alpha\left[\pi(k - 0.5) + z\,\mathrm{inv}\,\alpha\right]$$

$$k = \frac{z\alpha}{180°} + 0.5$$

式中　m——齿轮模数（mm）；

　　　α——分度圆压力角，标准齿轮分度圆压力角为 20°（°）；

　　　z——齿轮总齿数；

　　　k——跨齿数。

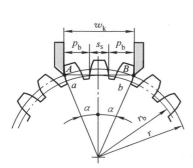

图 4-22　齿轮公法线的测量　　　　　　　　　　齿距累计误差动画

4. 测量条件

测量尺寸较大的齿轮或齿轮精度要求较高时，注意温度的影响，最好在（20±1）℃的条件下进行测量。

5. 测量对象

测量齿轮的公法线平均长度偏差。

6. 测量方法

1）根据被测齿轮的公法线长度，选择测量范围合适的公法线千分尺。

2）公法线千分尺零位的调整方法，利用包装盒内配备的量块调零，其他与螺纹千分尺调零方法相同。

3）测量时，先将固定测砧与齿形外廓的被测面接触，如图 4-22 所示。再缓慢调节测微螺杆，使活动测砧测量面与齿轮的另一被测量面接触，通过转动测力装置渐渐接近测量面，听到"咔咔"声，感觉测力装置打滑空转，表明测力装置卸荷有效，测量面已接触上，即可读数。

4）读取数值的方法与螺纹千分尺相同。不同的是前者测得是螺纹中径值，后者测得为公法线长度值。

> 💡 **注意**
>
> 1）测量时，工件应在静态下进行，手要握住公法线千分尺的隔热装置，尽量不接触尺架，以免影响测量准确度。
>
> 2）测量时，应正确选择公法线跨齿数，活动测砧与固定测砧测量面要与齿轮渐开线的轮廓相切。
>
> 3）测量时，不足微分筒一格的测量值（0.001mm）可估读。
>
> 4）保持公法线千分尺测量面及各部件的清洁。要轻拿轻放，不能有强力冲击，否则将导致公法线千分尺移动不灵活，甚至损坏。

有些特殊专用量具，其用途、测量位置都是特殊的，但读数原理、测量方法相同。刹车片数显卡尺如图 4-23a 所示，用于测量片状工件磨痕深度。内、外沟槽数显卡尺如图 4-23b 所示，用于测量内孔外径工件的沟槽直径。中心距数显卡尺如图 4-23c 所示，壁厚度数显卡尺如图 4-23d 所示，闸圈数显卡尺如图 4-23e 所示，板厚千分尺如图 4-23f 所示。此外，还有多用途千分尺，适用于管径、壁厚、轴槽、台阶、高度及各种窄小尺寸的测量。适用于各工种、各行业的量具在不断更新，测量准确度越来越高，种类繁多，这里不再逐一讲解。

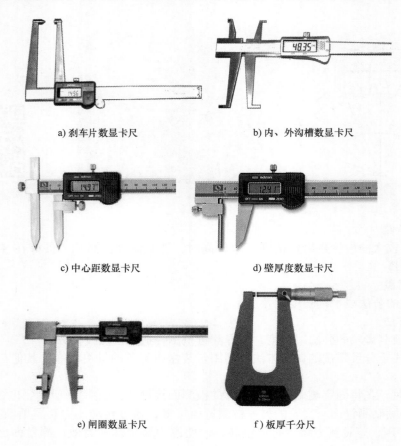

a) 刹车片数显卡尺　　　　　　　　　　b) 内、外沟槽数显卡尺

c) 中心距数显卡尺　　　　　　　　　　d) 壁厚度数显卡尺

e) 闸圈数显卡尺　　　　　　　　　　　f) 板厚千分尺

图 4-23　专用量具

六、三坐标测量仪

三坐标测量仪是一种高效的新型精密测量设备，它不仅用于测量各种机械工件、模具等的形状尺寸、孔位、孔中心距以及各种形状的轮廓，而且特别适用于测量带有空间曲面的零件。由于三坐标测量仪具有高准确度、高效率、测量范围大等优点，已成为几何量测量仪器的一个主要发展方向。

三坐标测量仪可在三维可测的空间范围内，根据测头系统返回的点数据，通过三坐标的软件系统计算各类几何形状、尺寸等。这种量仪通用性强，可实现空间坐标点的测量；可方便地进行数据处理与程序控制；可实现逆向工程的需求；测量效率高。三坐标测量仪的测量过程，是由测头通过三个坐标轴导轨在三个空间方向自由移动实现的，在测量范围内可到达任意一个测点。三个轴的测量系统可以测出测点在 X、Y、Z 三个方向上的精确坐标位置。根据被测几何形面上若干个测点的坐标值即可计算出待测的几何尺寸和误差。另外，在测量工作台上，还可以配置绕 Z 轴旋转的分度转台和绕 X 轴旋转的带顶尖座的分度头，以便进行螺纹、齿轮、凸轮等的测量。

1. 三坐标测量机的种类

三坐标测量机按准确度分两类：

（1）精密型万能测量机（UMM） 该测量机的准确度可以达到 $1.5\mu m + 2L/1000$ （L 为工件长度），一般放在有恒温条件的计量室内，用于精密测量，分辨率为 $0.1\mu m$、$0.2\mu m$、$0.5\mu m$、$1\mu m$、$2\mu m$。

（2）生产型测量机（CMM） 该测量机一般放在生产车间，用于生产过程的检测，并可用于末道工序的精加工，分辨率为 $5\mu m$、$10\mu m$，小型生产型测量机有 $1\mu m$、$2\mu m$ 的。

测量行程范围：$3000mm \times 2000mm \times 1000mm \sim 15000mm \times 30000mm \times 3000mm$。

$3000mm \times 2000mm \times 1000mm \sim 6000mm \times 2500mm \times 2500mm$。

$1000mm \times 800mm \times 800mm \sim 4000mm \times 2000mm \times 1500mm$。

2. 三坐标测量机系统的硬件构成和功能

三坐标测量机主要由三部分组成（图4-24）：

（1）主机 三坐标测量机的主机主要由以下各部分组成：框架结构、标尺系统、导轨、驱动装置、平衡部件、转台与附件。主机的结构形式（总体布局形式）主要取决于三组坐标的相对运动方式，它对三坐标测量机的精度和适用性影响很大。

（2）测头系统 测头系统由硬测头、电气测头、光学测头组成。

（3）电气系统 电气系统由电气控制系统（如 UCClite2、UCC2）计算机（如个人计算机、工业计算）、测量软件（如 POWerMeas、Capps）、输出设备（如打印机、绘图机）等组成。在三坐标测量机系统的硬件结构中，计算机是整个测量系统的管理者，它可实现与操作者对话、控制程序的执行和结果处理，与外设的通信等功能。

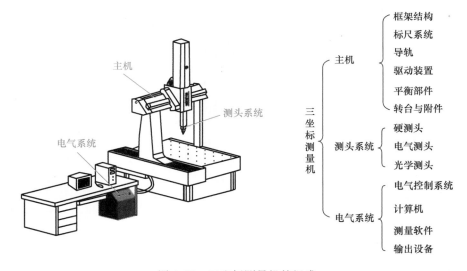

图4-24 三坐标测量机的组成

测量方法：将被测工件置于三坐标测量机的测量空间，可获得被测物体上各测点的坐标位置，根据这些点的空间坐标值，经过数学运算，求出被测的几何尺寸、形状和位置。测量所要求的测量点数见表4-2。

表4-2　所要求的测量点数

几何元素	数学所要求的最少点数	推荐测点数
直线	2	5
平面	3	9（3条线每条线3点）
圆	3	7（探知6叶形）
球	4	9（3个平行平面3个圆）
圆锥	6	12（4个平行平面，为了得到直线度信息） 15（5个点在3个平行平面的圆，为了得到圆度信息）
椭圆	4	12
圆柱	5	12（4个平行平面的圆，为了得到直线度信息） 15（5个点在3个平行平面的圆，为了得到圆度信息）
立方体	6	18 每个面至少3点
点	1	
圆槽	4	
方槽	4	
边缘点	2	
角度点	2	

七、自准直仪

自准直仪是利用光学自准直原理测量微小角度的长度测量工具。自准直仪的工作原理如图4-25所示。

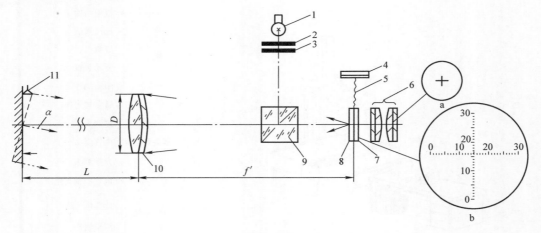

图4-25　自准直仪的工作原理

1—光源　2—滤色片　3—指示分划板　4—鼓轮　5—丝杠　6—目镜
7—活动分划板　8—测量分划板　9—棱镜　10—准直物镜　11—平面反射镜

注：a—透过目镜6调整自准直仪镜筒看到的十字线图像。

b—测量分划板8的局部放大图。

1. 自准直仪的分类

自准直仪按读数系统的不同可分为两类：

（1）光学自准直仪　光学自准直仪可直接或利用测微装置或活动分划板从分划板或读数鼓轮上读出 α 角的分值和秒值。光学自准直仪的分度值有 1 分到十数秒，精度最低。当以斜率（例如 1/200）表示分度值时，通常称这种自准直仪为平面度测量仪。

光学自准直仪当以光电瞄准对线代替人工瞄准对线时，称为光电自准直仪。

（2）数字自准直仪　数字自准直仪是基于数字信号处理（DSP）、计算机及半导体感光元件（CCD）或互补金属氧化物半导体（CMOS）技术的新式自准直仪。一般数字自准直仪具有动态响应和跟踪功能，也称为动态自准直仪。

2. 自准直仪的应用

自准直仪常用于测量导轨的直线度、平板的平面度（也称为平面度测量仪）等，也可借助于转向棱镜附件测量垂直度等。光电自准直仪多应用于航空航天、船舶、军工等要求精密度极高的行业，例如机械加工工业的质量保证（平面度、垂直度、平行度等）、计量检定行业中角度测试标准、棱镜角度定位及监控、光学元件的测试及安装精度控制等。

3. 自准直仪的使用方法

图 4-26 所示为采用自准直仪测量导轨直线度误差示例。采用角分度值为 1″，精度等级为 0.005mm/m 的自准直仪和跨距为 200mm 的桥板测量 1200mm 长的导轨的直线度误差，将平面反射镜置于桥板上，沿测量长度方向按 6 段布点依次移动，并使前一次测量的桥板末点与后一次测量的桥板始点重合，从而使后一点读数是相对于前一点读数的相对测量值。

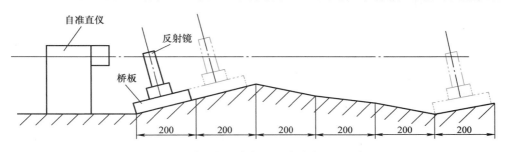

图 4-26　采用自准直仪测量直线度误差示例

自准直仪的读数差表示桥板两支承点连线对测量基准（光轴）的夹角，各个读数值与桥板跨距和的乘积，是板桥两支承点中后一点的高度差。为了得到各测量点对原点近似理想直线的高度，应将各测量点的读数顺序进行累积。直线度测量数据见表 4-3。

表 4-3　直线度测量数据

测量点	0	1	2	3	4	5	6
正方向读数/格	1000	1017	1011	994	996	990	1007
反方向读数/格		1015	1009	990	998	992	1007
读数平均值/格		1016	1010	992	997	991	1007
格值	200 ×0.005/1000mm = 0.001mm						
相对读数值/μm		+16	+10	−8	−3	−9	+7
累积读数值/μm		+16	+26	+18	+15	+6	+13

按表 4-3 中累积读数值作误差折线，如图 4-27 所示。根据最小区域判别法过两个最低点（测量点 0、5）和它们之间的最高点（测量点 2）作两条平行直线包容误差折线，两条平行直线之间的垂直距离便为导轨直线误差 $t = 24\mu m$。

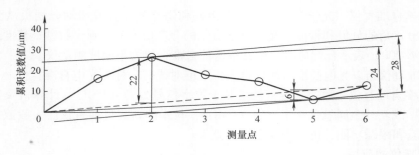

图 4-27　误差折线

注意：

1）用图解法求误差值时，由于作图时纵坐标采用放大比例，横坐标采用缩小比例，所以两者比例相差许多倍。误差折线在坐标系内的倾斜情况随采用的比例不同而变化，因此包容误差折线的两平行直线的垂直距离发生变化，但沿坐标轴方向的距离与采用的比例无关，因而沿纵坐标方向量取两平行直线之间的距离作为直线度误差值。

2）从图 4-27 中看出，误差折线的最高点并不是实测中的最大读数值，同理，实测中最小值也不一定是误差折线的最低点。高、低点是针对理想直线而言的相对概念。

3）由于测量时的测量基准与评定基准方向未能调整一致，所以测得的读数值包含有测量误差，但此测量误差一般很小，可忽略不计。

4）用两端点连线法评定直线度误差，只要将图 4-27 上误差折线首尾连接成一直线（如虚线所示），则此直线即为两端点连线法的理想直线。过误差折线上的最高点（测量点 2）和最低点（测量点 5）作理想直线的两条平行直线，则这两平行直线沿纵坐标方向的距离即为两端点连线法评定的导轨直线度误差 $t = 28 \mu m$。

显然，一般情况下两端点连线法的评定结果大于最小区域法。由此可见，用最小区域评定结果误差值最小。

八、激光干涉仪

激光干涉仪是一种以波长作为标准对被测长度进行测量的仪器，主要应用于线形、角度、垂直度、直线度、平面度的测量。随着激光干涉仪测量技术的不断提高，测量软件的不断开发，其测量范围也越来越广泛，特别是在测量数控机床位置精度方面的用途最为广泛，如图 4-28 所示。

1. 激光干涉仪的工作原理

如图 4-29 所示，激光干涉仪发射单一频率光束射入线性分光镜，然后分成两道光

图 4-28　激光干涉仪检测数控机床

束。一道光束（参考光束）射向连接分光镜的固定反射镜，另一道光束（测量光束）则通过分光镜射入可动反射镜。这两道光束再反射回到分光镜，重新汇聚之后返回激光器，其中会有一个探测器监控两道光束之间的干涉。

若光程差没有变化时，探测器会在相长性和相消性干涉的两极之间找到稳定的信号；若光程差有变化时，探测器会在每一次光程变化时，在相长性和相消性干涉的两极之间找到变

化信号，这些变化信号会被计算并用来测量两个光程之间的差异变化。

2. 激光干涉仪的类型

（1）单频激光干涉仪 单频激光干涉仪的工作原理如图4-30所示。从激光器发出的光束，经扩束准直器后由分光镜分为两路，并分别从固定反射镜和可动反射镜反射回来，会合在分光镜上而产生干涉条纹。当可动反

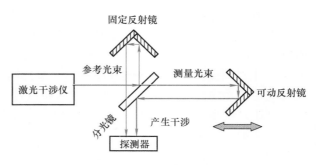

图4-29 激光干涉仪工作原理图

射镜移动时，干涉条纹的光强变化由接收器中的光电转换元件和电子线路等转换为电脉冲信号，经整形器、放大器后输入可逆计数器计算出总脉冲数，再由计算机按计算公式算出可动反射镜的位移量 L，计算公式如下：

$$L = \frac{1}{2}\lambda N$$

式中 L——可动反射镜的位移量；

λ——激光波长；

N——电脉冲总数。

注意：使用单频激光干涉仪时，要求周围大气处于稳定状态，各种空气湍流都会引起直流电平变化而影响测量结果。

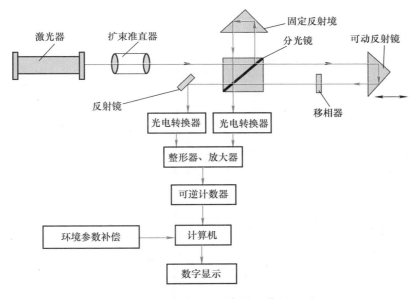

图4-30 单频激光干涉仪的工作原理图

（2）双频激光干涉仪 双频激光干涉仪是在单频激光干涉仪的基础上发展出来的一种外差式干涉仪。双频激光干涉仪的工作原理如图4-31所示。在氦氖激光器上，加上一个约0.03T的轴向磁场。由于塞曼分裂效应和频率牵引效应，激光器产生 f_1 和 f_2 两个不同频率的左旋和右旋圆偏振光。经1/4波片后成为两个互相垂直的线偏振光，再经分光镜分为两路。一路经偏振片1后成为含有频率为 $f_1 - f_2$ 的参考光束。另一路经偏振分光镜后又分为两

路：一路成为仅含有 f_1 的光束，另一路成为仅含有 f_2 的测量光束。当可动反射镜移动时，含有 f_2 的测量光束经可动反射镜反射后成为含有 $f_2 \pm \Delta f$ 的光束，Δf 是可动反射镜移动时因多普勒效应产生的附加频率，正负号表示移动方向。这路光束和由固定反射镜反射回来仅含有 f_1 的光束经偏振片 2 后会合成为 $f_1 - (f_2 \pm \Delta f)$ 的测量光束。测量光束和上述参考光束经各自的光电转换元件、放大器、整形器后进入减法器相减，输出成为仅含有 $\pm \Delta f$ 的电脉冲信号。经可逆计数器计数后，由计算机进行当量换算（乘 1/2 激光波长）后即可得出可动反射镜的位移量。

双频激光干涉仪是应用频率变化来测量位移的，这种位移信息载于 f_1 和 f_2 的频差上，对由光强变化引起的直流电平变化不敏感，所以抗干扰能力强。它常用于检定测长机、三坐标测量机、光刻机和加工中心等的坐标精度，也可用作测长机、高精度三坐标测量机等的测量系统。利用相应附件，还可进行高精度直线度测量、平面度测量和小角度测量。

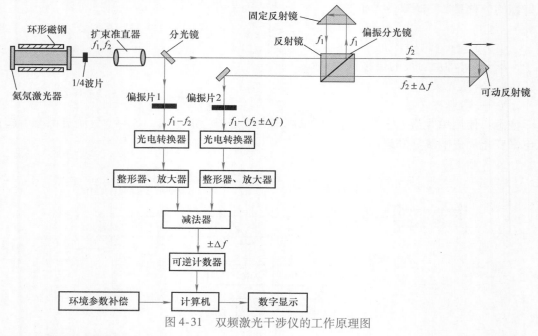

图 4-31 双频激光干涉仪的工作原理图

3. 单频与双频激光干涉仪比较

单频激光干涉仪的缺点是受环境影响严重，在测试环境恶劣、测量距离较长时，这一缺点十分突出。其原因在于它是一种直流测量系统，必然具有直流光平和电平零漂的弊端。

双频激光干涉仪也是一种以波长作为标准对被测长度进行度量的仪器，与单频激光干涉仪不同的是，双频激光干涉仪可用放大倍数较大的交流放大器对干涉信号进行放大，这样，即使光强衰减 90%，依然可以得到合适的电信号。由于这一特点，双频激光干涉仪可以在恒温、恒湿、防振的计量室内检定量块、量杆、刻尺和坐标测量机等，也可以在普通车间内为大型机床的分度进行标定；既可以对几十米的大量程进行精密测量；也可以对手表零件等微小运动进行精密测量；既可以对几何量进行测量，如长度、角度、直线度、平行度、平面度、垂直度等，也可以用于特殊场合，如半导体光刻技术的微定位和计算机存储器上记录槽间距的测量等。

九、光滑工件尺寸的检验

在车间实际加工操作情况下，通常工件的形状误差取决于加工设备及工艺装备的精度，工件合格与否，只通过一次测量来判断，对于温度、压陷效应以及测量器具和标准器具的系统误差均不进行修正。因此，任何检验都存在误判。

例如：用示值误差为 $\pm 4\mu m$ 的千分尺验收 $\phi 20h6$（$^{\ 0}_{-0.013}$）的轴颈时，若轴颈的实际偏差位于 $0 \sim +4\mu m$，但千分尺的测量误差为 $-4\mu m$ 时，其测量值就小于其上偏差，因而可能将其判成合格品而接收，即导致误收。反之，若轴颈的实际偏差位于 $-4 \sim 0\mu m$，但千分尺的测量误差为 $+4\mu m$ 时，其测量值就大于其上偏差，因而可能将其判为废品，即导致误废。误收不利于质量的保证，误废不利于成本的降低。

所选测量器具的极限误差既要保证工件尺寸检验质量，又与工艺、测试水平相适应，又要符合经济性的要求。选择的量具要使用方便、标尺标记清晰、对零位置要准。测量力要掌握适当。

例如：测量尺寸大的零件，一般要选用上置式的测量器具；对小尺寸及硬度低、刚性差的工件，宜选用非接触测量方式，即选用光学投影放大、气动、光电等原理的测量仪器；对大批量生产的工件，应选用量规或自动检验设备；对精度要求不高的工件，就不要选择高准确度的量具。

为了正确选择量具，合理确定验收极限，国家作了相应的规定。

1. 验收原则

所用验收方法应只接收位于规定的尺寸极限之内的工件，即只允许有误废而不允许有误收。

（1）验收方法的基础 多数测量器具通常只测量尺寸，不测量工件可能存在的形状误差。因此，对遵循包容要求的尺寸，工件的完善检验还应测量几何误差（如圆度、直线度），并把这些几何误差的测量结果与尺寸的测量结果综合起来，以判断工件表面各部位是否超出最大实体边界。

（2）标准温度 测量的标准温度为 20℃，如果工件和测量器具的线胀系数相同，那么测量时只要测量器具与工件保持相同的温度，则可以偏离 20℃。

2. 验收极限

验收极限是检验工件尺寸时判断合格与否的尺寸界限。标准规定按验收极限验收工件，验收极限可以按照下列两种方式之一确定。

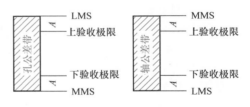

图 4-32 验收极限

方法 1：验收极限是从规定的最大实体极限（MMS）和最小实体极限（LMS）分别向工件公差内移动一个安全裕度（A），如图 4-32 所示，A 值按工件公差（T）的 1/10 确定，其数值在表 4-4 中给出。

孔尺寸的验收极限：上验收极限＝最小实体极限（LMS）－安全裕度（A）

下验收极限＝最大实体极限（MMS）＋安全裕度（A）

轴尺寸的验收极限：上验收极限＝最大实体极限（MMS）－安全裕度（A）

下验收极限＝最小实体极限（LMS）＋安全裕度（A）

方法 2：验收极限等于规定的最大实体极限（MMS）和最小实体极限（LMS），即 $A = 0$。

3. 验收方式的选择

要结合尺寸功能要求及其重要程度、尺寸公差等级、测量不确定度和工艺能力等因素综合考虑。

用方法 1 验收，验收极限比较严格，适用于如下情况，工件验收极限如下：

$$\begin{cases} \text{上验收极限} = \text{最大实体极限（MMS）} - \text{安全裕度（}A\text{）} \\ \text{下验收极限} = \text{最小实体极限（LMS）} + \text{安全裕度（}A\text{）} \end{cases}$$

1）对符合包容要求、公差等级高的尺寸，其验收极限应按方法1确定。

2）对偏态分布的尺寸，其"尺寸偏向边"的验收极限应按方法1确定。

3）对符合包容要求的尺寸，当工艺能力指数 $C_p \geqslant 1$ 时，其最大实体极限一边的验收极限按方法1确定为宜。

工艺能力指数 C_p 是工件公差（IT）值与加工设备工艺能力（$C\sigma$）的比值，其中，C 为常数，当工件尺寸遵循正态分布时，取 $C=6$；σ 为加工设备的标准偏差。显然，当工件尺寸遵循正态分布时，$C_p = T/6\sigma$。

用方法2验收，验收极限比较宽松，适用于如下情况，工件验收极限如下：

$$\begin{cases} \text{上验收极限} = \text{最大实体极限（MMS）} \\ \text{下验收极限} = \text{最小实体极限（LMS）} \end{cases}$$

1）对工艺能力指数 $C_p \geqslant 1$ 时，验收极限可以按方法2确定，取 $A=0$。

2）对符合包容要求的尺寸，其最小实体极限一边的验收极限按方法2确定。

3）对非配合尺寸和一般的尺寸，其验收极限按方法2确定。

4）对偏态分布的尺寸，其"尺寸非偏向边"的验收极限按方法2确定。

4. 测量器具的选择

（1）测量器具的选用原则　按照测量器具所引起的测量不确定度的允许值（u_1）选择测量器具。选择时，应使所选用的测量器具的测量不确定度允许数值，等于或小于选定的（u_1）值。

测量器具的测量不确定度允许值（u_1）按测量不确定度（u）与工件公差比值分档，对IT6 ~ IT11 的分为Ⅰ、Ⅱ、Ⅲ三档，对 IT12 ~ IT18 的分为Ⅰ、Ⅱ两档。测量不确定度（u）的Ⅰ、Ⅱ、Ⅲ三档值，分别为工件公差的 1/10、1/6、1/4。计量器具的不确定度允许值（u_1）约为测量不确定度（u）的 0.9 倍，三档数值列于表4-4中。

（2）测量器具的测量不确定度允许值（u_1）的选定　选用表4-4中测量器具的不确定度允许值（u_1），一般情况下，优先选用Ⅰ档，其次选用Ⅱ档、Ⅲ档。

十、测量误差

前面介绍了很多测量量具、量仪、测量方法和注意事项，但不管如何细心测量，测量误差总是不可避免，不过可以控制。各种测量误差都有它们产生的原因和影响测量结果的规律，为了提高测量精度，减少测量误差，分析与估算测量误差大小。根据测量误差产生的原因，其误差分为以下几种。

（1）测量器具本身的误差　测量器具在设计、制造、装配和调零时不准确而产生的误差。

（2）选择的测量方法、定位的方式不正确所产生的误差。

（3）测量的环境条件与要求的标准不一致所产生的误差　如温度、湿度、振动、灰尘等，其中温度的影响最大。

（4）人为误差　因测量人员眼睛的最小分辨能力以及测量技术的熟练程度、测量习惯、读数误差等因素造成的误差。

（5）系统误差　在相同的条件下，多次重复测量时，绝对值和符号保持不变或按一定规律变化的误差。系统误差要设法加以消除或在测量中加以修正。

（6）随机误差　在相同的条件下，多次重复测量时，绝对值和符号以不可预测的方式

表4-4 安全裕度(A)与计量器具的测量不确定度允许值(u_1)

(单位:μm)

公差等级 6~11

公差尺寸/mm 大于	至	6 T	6 A	6 u_1 I	6 u_1 II	6 u_1 III	7 T	7 A	7 u_1 I	7 u_1 II	7 u_1 III	8 T	8 A	8 u_1 I	8 u_1 II	8 u_1 III	9 T	9 A	9 u_1 I	9 u_1 II	9 u_1 III	10 T	10 A	10 u_1 I	10 u_1 II	10 u_1 III	11 T	11 A	11 u_1 I	11 u_1 II	11 u_1 III
—	3	6	0.6	0.5	0.9	1.4	10	1.0	0.9	1.5	2.3	14	1.4	1.3	2.1	3.2	25	2.5	2.3	3.8	5.6	40	4.0	3.6	6.0	9.0	60	6.0	5.4	9.0	14
3	6	8	0.8	0.7	1.2	1.8	12	1.2	1.1	1.8	2.7	18	1.8	1.6	2.7	4.1	30	3.0	2.7	4.5	6.8	48	4.8	4.3	7.2	11	75	7.5	6.8	11	17
6	10	9	0.9	0.8	1.4	2.0	15	1.5	1.4	2.3	3.4	22	2.2	2.0	3.3	5.0	36	3.6	3.3	5.4	8.1	58	5.8	5.2	8.7	13	90	9.0	8.1	14	20
10	18	11	1.1	1.0	1.7	2.5	18	1.8	1.7	2.7	4.1	27	2.7	2.4	4.1	6.1	43	4.3	3.9	6.5	9.7	70	7.0	6.3	11	16	110	11	10	17	25
18	30	13	1.3	1.2	2.0	2.9	21	2.1	1.9	3.2	4.7	33	3.3	3.0	5.0	7.4	52	5.2	4.7	7.8	12	84	8.4	7.6	13	9	130	13	12	20	29
30	50	16	1.6	1.4	2.4	3.6	25	2.5	2.3	3.8	5.6	39	3.9	3.5	5.9	8.8	62	6.2	5.6	9.3	14	100	10	9.0	15	23	160	16	14	24	36
50	80	19	1.9	1.7	2.9	4.3	30	3.0	2.7	4.5	6.8	46	4.6	4.1	6.9	10	74	7.4	6.7	11	17	120	12	11	18	27	190	19	17	29	43
80	120	22	2.2	2.0	3.3	5.0	35	3.5	3.2	5.3	7.9	54	5.4	4.9	8.1	12	87	8.7	7.8	13	20	140	14	13	21	32	220	22	20	33	50
120	180	25	2.5	2.3	3.8	5.6	40	4.0	3.6	6.0	9.0	63	6.3	5.7	9.5	14	100	10	9.0	15	23	160	16	15	24	36	250	25	23	38	56
180	250	29	2.9	2.6	4.4	6.5	46	4.6	4.1	6.9	10	72	7.2	6.5	11	16	115	12	10	17	26	185	19	17	28	42	290	29	26	44	65
250	315	32	3.2	2.9	4.8	7.2	52	5.2	4.7	7.8	12	81	8.1	7.3	12	18	130	13	12	19	29	210	21	19	32	47	320	32	29	48	72
315	400	36	3.6	3.2	5.4	8.1	57	5.7	5.1	8.4	13	89	8.9	8.0	13	20	140	14	13	21	32	230	23	21	35	52	360	36	32	54	81
400	500	40	4.0	3.6	6.0	9.0	63	6.3	5.7	9.5	14	97	9.7	8.7	15	22	155	16	14	23	35	250	25	23	38	56	400	40	36	60	90

公差等级 12~18

公称尺寸/mm 大于	至	12 T	12 A	12 u_1 I	12 u_1 II	13 T	13 A	13 u_1 I	13 u_1 II	14 T	14 A	14 u_1 I	14 u_1 II	15 T	15 A	15 u_1 I	15 u_1 II	16 T	16 A	16 u_1 I	16 u_1 II	17 T	17 A	17 u_1 I	17 u_1 II	18 T	18 A	18 u_1 I	18 u_1 II
—	3	100	10	9.0	15	140	14	13	21	250	25	23	38	400	40	36	60	600	60	54	90	1000	100	90	150	1400	140	135	21
3	6	120	12	11	18	180	18	16	27	300	30	27	45	480	48	43	72	750	75	68	110	1200	120	110	180	1800	180	160	270
6	10	150	15	14	23	220	22	20	33	360	36	32	54	580	58	52	87	900	90	81	140	1500	150	140	230	2200	220	200	330
10	18	180	18	16	27	270	27	24	41	430	43	39	65	700	70	63	110	1100	110	100	170	1800	180	160	270	2700	270	240	400
18	30	210	21	19	32	330	33	30	50	520	52	47	78	840	84	76	130	1300	130	120	200	2100	210	190	320	3300	330	300	490
30	50	250	25	23	38	390	39	35	59	620	62	56	93	1000	100	90	150	1600	160	140	240	2500	250	220	380	3900	390	350	580
50	80	300	30	27	45	460	46	41	69	740	74	67	110	1200	120	110	180	1900	190	170	290	3000	300	270	450	4600	460	410	690
80	120	350	35	32	53	540	54	49	81	870	87	78	130	1400	140	130	210	2200	220	200	330	3500	350	320	530	5400	540	480	810
120	180	400	40	36	60	630	63	57	95	1000	100	90	150	1600	160	150	230	2500	250	230	380	4000	400	360	600	6300	630	570	940
180	250	460	46	41	69	720	72	65	110	1150	115	100	170	1800	180	170	280	2900	290	260	440	4600	460	410	690	7200	720	650	1080
250	315	520	52	47	78	810	81	73	120	1300	130	120	190	2100	210	190	320	3200	320	290	480	5200	520	470	780	8100	810	730	1210
315	400	570	57	51	86	890	89	80	130	1400	140	130	210	2300	230	210	350	3600	360	320	540	5700	570	510	850	8900	890	800	1330
400	500	630	63	57	95	970	97	87	150	1500	150	140	230	2500	250	230	380	4000	400	360	600	6300	630	570	950	9700	970	870	1450

变化的误差，又称偶然误差。随机误差的大小和方向是随机的，产生的原因往往比较复杂，任何一次测量随机误差都是不可避免的，虽然不能消除它，但可以减少并控制对测量结果的影响。

（7）粗大误差　由于测量人员主观上的疏忽大意（如测量时读错数、计算错等）或客观条件的剧变，突然振动等所造成的误差。粗大误差使测量结果明显歪曲与实物不符，应重新测量减去粗大误差的测量值。

第二部分　测量技能实训

任务一　梯形螺纹的测量

1. 任务内容

使用相应量具测量工件梯形螺纹的外径、外螺纹大径、中径、内螺纹小径、长度。

2. 任务准备

测量工件（图4-33）5套；公法线千分尺（25～50mm/0.01mm）；螺纹千分尺（4～6mm/0.01mm、25～50mm/0.01mm）；游标齿厚卡尺（1～26mm/0.02mm）；外径千分尺（0～25mm/0.01mm、25～50mm/0.01mm）；游标卡尺（0～200mm/0.02mm）；数显卡尺（0～150mm/0.01mm）。

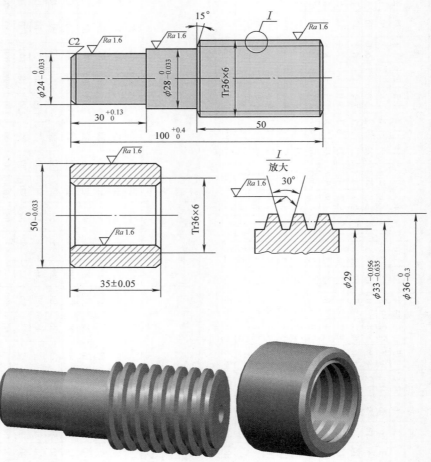

图4-33　被测工件

3. 任务实施

1）分组进行实物测量训练，依据图样公差要求，将测量结果填入评分表（表4-5）内。

2）用千分尺测量外圆尺寸、外螺纹的大径，将测量结果填入表格内。

3）用螺纹千分尺测量外螺纹的中径。

4）用数显卡尺测量内螺纹小径。

5）用游标卡尺测量尺寸长度。

6）用公法线千分尺测量中径上的5个导程的平均长度偏差。

7）用游标齿厚卡尺测量梯形螺纹的牙顶宽度偏差。

表4-5 评分表（100分）　　　　　　　　　　教师签名

序号	测量项目	测量内容	配分	测量结果	扣分	得分
1	外圆/ mm	$\phi24$	5			
2		$\phi28$	5			
3		$\phi50$	5			
4	梯形螺纹/ mm	$\phi36$	5			
5		$\phi33$	15			
6		$\phi29$	5			
7	内梯形/mm	$\phi30$	5			
8	平均长度/mm	5个导程平均长度	5			
9	长度/ mm	100	5			
10		30	5			
11		50	2			
12		35	5			
13	牙顶偏差/mm		3			
14		正确选择测量量具	10			
15		测量方法、使用正确	10			
16		量具放置与维护保养	10			
17		总分	100			

任务二　齿轮公法线平均长度偏差、齿厚偏差的测量

1. 任务内容

测量渐开线直齿圆柱齿轮公法线平均长度偏差、齿厚偏差。

2. 任务准备

直齿圆柱齿轮 $z = 27$ 齿，被测齿轮模数 $m = 4mm$，分度圆压力角为 $\alpha = 20°$，公称弦齿高 $h = 1mm$，变位系数 $X = 0$，$C = 0.25mm$。

公法线千分尺（25～50mm/0.01mm）5把，游标齿厚卡尺（$m1$～26mm/0.02mm）5把。

3. 任务实施

1）齿顶圆直径 $d_a = (27 + 2) \times 4mm = 116mm$

分度圆直径 $d = 4mm \times 27 = 108mm$

齿顶高 $h_a = 1 \times 4\text{mm} = 4\text{mm}$

齿根高 $h_f = (1 + 0.25) \times 4\text{mm} = 5\text{mm}$

全齿高 $h = 4\text{mm} + 5\text{mm} = 9\text{mm}$

齿根圆直径 $d_f = 108\text{mm} - 2 \times 5\text{mm} = 98\text{mm}$

2）确定所测量跨齿数 k，所测齿数一般为总齿数的 $1/9$，（总齿数 27）/9 = 3。

$$k = \frac{z\alpha}{180°} + 0.5$$
$$= 27 \times 20°/180° + 0.5$$
$$= 3 + 0.5$$
$$= 3.5$$

计算公法线长度 $W_k = m\cos\alpha\left[\pi(k - 0.5) + z\text{inv}\alpha\right]$
$$= m \times 0.94\left[3.14(3.5 - 0.5) + z\text{inv}\alpha\right]$$
$$= m\left[2.952 \times 3 + 0.014z\right]$$
$$= 4\text{mm} \times (8.856 + 0.014 \times 27)$$
$$= 4\text{mm} \times (8.856 + 0.378)$$
$$= 4\text{mm} \times 9.234$$
$$= 36.936\text{mm}$$

不计算也可查《机械设计手册》中的渐开线圆柱齿轮公法线长度表。

3）根据计算齿轮公法线长度为 36.9mm，选择测量范围 25～50mm 的公法线千分尺。

4）利用包装盒内配备的量块对公法线千分尺调零。

5）测量时，公法线千分尺量具的两测量面应与渐开线齿形面相切于齿轮分度圆 108mm 处，将固定测砧与齿形外廓的被测面接触（图 4-34），再缓慢进给测微螺杆，使活动测砧测面与齿轮的另一被测量面接触，将要接触时，通过转动测力装置渐进测量面，听到"咔咔"声，表明测力装置卸荷有效，测量面已接触上，即可读数。

6）测量结果与计算公法线长度 36.9mm 的差值，就是齿轮公法线长度偏差值。

7）按定义，齿厚是以分度圆弧长（弧齿厚）计值，而测量时，是以弦长（弦齿厚）计值，需计算与之对应的公称弦齿。

图 4-34　测量公法线长度

公称弦齿厚 $s = mz\sin\dfrac{90°}{z}$
$$= 4\text{mm} \times 27 \times 0.058$$
$$= 6.264\text{mm}$$

公称弦齿高 $h = m + \dfrac{zm}{2}\left(1 - \cos\dfrac{90°}{z}\right)$
$$= 4\text{mm} + 54\text{mm} \times (1 - 0.998)$$
$$= 4\text{mm} + 0.108\text{mm}$$
$$= 4.108\text{mm}$$

不计算也可查《机械设计手册》中的渐开线圆柱齿轮分度圆弦齿厚、弦齿高表。

8）用游标齿厚卡尺测量齿轮分度圆弦齿厚时，以齿顶圆116mm为定位基准，调整齿高尺位置使其游标尺示值为弦齿高h = 4.108mm，并紧固。再将齿高量爪置于被测齿顶上，使齿厚固定量爪紧靠齿廓。调整齿厚尺微动装置，使量爪与齿廓对称接触，并垂直于齿轮轴线，如图4-35所示。

9）由于分度圆弧齿厚不易测量，测量齿厚偏差，是指分度圆柱面上108mm处。

10）测量前，应先将垂直游标卡尺调整到被测齿轮的分度圆弦齿高处，然后用游标齿厚卡尺水平测量分度圆弦齿厚的实际值，读取数值6.24mm。

11）测量的实际齿厚值6.24mm与公称齿厚值s = 6.264mm之差，6.264mm – 6.24mm = 0.024mm，即为分度圆弦齿厚的偏差值。

图 4-35　测量齿厚

习　　题

一、单选题

1. 关于游标万能角度尺，下列说法中错误的是（　　）。
   A. 游标万能角度尺是用来测量工件内外角度的一种通用量具
   B. 游标万能角度尺的刻线原理与游标卡尺相似，也是利用尺身与游标的刻度间距之差来进行小数部分读数的
   C. 游标万能角度尺在使用时，要根据被测工件的不同角度，正确搭配使用直尺和角尺
   D. Ⅱ型游标万能角度尺可以测量0°~320°的任意角度

2. 指出图4-36中，游标万能角度尺正确的读数值是（　　）
   A. 11°24′　　B. 11°13′
   C. 11°26′　　D. 11°12′

3. 卡规的"止规"用来控制轴的（　　）尺寸。
   A. 上极限尺寸　　B. 公差
   C. 下极限尺寸　　D. 实际尺寸

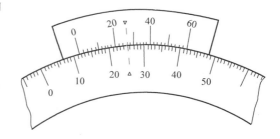

图 4-36　游标万能角度尺读数

二、判断题

1. 由于游标万能角度尺是万能的，因而Ⅰ型万能角度尺可以测量0°~360°内的任意角度。　　　　　　　　　　　　　　　　　　　（　　）

2. 利用游标万能角度尺的基尺和直尺、直角尺、扇形板的不同搭配，可测量不同范围内的角度。　　　　　　　　　　　　　　　　　（　　）

3. 光滑极限量规结构简单，使用方便，检验效率高，因而适合于在大批量生产中应用。
（　　）

4. 光滑极限量规须成对使用，只有在通规通过，止规不能通过工件，才能判定此工件合格。
（　　）

三、填空题

1. 游标万能角度尺是用来测量工件_____的量具。按其分度值不同，可分为_____和_____两种；按其尺身的形状不同，可分为_____和_____两种。

2. 分度值为2′的Ⅰ型游标万能角度尺，游标上格的弧长对应于齿身上_____°的弧长。

3. 量规是一种没有_____的专用测量器具，根据被检验工件的不同，可分为_____量规、_____量规、_____量规、_____量规、_____量规和_____量规等。

4. 卡规的通端按被检验轴的_____尺寸制造，止端按被检验轴的_____尺寸制造。塞规的通端按被检验孔的_____尺寸制造，止端按被检验孔的_____尺寸制造。

5. 螺纹千分尺主要用于测量螺纹的_____尺寸，其结构与外径千分尺基本相同。

四、简答题

1. 试述光滑极限量规的使用方法及注意事项。
2. 试述螺纹千分尺的用途和使用中的注意事项。

项目五 几 何 公 差

第一部分 基 础 知 识

一、几何公差概述

几何公差也是衡量产品质量的重要技术指标之一，对产品性能和质量都有很大的影响。

1. 几何公差和几何误差

几何公差和几何误差都分为形状、方向、位置、跳动四类。

（1）形状公差和形状误差

1）形状公差：被测提取要素的形状所允许的最大变动量。其除有基准要求的轮廓度外，均是对单一要素的要求，用于控制形状误差。

2）形状误差：被测提取要素对其拟合要素的变动量。

（2）方向公差和方向误差

1）方向公差：关联被测提取要素对基准在方向上允许的变动全量，用于控制方向误差。

2）方向误差：被测提取要素对具有确定方向的拟合要素的变动量。

（3）位置公差和位置误差

1）位置公差：关联被测提取要素对基准在位置上允许的变动全量，用于控制位置误差。

2）位置误差：被测提取要素对具有确定位置的拟合要素的变动量。

（4）跳动公差和跳动误差

1）跳动公差：关联被测提取要素绕基准回转一周或连续回转时所允许的最大跳动量，用于控制跳动误差。

2）跳动误差：被测提取要素绕基准轴线做无轴向移动回转时，位置固定或沿拟合素线连续移动的指示表在给定方向上测得的最大与最小读数之差。

工件在加工过程中，任何一种加工方法加工后的工件都会不同程度地产生尺寸误差，而且还会产生或大或小的几何误差。一根轴若弯曲严重，尽管直径尺寸合格，但它并不能和轴套的直孔进行装配；轴套的各个端面不与其轴线垂直，也不能实现它的正常功能，如图 5-1a、b所示。要保证工件几何要素的互换性，除规定尺寸公差要求外，还必须规定相应的形状、方向、位置和跳动公差的要求，如图 5-1c、d 所示。

为了满足互换性的要求，限制几何误差，国家制定了一系列几何公差标准，这里只对其中常用的几何公差标准做简单介绍。

2. 几何要素

几何要素是指工件上的特定部位的点、线、面、体或者它们的集合。这些要素可以是组成要素（如圆柱体的外表面），也可以是导出要素（如中心线或中心面）。图 5-2 中所示的球心、圆锥面、圆柱面和圆锥顶素线、轴线、端面、圆锥面、圆柱面和球面等都是工件的几

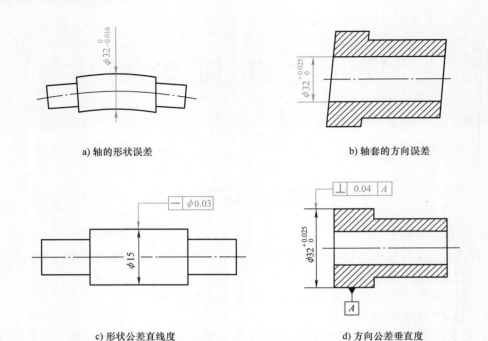

a) 轴的形状误差

b) 轴套的方向误差

c) 形状公差直线度

d) 方向公差垂直度

图 5-1 工件的几何误差

何要素。几何要素可以是理想要素或者非理想要素，可将其视为一个单一要素或者组合要素（组合，将多个几何要素结合在一起）。

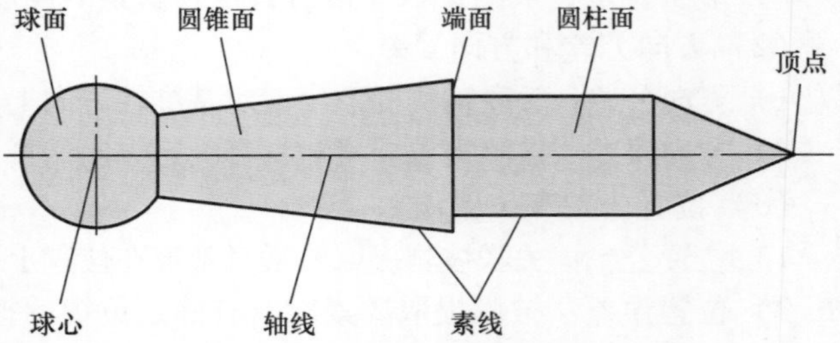

（1）理想要素和非理想要素

理想要素：由参数化方程定义的要素。参数化方程的表达取决于理想要素的类型及其本质特征。理想要素由类型和本质特征定义。

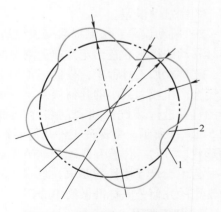

图 5-2 工件的几何要素

由设计者确定一个具有理想形状的工件，即具有满足功能需求所需的形状、尺寸、方向、位置，没有任何偏差的工件，如图 5-3 中 1 所示。在图样中仅以公称值表达一个工件，它不能直接用于生产制造和检验，在制造过程和测量过程中，受制造精度和测量环境的影响，每一个过程有其自己的可变性和不确定度。

非理想要素：完全依赖于非理想表面模型或工件实际表面的不完美的几何要素。

非理想要素是设计者给定了偏差和上极限尺寸、下极限尺寸有变动范围的工件，如图 5-3 中 2 所示。非理想表面模型上不存在理想要素。依赖于非理想表面模型特征的理想要素称为拟合要素。

图 5-3 理想要素和非理想要素

1—理想要素圆 2—非理想要素带有形状误差的圆

1）理想要素的属性 理想要素有四种属性：形状、尺寸参数决定尺寸要素、尺寸大小的参数、骨架、方位。

① 形状。对理想要素定义要素为理想的几何轮廓的数学通用性描述。例如：平面形状、圆柱形状、球形状、圆锥形状、一个平面等，如图 5-2 所示。

② 尺寸参数（尺寸、角度）。用于表达理想要素的线性或者角度尺寸。尺寸参数对应一个尺寸要素的一个尺寸。例如：直线长度 50mm，圆柱直径 ϕ60mm，半径 R30mm，两点之间的距离 10mm，宽度、厚度的距离，圆锥角度 45°。

③ 骨架。当尺寸要素的尺寸设定为零时，由尺寸要素的减小所产生的几何要素，当尺寸要素的尺寸变为 0 时得到一个点。当尺寸变为 0° 时得到一条直线。骨架要素可以是一个点、一条直线、一个圆、一个平面。

在公称模型中骨架要素是公称组成要素的一个几何属性。骨架要素和公称组成要素同属于恒定类别，具有相同的方位要素。在非理想要素中，相同的组成要素可能存在若干个骨架要素。

④ 方位（位置和方向）。方位要素是理想要素的一个几何属性，与尺寸参数没有关系。确定要素方向和位置的点、直线、平面、螺旋线如图 5-4 所示。确定两个要素间的相对方向或位置，如图 5-5 中的圆环，一个圆环有两个尺寸参数，其中一个尺寸是圆环的小径，另一个尺寸是圆环的外径。圆环的骨架要素是一个圆，其方位要素是一个平面（包含圆）和一个点（圆心），如图 5-5 中的圆环所示。方位要素见表 5-1。

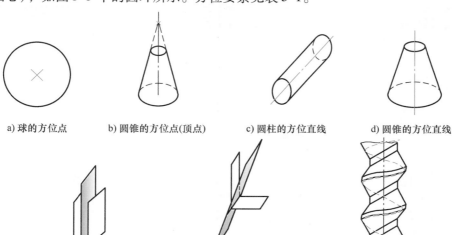

a) 球的方位点　　b) 圆锥的方位点(顶点)　　c) 圆柱的方位直线　　d) 圆锥的方位直线

e) 两相对平行面的方位平面　　f) 两个不平行平面的方位平面　　g) 螺旋线方位

图 5-4　方位要素（位置和方向）

表 5-1　方位要素

恒定类别	理想要素的类型	方位要素
复合面	椭圆曲线	椭圆面、对称平面
	双曲抛物面	对称平面、切点
棱柱面	椭圆柱	对称平面、轴线
回转面	圆	圆、圆心的平面
	圆锥	对称轴线、顶点
	圆环	垂直圆环轴的平面、圆环中心

（续）

恒定类别	理想要素的类型	方位要素
螺旋面	螺旋线	螺旋线
	基于圆渐开线的螺旋面	螺旋线
圆柱面	直线	直线 a
	圆柱面	轴线 a
平面	平面	平面
球面	点	点 a
	球	中心 a

注：1. a 没有替代的方位要素可选择，因为所考虑的要素可能变成其他的恒定类别。

2. 一般情况下，不使用方位螺线，而是使用方位螺线的轴线。

2）理想要素的类型：按照理想要素的类型，通过给本质特征赋值来定义一个特殊的要素。通常用类型来命名一个理想要素，例如：直线、平面、圆柱面、锥面、球面或圆环面。

所有的理想要素都属于表 5-2 所定义的七种恒定类别。每个理想要素可以根据恒定类别，定义一个或多个方位要素，见表 5-2。

表 5-2　恒定类别

恒定类别	表面是恒定的恒定度	图示	方位要素	示例
复合面	无	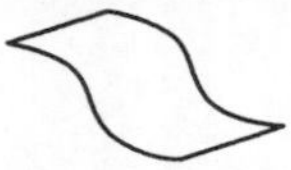	平面、直线、点	非结构化点云空间贝塞尔曲面
棱柱面	沿平面上 1 条直线的 1 个平动	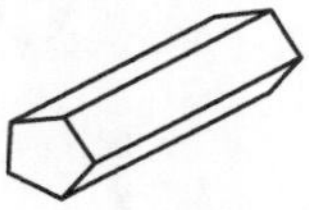	平面、直线	椭圆棱柱面
回转面	沿直线的 1 个转动	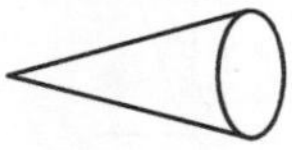	直线、点	圆锥面、圆环面
螺旋面	沿直线的 1 个平动和 1 个转动的组合	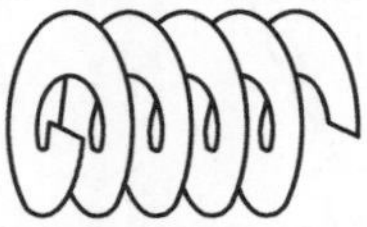	螺旋线	渐开线螺旋面
圆柱面	沿直线的 1 个平动和 1 个转动	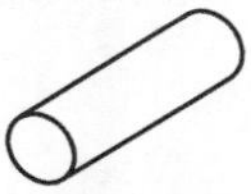	直线	圆柱面
平面	垂直于平面的 1 个转动，沿平面上 2 条线的 2 个平动	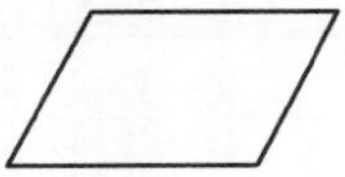	面	平面
球面	绕一点的 3 个转动	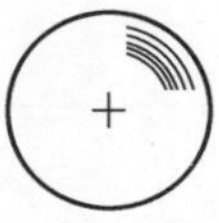	点	球面

3）理想要素的本质特征：理想要素的本质特征是特指该要素类型本身是一个点、一条线、一个面、一个体或者它们的集合。理想要素的本质特征见表5-3。例如，圆柱的本质特征的是直径，通过给直径赋值一个尺寸值定义圆柱的大小。给直线赋值一个尺寸值定义圆柱的长短。如：圆柱的直径 $\phi30$mm、直线长度 100mm、圆锥顶角 30°。

表 5-3　理想要素的本质特征

恒定类别	类型	本质特征
复合面	椭圆曲线	长轴与短轴
	极坐标表面	相对于极坐标的位置
棱柱面	基于圆渐开线的棱柱面	长轴与短轴的长度
	基于圆渐开线的棱柱面	压力角、基圆半径
回转面	圆	直径
	圆锥	顶角
	圆环	素线和准线直径
螺旋面	螺旋线	螺距和半径
	基于圆渐开线的螺旋面	螺旋角、压力角、基圆半径
圆柱面	直线	无
	圆柱	直径
平面	平面	无
球面	点	无
	球面	直径

4）理想要素间的方位特征：理想要素间的方位特征是确定两个要素之间的相对方向或位置的特征，是确定两个理想要素之间的相对方向或位置的特征，是确定非理想要素和理想要素间的相对位置的特征，这些特征是长度和角度。方位特征可分为位置特征和方向特征，见表5-4。

表 5-4　方位特征

位置特征	方向特征
点 – 点距离	直线 – 直线夹角
点 – 直线距离	直线 – 平面夹角
点 – 平面距离	平面 – 平面夹角
直线 – 直线距离	
直线 – 平面距离	
平面 – 平面距离	

（2）尺寸要素　尺寸要素包括线性尺寸要素和角度尺寸要素。它由一定大小的线性尺寸要素或角度尺寸要素确定的几何形状。尺寸要素可以是圆柱形、球形、两相对平行面、圆锥形、楔形、一个圆环。

1）线性尺寸要素。具有线性尺寸的尺寸要素以长度单位毫米（mm）表示。如：一条直线的一点到另一点的长度，术语直径、宽度、厚度与尺寸含义相同。距离是不作为尺寸要素的两个几何要素之间的尺寸。如：两相对平行直线之间的距离、两相对平行面之间的两点间的距离，两个导出要素之间的距离，一个组成要素与一个导出要素之间的距离，如图5-5所示。

尺寸要素是一个圆柱体、一个球体、一个圆、两条直线、两相对平行面、圆锥体或楔形体，一个圆环。

在图5-5中，当有不止一个本质特征时（如圆环），就会有一些约束。

在图5-5中，球的直径是一个线性尺寸要素的尺寸，用于建立尺寸要素的几何要素是其骨架要素。对于球体，骨架要素是一个点。

在图5-5中，一个圆柱孔或轴是线性尺寸要素，其线性尺寸是其直径。

由两相对平行面（键槽或键）组成的组合要素是一个线性尺寸要素，其线性尺寸为其宽度（见图1-1）。

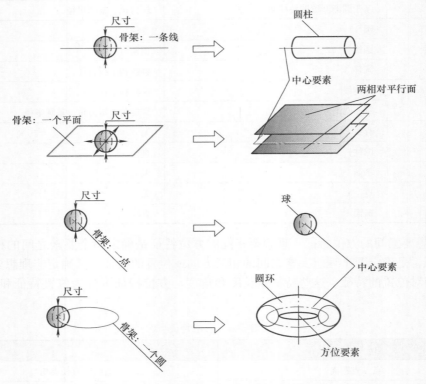

图5-5　尺寸、骨架要素和尺寸要素之间的关系

2）角度尺寸要素。角度尺寸属于回转恒定类别的几何要素，母线名义上倾斜一个不等于0°或90°的角度；或属于棱柱面恒定类别，两个方位要素之间的角度由具有相同形状的两个表面组成。例如，一个圆锥和一个锲块是角度尺寸要素。

圆锥的角度尺寸单位是度（°），以十进制度、分、秒表示，如图5-6所示。

（3）公称要素　公称要素是由设计者在产品技术文件中定义的理想要素。具有几何要素的点、线、面不存在任何几何偏差的工件轮廓线，可用来表达设计的理想要素，由技术制图或其他方法确定的理论正确组成要素。在图样中，按照特定的数学公式设计一个理想圆柱，圆柱是一个公称要素，与其尺寸参数和方位要素相关，圆柱的方位要素是一条线，通常被称为轴线。一个圆柱就是一个尺寸要素，其尺寸就是其直径。

（4）实际要素　实际要素是对应于工件实际表面部分的几何要素。

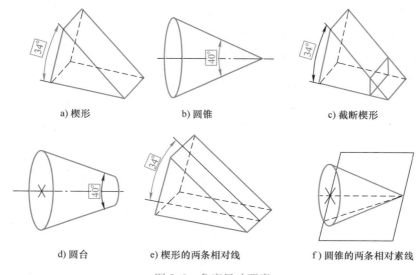

a) 楔形　　　　　　　　b) 圆锥　　　　　　　　c) 截断楔形

d) 圆台　　　　　e) 楔形的两条相对线　　　　f) 圆锥的两条相对素线

图 5-6　角度尺寸要素

（5）组成要素　组成要素是从本质上定义的，属于工件的实际表面或表面模型的几何要素。构成工件表面的点、线、面或体各要素是可见的，能直接为人们所感觉到的。

对称中心的点、线、面同属组成要素，虽不可见，不能为人们所直接感觉到，但客观上是存在的，如图 5-2 所示。

为规范陈述，应定义从表面模型上或从工件实际表面上分离获得的几何要素，这些要素都称为组成要素，它们是工件不同物理部位的模型，特别是工件之间的接触部分，它们各自具有特定的功能。

（6）导出要素　导出要素表示组成要素的对称中心的点、中心线、中心面，是从一个或多个组成要素得到的中心点、中心线或中心面。

> 例如：1. 球的中心是由球面中得到的导出要素，该球面为组成要素。
> 2. 圆柱的中心线是由圆柱面得到的导出要素，该圆柱面为组成要素。
> 术语"轴线"和"中心平面"用于具有理想形状的导出要素，术语"中心线"和"中心面"用于非理想形状的导出要素。

（7）提取要素　提取要素是由有限个点组成的几何要素，主要在测量工件时应用，工件上实际组成要素的点、线、面和导出要素的中心的点、中心线、中心面，提取要素测量时由测得要素来代替。

（8）被测要素　被测要素定义为产品几何技术规范（GPS）特征的一个或多个几何要素，是具有尺寸、形状或表面结构特征的完整要素，包括方向、位置、跳动特征、公差要求、轮廓表面结构、区域表面结构，被测要素是检测的对象。几何公差规范适用于单一的完整要素。图 5-7 所示为完整被测线性尺寸要素的标注。

图 5-7　完整被测线性尺寸要素的标注

> 几何要素术语之间的关系（摘自 GB/T24637.1—2020）
> 通过实际工件或非理想表面模型规范特征和几何要素，规范的目的是通过一个或几个

几何要素来定义要评价的目标的特征，做到歧义性最小化。如图5-8所示，一个圆柱几何要素之间术语的关系看起来比较复杂，但实际上，工件在制造过程中是达不到设计的理想几何形状、尺寸要求的，受制造精度的影响，总是与公称尺寸、形状有偏差的，因此需通过理想的直接拟合组成表面代替工件实际表面的非理想表面模型。

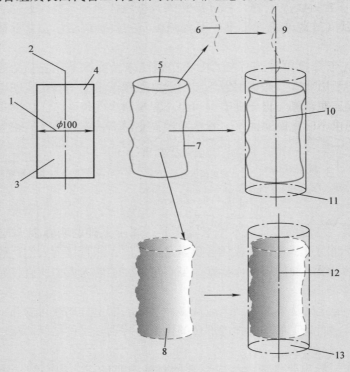

图5-8　圆柱几何要素之间的关系

1—尺寸要素的尺寸　2—公称中心要素　3—公称组成表面　4—公称表面模型
5—工件实际表面的非理想表面模型　6—非理想中心要素　7—非理想组成表面
8—非理想组成提取表面　9—间接拟合中心要素　10—直接拟合中心要素
11—理想的直接拟合组成表面　12—直接拟合中心要素　13—理想的直接拟合组成表面

圆环几何要素各属性之间的关系如图5-9所示。

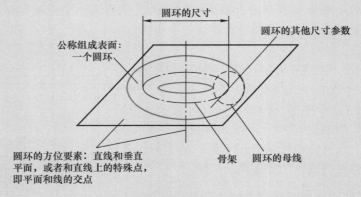

图5-9　圆环几何要素各属性之间的关系

（9）**基准要素**　基准要素是用来确定被测要素方向和位置的要素。理想的基准要素称为基准。基准有基准点、基准直线和基准平面3种。相对于基准给定的几何公差，并不限定基准要素本身的形状误差。

（10）**单一要素**　单一要素是仅对要素自身提出功能要求，而给出形状公差的要素。如直线度、平面度、圆度、圆柱度，它是独立的，与基准要素无关。

（11）**关联要素**　关联要素是对基准要素有功能关系而给出方向、位置或跳动公差要求的要素。功能关系是指要素间确定的方向和位置关系。如平行度、垂直度、倾斜度、同轴度、对称度。

二、几何公差的特征符号和附加符号

几何公差的几何特征和符号见表5-5。

表5-5　几何公差的几何特征和符号

几何特征和符号

公差类型	几何特征	符号	有无基准
形状公差	直线度	—	无
	平面度	▱	无
	圆度	○	无
	圆柱度	⌭	无
	线轮廓度	⌒	无
	面轮廓度	◠	无
方向公差	平行度	//	有
	垂直度	⊥	有
	倾斜度	∠	有
	线轮廓度	⌒	有
	面轮廓度	◠	有
位置公差	位置度	⊕	有或无
	同心度（用于中心点）	◎	有
	同轴度（用于轴线）	◎	有
	对称度	⩵	有
	线轮廓度	⌒	有
	面轮廓度	◠	有
跳动公差	圆跳动	↗	有
	全跳动	⌰	有

几何特征符号附加符号

说明	符号
被测要素	
基准要素标识	A
基准目标标识	φ4 / A1
理论正确尺寸（TED）	50
延伸公差带	Ⓟ
最大实体要求	Ⓜ
最小实体要求	Ⓛ
包容要求	Ⓔ
可逆要求	Ⓡ
自由状态（非刚性零件）	Ⓕ
全周（轮廓）	
全表面（轮廓）	
组合公差带	CZ
小径	LD
大径	MD
中径、节径	PD
区间	↔
任意横截面	ACS

三、几何公差带

几何公差带是由一个或两个理想的几何线要素或面要素所限定的，由一个或多个线性尺寸表示公差值的区域。对要素规定的几何公差确定了公差带，该公差带是相对于参照要素构建的，该被测要素应限定在公差之内。

加工后的工件，构成其形体的各实际要素，其在空间的各个方向都有可能产生误差，为了限制这些误差，可以根据工件的功能要求，对实际要素给出一个允许变动的区域。若实际要素位于这一区域内即为合格，超出这一区域时则不合格。这个限制实际要素变动的区域称为几何公差带。图样上所给出的几何公差要求，实际上都是对实际要素规定的一个允许变动区域，即给定一个公差带。几何公差带是一个几何图形，由形状、大小、方向和位置四个要素确定。这种几何图形是由被测要素的形状和几何公差各项目的特征等因素决定的。

1. 公差带的形状

根据公差的几何特征及标注方式，公差带的主要形状是由公差特征及被测要素与基准要素的几何特征来确定的。一个圆内的区域，两同心圆之间的区域，如图 5-10a 所示。一个圆锥面上的两平行圆之间区域，两个直径相同的平行圆之间的区域，两条等距曲线或两相对平行直线之间的区域，两条不等距曲线或两条不平行直线之间的区域，一个圆柱面内的区域，两同轴圆柱面之间的区

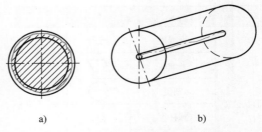

a)   b)

图 5-10　几何公差带的形状示例

域，一个圆锥面内的区域，一个单一曲面内的区域，两个等距曲面或两相对平行平面之间的区域，一个圆球面内的区域，两个不等距曲面或两个不平行平面之间的区域，一个圆环平面内的区域。

圆度公差带是两同心圆之间的区域，当被测要素为轴线（任意方向直线）时，公差带形状是一个圆柱内的区域，如图 5-10b 所示。几何公差带的形状较多，主要有表 5-6 所列的 9 种。

表 5-6　几何公差带的主要形状

公差带	形状	用于公差特征
两相对平行直线	=	给定直线度、平行度、垂直度、倾斜度、对称度、位置度
两等距曲线	≪	线轮廓度
两同心圆	◎	圆度、径向圆跳动
一个圆	○	位置度、同轴（心）度
一个球	●	位置度
一个圆柱	⬭	轴线的直线度、平行度、垂直度、倾斜度、位置度、同轴度
两同轴圆柱	⬭	圆柱度、径向圆跳动
两相对平行面	▱	直线度、平面度、平行度、垂直度、倾斜度、对称度、位置度
两等距曲面	◡	面轮廓度

2. 公差带的大小

几何公差带的大小是指公差带的宽度、直径或半径差的大小。公差值确定了公差带的宽度它由图样上给定的几何公差值确定，表示几何公差要求的高低。

3. 公差带的方向

几何公差带的方向应和图样上几何公差框格指引线箭头所指的方向一致。几何公差带的方向应符合最小条件的方向，对于方向公差，公差带的方向应依据基准来确定。如垂直度的公差带必须垂直于基准。

4. 公差带的位置

几何公差带的位置分为浮动和固定两种。形状公差带只有大小和形状，其方向和位置是浮动的；方向公差带具有大小、形状和方向，其位置也是浮动的；位置和跳动公差带具有大小、形状、方向，而其位置是固定的。

四、几何公差标注

为了统一在工件的设计、加工和检测过程中对几何公差的认识和要求，国家标准规定了工件的几何公差要求。应按照零件功能要求给定几何公差，同时要考虑制造和检测上的要求。几何公差标注无须指明采用的特定加工、测量或检验方法。

1. 几何公差框格及特征的符号

图样上对几何公差值的表示方法有两种：一种是用几何公差代号标注，在几何公差框格内注出公差值（图5-11a）；另一种是不用代号，虽然图样上未注出公差值，但不等于没有几何公差要求，而是采用几何公差的未注公差来控制，称为未注几何公差（图5-11b）。

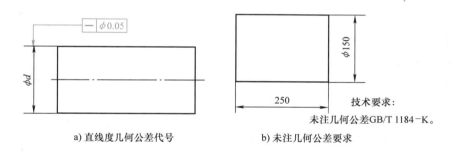

a) 直线度几何公差代号   b) 未注几何公差要求

图 5-11 几何公差代号

无基准的几何规范标注框格为 2 格，用于形状公差。有基准的几何规范标注框格为 3 ~ 4 个格。辅助要素标识框格有相交平面框格和定向平面框格，如图 5-12 所示。

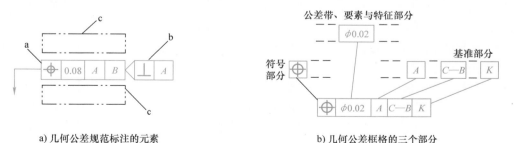

a) 几何公差规范标注的元素   b) 几何公差框格的三个部分

图 5-12 几何公差规范标注的元素与说明
a—公差框格 b—辅助平面和要素框格 c—相邻标注

几何公差规范标注的组成包括：公差框格、可选的辅助平面和要素标注，以及可选的相邻标注或补充标注（图 5-12a）。属于被测要素标注的，应标注在公差框格上方和下方，优先上方。属于文字说明的，应标注在下方。

几何公差框格的三个部分如图 5-12b 所示。公差要求应标注在划分成两个部分或三个部分的矩形框格内。其中，第三个部分可选择的基准部分包含 1～3 格，自左向右顺序排列，如图 5-12b 所示。

对几何公差有较高要求的工件，应在图样上按规定的标注方法注出公差值。几何公差值的大小根据几何公差等级和主要参数的大小，经查表确定。

几何公差代号的标注如图 5-13 所示。

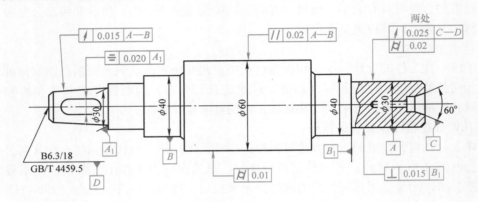

图 5-13　几何公差代号的标注

1）第一格填写几何公差特征符号。

2）第二格填写几何公差数值和有关符号。

3）第三格、第四格、第五格填写基准代号的字母和有关符号。基准的顺序在公差框格中是固定的，第三格填写第一基准代号，依次为第二、第三基准代号。

注：公差框格中填写的公差值是以线性尺寸单位表示的量值，必须以 mm 为单位。

2. 被测要素的标注方法

用带箭头的指引线将被测要素与公差框格一端相连，指引线的箭头应指向被测要素公差带的宽度或直径方向。标注时应注意：

1）几何公差框格应水平或垂直地绘制。

2）指引线原则上从框格任意端一侧中间位置引出。

3）当被测要素是轮廓要素时，指引线的箭头应指在该要素的轮廓线或其延长线上，并应明显地与尺寸线错开（图 5-13 中平行度和图 5-14 中的标注）。

当被测要素标注是面时，以实心圆点终止，指引线为实线标注；若面为不可见，则以空心圆点终止，指引线为虚线标注（图 5-14）。

在三维标注中，指引线终止在组成要素上，应与尺寸线明显分开，指引线终点为指向延长线的箭头，组成要素是面时，以实心圆点终止，指引线为实线标注，如图 5-14 所示。

4）当被测要素是中心要素时，指引线的箭头应与确定该要素的轮廓尺寸线对齐（图 5-13 中对称度）。

当被测要素是导出要素（中心线、中心面、中心点）时，指引线的箭头应终止在尺寸线的延长线上（图 5-15）。

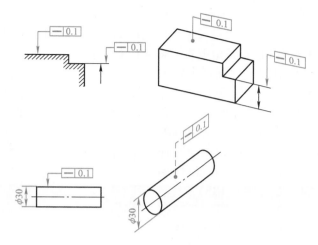

图 5-14 组成要素标注

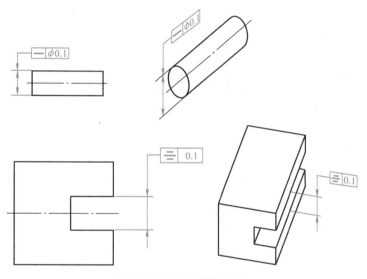

图 5-15 导出要素的标注

中心要素加修饰符④的标注，只可用于回转体，不可用于其他类型的尺寸要素，指引线与尺寸线应对齐，可在组成要素上用箭头与圆点上终止，如图 5-16 所示。

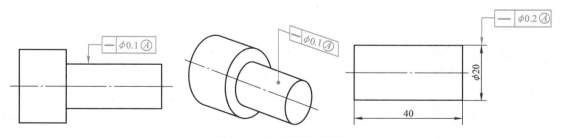

图 5-16 中心要素的标注

5）当同一被测要素有多项几何公差要求，且测量方向相同时，可将这些框格绘制在一

起，并共用一根指引线（图 5-13 中跳动公差
和圆柱度）。

6）当多个被测要素有相同的几何公差要
求时，可从框格引出的指引线上绘制多个指示
箭头并分别与各被测要素相连（图 5-17）。

7）当公差框格中所标注的几何公差有其
他附加要求时，可在公差框格的上方或下方附
加文字说明。属于被测要素数量的说明应写在
公差框格的上方（图 5-18a）；属于解释性的
说明应写在公差框格的下方（图 5-18b）。

8）如果有多个被测要素有相同的公差带
要求时，默认遵守独立原则，每个被测要素公
差带要求都是相互独立的标注的方式（图 5-19）。

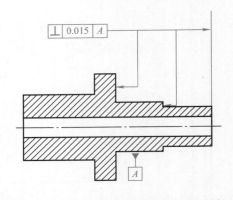

图 5-17　不同被测要素有相同几何公差的标注

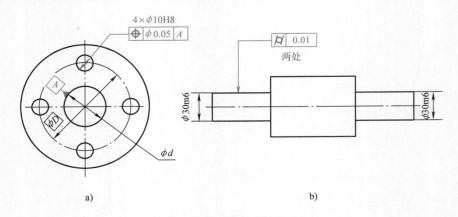

图 5-18　几何公差的附加说明

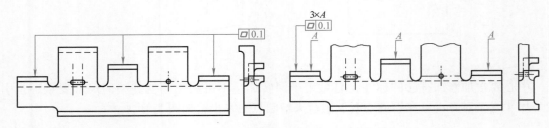

图 5-19　多个被测要素有相同的公差带的标注

9）出于功能考虑，可以使用一个或多个特征定义一个要素
的几何偏差。多层上下堆叠公差标注形式的规范，既可以限定
被测要素的几何偏差，又可以限定其他形式的偏差。如图 5-20
所示，多层堆叠公差标注适用于同一个基准，为一个要素指定
多个几何特征要求时，按公差值从上到下依次递减的顺序排列，
指引线连接公差框格左侧或右侧的中点，而非公差框格中间的
延长线，此标注方法适用于二维和三维。

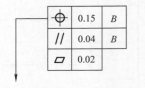

图 5-20　多层堆叠公差标注

位置规范可控制被测要素的位置偏差、方向偏差与形状偏差；方向规范可控制被测要素的方向偏差与形状偏差、不能控制位置偏差；形状规范仅控制被测要素的形状偏差。

3. 基准符号与基准要素的标注方法

1）基准符号。基准采用基准符号表示，由涂黑的或空白三角形、方格、连线和字母组成。涂黑的和空白的基准三角形含义相同。基准用一个大写字母表示，表示基准的字母标注在方格内（图5-21）。

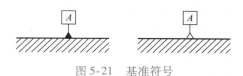

图5-21　基准符号

基准要素采用基准符号标注，表示基准的字母应标注在公差框格内，从框格的第三格起，填写相应的基准符号字母，当一个被测要素有两个或多个基准时，按基准的优先顺序自左向右填写。

2）当基准要素为轮廓线或轮廓面时，基准三角形放置在要素的轮廓线或其延长线上，并应明显地与尺寸线错开（图5-22a）。基准三角形也可放置在该轮廓面引出线的水平线上（图5-22b）。

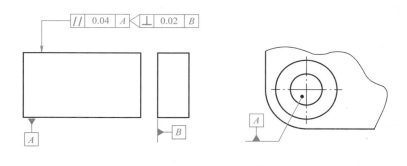

a) 基准要素的标注　　　　　　　b) 基准要素放置在轮廓面时的标注

图5-22　基准要素的标注

3）当基准是尺寸要素确定的轴线、中间平面或中心点时，基准三角形应放置在该尺寸线的延长线上，如果没有足够的位置标注基准要素尺寸的两个尺寸箭头，则其中一个箭头可用基准三角形代替（图5-23）。

4）当基准要素为公共轴线时，即两个要素建立的公共基准，用中间加连字符的两个大写字母表示（图5-23）。

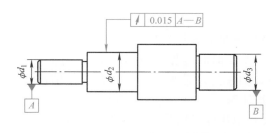

图5-23　基准要素为中心要素和基准要素为公共轴线时的标注

4. 几何公差的其他标注规定

1）公差框格中标注的公差值无附加说明，则被测范围为箭头所指的整个轮廓要素或中心要素。

2）如果被测范围仅为被测要素的一部分时，应用粗点画线画出该范围，并标出尺寸。标注方法如图5-24所示。

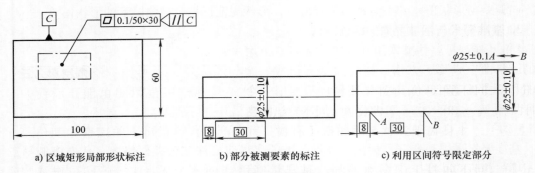

a) 区域矩形局部形状标注　　　　b) 部分被测要素的标注　　　　c) 利用区间符号限定部分

图 5-24　局部被测要素的标注

3) 如果需给出被测要素任一固定长度上或范围的公差值时，其标注方法如图 5-25 所示。

图 5-25a 表示在任一 100mm 长度上的直线度公差值为 0.002mm。

图 5-25b 表示在任一 100mm × 100mm 的正方形面积内，平面度公差数值为 0.003mm。

图 5-25c 表示在 1000mm 全长的直线度公差为 0.015mm，在任一 200mm 长度上的直线度公差数值为 0.01mm。

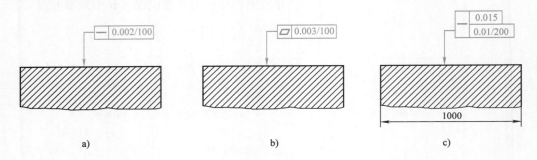

a)　　　　　　　　　　b)　　　　　　　　　　c)

图 5-25　公差值有附加说明时的标注

4) 如果公差带为圆形、圆柱形、圆管形，公差值前面应加注符号"φ"（图 5-26a）；如果公差带为球形，应在公差值前面应加注符号"Sφ"（图 5-26b）。

a)　　　　　b)

图 5-26　公差带为圆形、圆柱形、圆管形或球形的标注

5) 以螺纹轴线为被测要素或基准要素时，默认为是螺纹中径圆柱的轴线，否则另加说明。只有当标注为大径或小径时，要在公差框格或基准方格上方或下方，优先上方标注字母"MD"（大径）或"LD"（小径），如图 5-27a、b 所示。

6) 键槽的中心面限定在间距离等于公差值 0.02mm，且相对基准轴线 A 对称配置的两平行平面之间（图 5-28）。读法：键槽中心面对基准轴线 A 的对称度公差为 0.02mm。

7) 全周符号的标注。对于被测要素范围为整个外轮线或外轮廓面时，可采用全周符号，以简化图面，如图 5-29 所示。

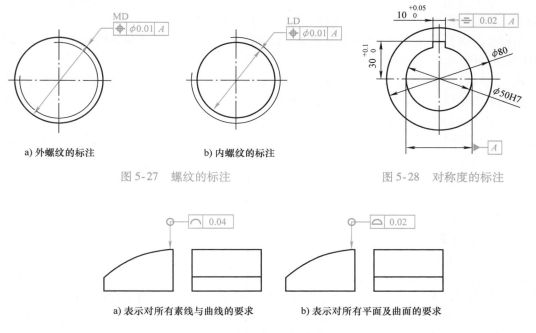

a) 外螺纹的标注   b) 内螺纹的标注

图 5-27   螺纹的标注   图 5-28   对称度的标注

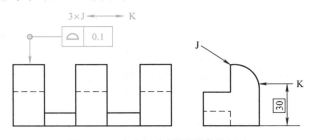

a) 表示对所有素线与曲线的要求   b) 表示对所有平面及曲面的要求

图 5-29   无基准的全周符号的标注

使用全周符号○和全表面符号◎等同于使用多根指引线——指向每个被测要素，等同于公差框格相邻 $n \times$ 标注，如图 5-30 所示。

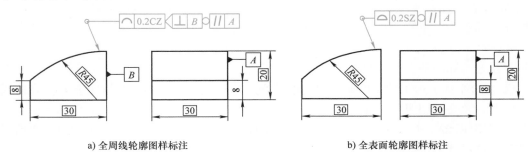

图 5-30   多个组合被测要素的标注

如果将几何公差作为单独的要求应用到横截面的轮廓线上，或将其作为单独的要求应用到封闭轮廓所表示的所有要素上时，应使用全周符号○标注，并放置在公差框格的指引线与参考线的交点上，如图 5-31 所示。

a) 全周线轮廓图样标注   b) 全表面轮廓图样标注

图 5-31   全周线轮廓、全周面轮廓图样标注

如果要求应用于封闭组合且连续的表面上的一组线素时，应将用于标识相交平面的相交平面框格放在公差框格与组合平面框格之间，如图 5-31a 所示。

当标注全周符号〇时，应使用组合平面框格作为公差框格的延伸部分标注在右侧，如图 5-31b 轮廓面所示。

在三维标注中应使用组合平面框格来标识组合平面，在二维标注中优先使用组合平面框格。全周要求仅适用于组合平面所定义的面要素，而不是整个工件。

如果将几何公差作为单独的要求应用到工件的所有组成要素上，应使用全表面符号◎标注，如图 5-32 所示。全周符号的标注，适用于较简单的工件，避免发生歧义。

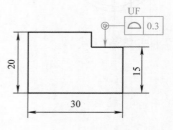

全周或全表面应与独立公差带（SZ）、组合公差带（CZ）、联合要素（UF）组合使用，有基准参照可锁定所有未受约束的自由度除外。

① 独立公差带（SZ）：作为单独的要求应用到所标注的要素上，与要素的公差带互不相关，如图 5-31b 所示。

图 5-32　全表面图样标注

② 组合公差带（CZ）：规范均独立地适用于每一个面或线素，如图 5-31a 所示。如果同一公差带适用于一组被测要素，可将组合标注在公差框格上方。组内所有组合被测要素的定义是完全一致的，可以将标注简化，使用 $N \times$ 的标注方式。

③ 联合要素（UF）：作为一个要素考量，如图 5-32 所示。

8）几何公差规范适用于单一的完整要素。当被测要素不是单一要素，而是任意横截面 ACS 时，任意横截面的规范标注如图 5-33 所示。

① 组合连续要素：由多个单一要素无缝组合在一起的单一要素。组合连续要素可以是封闭的或非封闭的。

封闭的组合连续要素可用全周〇符号与 UF 修饰符定义。它是一组单个要素，与平行于组合平面的任何平面相交所形成的是线要素或点要素。

封闭的组合连续要素可用全表面◎符号与 UF 修饰符定义。

非封闭的组合连续要素可用区间◄──►符号与 UF 修饰符定义，如图 5-34 所示。

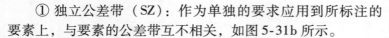
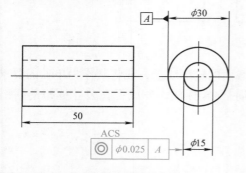
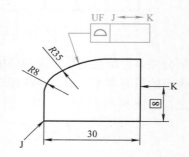

图 5-33　任意横截面的规范标注　　　　图 5-34　局部要素标注 J–K 区间

② 组合平面：由工件上的要素建立的平面，用于定义封闭的组合连续要素。当使用全周符号时，总是使用组合平面。

③ 理论正确尺寸（TED）：用于定义要素理论正确几何形状、范围、位置与方向的线性尺寸或角度尺寸。

使用理论正确尺寸（TED）可定义要素的公称形状和尺寸、局部位置与尺寸，包括局部被测要素、被测要素的延伸长度、两个或多个公差带的位置与方向、基准目标的相对位置与方向。其中基准目标的相对位置与方向又包括可移动基准目标、公差带相对于基准与基准体系的位置与方向、公差带宽度的方向。

理论正确尺寸（TED）可以明确标注或是缺省的，标注时包含数值和相关符号，不包含公差，使用方框将其封闭。如直径 ϕ、半径 R，如图5-35所示。在三维模型中明确理论正确尺寸（TED）可通过查询获得。

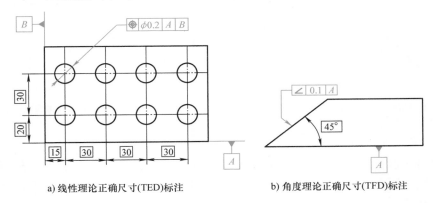

a) 线性理论正确尺寸(TED)标注　　　　b) 角度理论正确尺寸(TFD)标注

图5-35　理论正确尺寸的标注

缺省时，0mm、0°、90°、180°、270°以及在完整的圆上均布的要素之间的角度距离可不标注。

④ 理论正确要素（TEF）：具有理想形状，以及理想尺寸、方向与位置的公称要素。

理论正确要素（TEF）可以拥有任何形状，可使用明确标注或CAD数据中缺省定义的理论正确尺寸定义。

理论正确位置与方向是相对于所标注的基准体系的，该基准体系用于相应实际要素的规范。例如表5-10中的面轮廓度，球面给定球半径，是相对基准A给定的位置与方向的理论正确要素。

⑤ 联合要素（UF）：由连续的或不连续的组成要素组合而成的要素，并将其视为一个单一要素。联合要素的定义非常广泛，以避免遗漏任何有用的应用。然而联合要素的使用目的并非是要将多个自然分离的要素定义在一起。

不能将两个平行的不同轴的圆柱要素构建为一个联合要素，不能将两个平行的不同轴的方管构建为一个联合要素（因为它是两组垂直的平行平面），不能将两个同轴而公称直径不同的完整圆柱视为一个联合要素。

花键的外轮廓是由一组圆弧要素定义的圆柱要素，可使用联合要素（UF），如图5-36所示。

9）变宽度公差带的标注使用区间 ←→ 符号，如图5-37所示。

公差值沿被测要素的长度方向保持定值，添加被测要素区间符号 J ←→ K，该标注可以在被测要素上规定的两个位置之间定义一个值到另一个值的呈比例变量。比例变量默认跟随曲线距离变化，沿着连接两规定位置弧线的距离，如图5-37a所示。

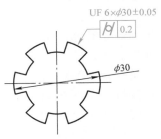

UF 6×ϕ30±0.05

图5-36　花键使用联合要素的规范标注

公差带默认具有恒定的宽度，如果公差带的宽度在两个值之间发生线性变化，此两数值应采用"—"分开标明，如图 5-37b 所示线性变化的公差带规范标注，同时使用在公差框格邻近处的区间符号，标识出每个数值所适用的两个位置。

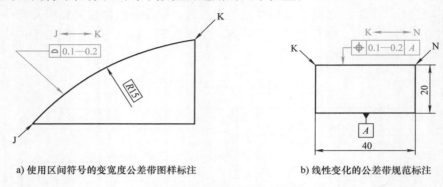

a) 使用区间符号的变宽度公差带图样标注　　　b) 线性变化的公差带规范标注

图 5-37　变宽度公差带的标注

10）延伸被测要素。在公差框格第二个中公差值之后的修饰符 Ⓟ 可用于延伸被测要素，延长线的长度前面有修饰符 Ⓟ 的理论正确尺寸（TED）数值标注，如图 5-38 所示。间接标注仅限于盲孔使用。

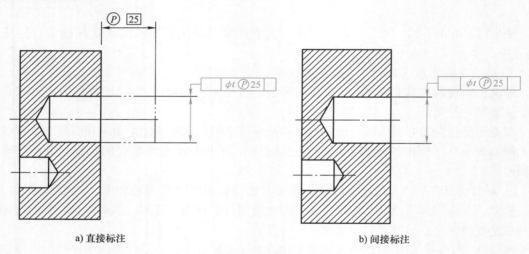

a) 直接标注　　　　　　　　　　　　b) 间接标注

图 5-38　带延伸公差修饰符被测要素的标注

延伸要素的起点默认应在参照平面所在的位置，并且结束在延伸要素的实体外方向上，相对于起点的偏置长度上。

如果延伸要素的起点与参照表面有偏置，应用图 5-39a 所示的直接标注方式或图 5-39b 所示的间接标注方式。

11）可变角度 VA 标注。当公差带是基于理论正确要素（TEF）定义的角度尺寸要素，其角度可变时，应在公差框格的公差带、要素与特征部分内标注 VA 修饰符，如图 5-40 所示。对于圆锥其理论正确要素（TEF）的公称角度尺寸，应为线轮廓度公差与面轮廓度公差标注 VA 修饰符，以说明理论正确要素（TEF）角度尺寸是不固定的。

如果 45°±1°角度尺寸标注"＋"或"－"公差时，不能使用理论正确尺寸（TED）标注，说明角度尺寸是不确定的。

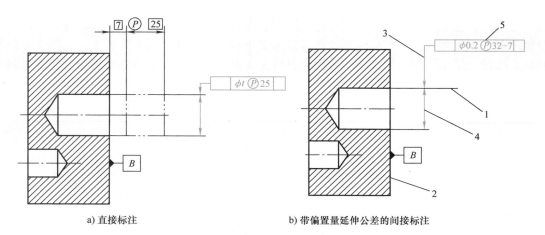

a) 直接标注   b) 带偏置量延伸公差的间接标注

图 5-39 带偏置量延伸公差的标注

1—延长线 2—参照表面 3—与公差框格连接的指引线

4—表明被测要素为中心要素的标注（与修饰符Ⓐ等效） 5—修饰符定义了公差适用于部分延伸要素。

五、相交平面

由工件的提取要素建立的平面，用于标识提取面上的线要素（组成要素或中心要素）或提取线上的点要素。使用相交平面可不依赖于视图定义被测要素。

相交平面的作用是标识线要素要求的方向。例如在平面上线要素的直线度、线轮廓度、要素的线素方向以及在面要素上的线要素的全周规范，见表 5-10。只有属于回转型（如圆锥、圆环）、圆柱型（如圆柱）、平面型（如平面）才可构建相交平面。相交平面框格规定，作为公差框格的延伸部分标注在右侧，相交平面框格标注符号如图 5-41 所示。

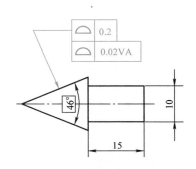

图 5-40 可变角度 VA 修饰符的标注

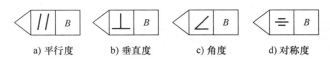

a) 平行度   b) 垂直度   c) 角度   d) 对称度

图 5-41 相交平面框格

规则：若几何公差规范中包含相交平面框格，则应符合下列规则。

1）当被测要素是组成要素上的线要素时，应标注相交平面，以免产生误解，除非被测要素是圆柱、圆锥或球的母线的直线度或圆度。

2）当被测要素是在一个给定方向上的所有线要素，而特征符号没有明确被测要素是平面要素还是线要素时，使用相交平面框格表示出被测要素是线要素。图 5-42a 表示被测要素是面要素上与基准 C 平行的线要素。

3）相交平面应按照平行于、垂直于、保持特定角度于、对称于在相交平面框格第二格标注的基准构建的，但不产生附加的方向约束。

相交平面的应用示例见表 5-7。

表 5-7 相交平面的应用示例

标注的基准	相交平面			
	平行于	垂直于	倾斜于	对称于
回转体表面的轴线（圆柱或圆锥）	不适用	√	√	√
平面（组成或中心）	√	√	√	不适用

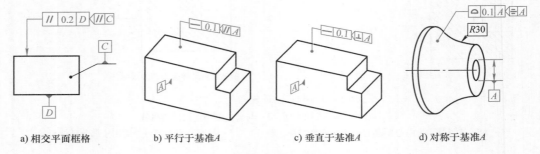

a) 相交平面框格   b) 平行于基准A   c) 垂直于基准A   d) 对称于基准A

图 5-42 相交平面的标注

六、定向平面

由工件的提取要素建立的平面，用于标识公差带的方向。使用定向平面可不依赖于 TED（位置）或基准（方向）定义限定公差带的平面或圆柱的方向。仅当被测要素是中心要素（中心点、中心线）且公差带由两相对平行直线或两相对平行面所定义时，才可使用定向平面。

在下列情况中应标注定向平面：

1）当被测要素是中心线、中心点，且公差带的宽度是由两相对平行平面限定的应标注定向平面。

2）当被测要素是中心点，公差带是由一个圆柱限定的应标注定向平面。

3）公差带要相对于其他要素定向，且该要素是基于工件的提取要素构建的，能够标识公差带的方向。圆柱度、线轮廓度定向平面的框格（图 5-43），作为公差框格的延伸部分标注在右侧。

a) 平行度   b) 垂直度   c) 倾斜度

图 5-43 定向平面框格

定向平面既能控制公差带构成平面的方向（直接使用框格中的基准与符号），又能控制公差带宽度的方向（间接与这些平面垂直），或能控制圆柱形公差带的轴线方向，指引线根据需要直接与定向平面相连，而不与公差框格相连，如图 5-43 中垂直度的标注。

规则：若几何公差规范中包含定向平面框格，则应符合下列规则。

1）定向平面应按照平行于、垂直于、保持特定的角度于在定向平面框格第二格所标注的基准。

2）当定向平面定义的角度不等于0°或90°时，用倾斜度符号，并应明确给出定向平面与定向平面框格中的基准之间的理论夹角。

3）当定向平面定义的角度等于0°时，用平行度符号；当等于90°时，用垂直度符号。

4）当公差框格标注有一个或多个基准时，定向平面框格同时受公差框格内的基准的约束。

定向平面的应用示例见表 5-8。

表 5-8 定向平面的应用示例

标注的基准	公差带	定向平面		
		平行于	垂直于	倾斜于
回转体表面的轴线（圆柱或圆锥）	两相对平行平面	不适用	√	√
	圆柱	√	√	√
平面（组成或中心）	两相对平行平面	√	√	√
	圆柱	不适用	√	√

七、方向要素

由工件的提取要素建立的理想要素，用于标识公差带宽度（局部偏差）的方向。使用方向要素可改变在面要素上线要素公差带宽度的方向。

方向要素的作用：当被测要素是组成要素且公差带宽度的方向与面要素不垂直时，使用方向要素确定公差带宽度的方向。

可使用方向要素标注非圆柱体或球体的回转体表面圆度的公差带宽度的方向。

在二维标注中，当指引线的方向以及公差带宽度的方向使用理论确定尺寸（TED）标注时，指引线的方向才可以定义公差带宽度的方向，如图 5-44a 所示，应标注出角度，即便是 90°，使用方向要素框格（图 5-45）时，公差框格的延伸部分标注在右侧。

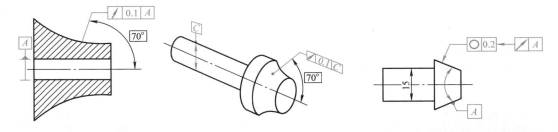

a) 理论确定尺寸(TED)图样标注　　　　　b) 被测要素的面要素垂直的圆度公差的标注

图 5-44　方向要素的标注

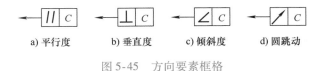

a) 平行度　　　b) 垂直度　　　c) 倾斜度　　　d) 圆跳动

图 5-45　方向要素框格

规则：在下列情况下应标注方向要素。

1）被测要素是组成要素。

2）公差带的宽度与规定的几何要素非法向关系。

3）对非圆柱体或球体的回转体表面使用圆度公差，如图 5-44b 所示。

4）若几何公差规范中包含方向要素框格，则应符合下列规则：

公差带的宽度的方向应参照方向要素框格中标注的基准构建。方向要素应用示例见表 5-9，取决于构建方向要素的基准，以及方向相对于基准的导出方式，由标注的符号定义。

① 当方向定义为与被测要素的面要素垂直时，应使用跳动符号，被测要素或导出要素应在方向要素框格中作为基准标注。

② 当方向所定义的角度等于0°时，使用平行度符号；等于90°时，使用垂直度符号。

③ 当方向所定义的角度不等于0°或90°时，使用倾斜度符号，应明确定义出方向要素与被测要素框格的基准之间理论正确尺寸（TED）夹角。

表5-9　方向要素应用示例

基准的标注	方向要素			
	平行于	垂直于	倾斜于	跳动于
回转体表面的轴线（圆柱或圆锥）	√	√	√	√①
平面（组成或中心）	√	√	√	不适用

① 跳动仅适用于被测要素本身作为基准，方向是通过被测要素本身的面要素给出时，不适用于导出要素。

八、几何公差的应用和解释

1. 形状公差特征的标注示例和解释

形状公差是限制一条线或一个平面上发生的误差，要素的形状公差只能控制该要素的形状误差。形状公差带只用于控制被测要素的形状误差，不与其他要素发生关系，没有基准的要求，公差框格有两格，见表5-10。

形状公差微课

1）直线度公差、平面度公差被测要素是组成要素或导出要素。

直线度公差：公称被测要素的属性与形状为明确给定的直线或一组直线要素，属线要素。

平面度公差：公称被测要素的属性与形状为明确给定的平表面，属面要素。

2）圆度公差、圆柱度公差被测要素是组成要素。

圆度公差：公称被测要素的属性与形状为明确给定圆周线或一组圆周线，属线要素。

圆柱度公差：公称被测要素的属性与形状为明确给定圆柱表面，属面要素。

表5-10　形状公差带的定义、标注示例和解释　　　　　　　　　　　　（单位：mm）

符号	公差带的定义	标注示例及解释	动画
	直线度公差		
—	公差带为在平行于（相交平面框格给定的）基准 *A* 相交平面给定方向上，间距等于公差值 *t* 的两相对平行直线所限定的区域 *a*—基准 *A* *b*—任意距离 *c*—平行于基准 *A* 的相交平面	在由相交平面框格给定的平面内，上平面的提取（实际）线应限定在间距等于0.1mm的两平行直线之间 — | 0.1 | // | *A* *A*	直线度动画

（续）

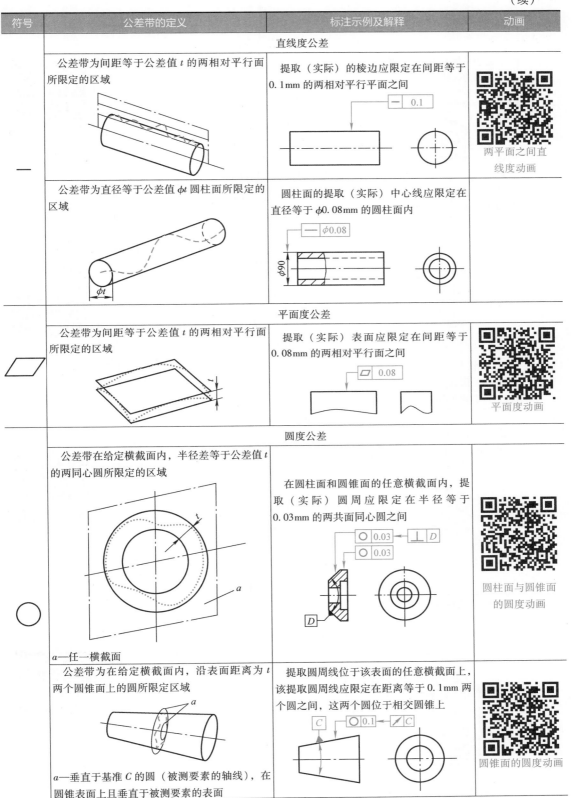

符号	公差带的定义	标注示例及解释	动画
		直线度公差	
一	公差带为间距等于公差值 t 的两相对平行面所限定的区域	提取（实际）的棱边应限定在间距等于 0.1mm 的两相对平行平面之间	两平面之间直线度动画
	公差带为直径等于公差值 ϕt 圆柱面所限定的区域	圆柱面的提取（实际）中心线应限定在直径等于 $\phi 0.08$mm 的圆柱面内	
□	平面度公差		
	公差带为间距等于公差值 t 的两相对平行面所限定的区域	提取（实际）表面应限定在间距等于 0.08mm 的两相对平行面之间	平面度动画
○	圆度公差		
	公差带在给定横截面内，半径差等于公差值 t 的两同心圆所限定的区域 a—任一横截面	在圆柱面和圆锥面的任意横截面内，提取（实际）圆周应限定在半径等于 0.03mm 的两共面同心圆之间	圆柱面与圆锥面的圆度动画
	公差带为在给定横截面内，沿表面距离为 t 两个圆锥面上的圆所限定区域 a—垂直于基准 C 的圆（被测要素的轴线），在圆锥表面上且垂直于被测要素的表面	提取圆周线位于该表面的任意横截面上，该提取圆周线应限定在距离等于 0.1mm 两个圆之间，这两个圆位于相交圆锥上	圆锥面的圆度动画

（续）

符号	公差带的定义	标注示例及解释	动画
	圆柱度公差 公差为半径差等于公差值 t 的两个同轴圆柱面所限定的区域	提取（实际）圆柱面应限定在半径差等于 0.1 的两同轴圆柱面之间	圆柱度动画
	相对于基准体系的线轮廓度公差 公差带为直径等于公差值 t、圆心位于由基准平面 A 和基准平面 B 确定的被测要素理论正确几何形状上的一系列圆的两包络线所限定的区域 a—基准平面 A b—基准平面 B c—平行于基准 A 的平面	在任一由相交平面框格规定的平行于基准平面 A 的截面内，提取（实际）轮廓线应限定在直径等于 0.04mm、圆心位于由基准平面 A 和基准平面 B 确定的被测要素理论正确几何形状上的一系列圆的两包络线之间	线轮廓度动画
	与基准不相关的面轮廓度公差 公差带为直径等于公差值 t、球心位于被测要素理论正确几何形状上的一系列圆球的两包络面所限定的区域	提取（实际）轮廓面应限定在直径等于 0.02mm、球心位于被测要素理论正确几何形状表面上的一系列圆球的两等距包络面之间	与基准不相关的面轮廓度动画
	相对于基准的面轮廓度公差 公差带为直径等于公差值 t、球心位于由基准面 A 确定的被测要素理论正确的几何形状上的一系列圆球的两包络面所限定的区域 a—基准平面 A	提取（实际）轮廓面应限定在直径距离等于 0.1mm、球心位于由基准平面 A 确定的被测要素理论正确几何形状上的一系列圆球的两等距包络面之间	相对于基准的面轮廓度动画

在轮廓度公差中，理想曲线（面）由理论正确尺寸确定。理论正确尺寸是确定要素的理论正确位置、轮廓或角度的尺寸。

当轮廓度公差未标注基准时，限制被测表面的形状，表面位置由尺寸公差控制。这种轮廓度公差属于形状公差（见表 5-10）。

当轮廓度公差标注基准时，既限制被测表面的形状，又限制被测表面相对基准的位置。该轮廓度公差属于方向、位置公差（见表 5-10）。

线轮廓度公差、面轮廓度公差被测要素是组成要素或导出要素。

（1）线轮廓度公差　被测实际要素相对于理想轮廓线所允许的变动量，控制实际平面曲线或曲面的截面轮廓的形状、方向和位置误差。公称被测要素的属性由线要素或一组线要素明确给定。公称被测要素的形状，除直线外，在图样上应完整地标注或 CAD 模型的查询明确给定。

（2）面轮廓度公差　被测实际要素相对于理想轮廓面所允许的变动量，控制空间曲面的形状、方向和位置误差。面轮廓度是一项综合公差，即控制面轮廓度误差，又控制曲面上任一截面轮廓的线轮廓度误差（见表 5-10）。公称被测要素的属性由某个面要素明确给定。公称被测要素的形状，除平面外，在图样上应完整地标注或 CAD 模型的查询明确给定。

2. 方向公差特征的标注示例和解释

方向公差是被测要素对基准在方向上允许的变动量。针对直线（或轴线）和平面（或中间平面）的规定：当要求被测要素对基准等距时为平行度；当被测要素对基准成 90°时为垂直度；当被测要素对基准成一定角度时（90°除外）为倾斜度。方向公差是控制被测要素对基准要素的方向角度，同时也控制了形状误差，但不能控制其位置。公差框格至少 3 格。由于合格工件的实际要素相对基准的位置，允许在其尺寸公差内变动，所以方向公差带的位置允许在一定（尺寸公差带）范围浮动。方向公差带定义、标注示例和解释见表 5-11。

方向公差微课

平行度公差、垂直度公差、倾斜度公差被测要素是组成要素或导出要素。公称被测要素的属性是单一线性要素、一组线性要素或面要素。

平行度公差：公称被测要素的形状由直线或平面明确给定。如果被测要素是公称状态为平面上的一系列直线，应标注相交平面框格。应使用缺省的 TED（0°）定义锁定在公称被测要素与基准之间的 TED 角度。

垂直度公差：公称被测要素的形状由直线或平面明确给定。如果被测要素是公称平面，且被测要素是该平面上的一组直线时，应标注相交平面框格。应使用缺省的 TED（90°）定义锁定在公称被测要素与基准之间的 TED 角度。

倾斜度公差：公称被测要素的形状由直线或平面明确给定。如果被测要素是公称平面，且被测要素是平面上的一组直线时，应标注相交平面框格。应使用至少一个明确的 TED 定义锁定在公称被测要素与基准之间的 TED 角度，另外的角度则可通过缺省的 TED 给定（0°或 90°）。

表 5-11　方向公差带的定义、标注示例和解释　　　　　　　（单位：mm）

符号	公差带的定义	标注示例及解释	动画

平行度公差

相对于基准体系的中心线平行度公差

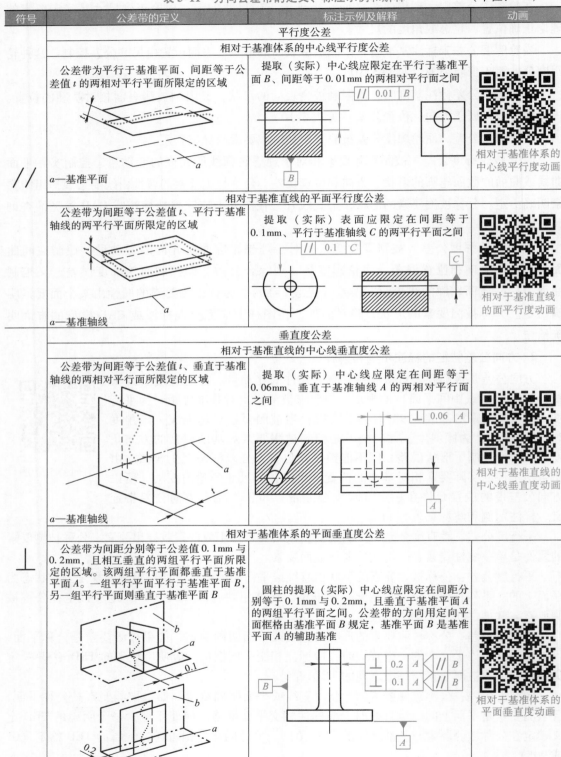

公差带为平行于基准平面、间距等于公差值 t 的两相对平行平面所限定的区域

a—基准平面

提取（实际）中心线应限定在平行于基准平面 B、间距等于 0.01mm 的两相对平行面之间

$\parallel$　0.01　B

B

相对于基准体系的中心线平行度动画

相对于基准直线的平面平行度公差

公差带为间距等于公差值 t、平行于基准轴线的两平行平面所限定的区域

a—基准轴线

提取（实际）表面应限定在间距等于 0.1mm、平行于基准轴线 C 的两平行平面之间

$\parallel$　0.1　C

C

相对于基准直线的面平行度动画

$\parallel$

垂直度公差

相对于基准直线的中心线垂直度公差

公差带为间距等于公差值 t、垂直于基准轴线的两相对平行面所限定的区域

a—基准轴线

提取（实际）中心线应限定在间距等于 0.06mm、垂直于基准轴线 A 的两相对平行面之间

$\perp$　0.06　A

A

相对于基准直线的中心线垂直度动画

相对于基准体系的平面垂直度公差

公差带为间距分别等于公差值 0.1mm 与 0.2mm，且相互垂直的两组平行平面所限定的区域。该两组平行平面都垂直于基准平面 A。一组平行平面平行于基准平面 B，另一组平行平面则垂直于基准平面 B

0.1

0.2

a—基准平面 A
b—基准平面 B

圆柱的提取（实际）中心线应限定在间距分别等于 0.1mm 与 0.2mm，且垂直于基准平面 A 的两组平行平面之间。公差带的方向用定向平面框格由基准平面 B 规定，基准平面 B 是基准平面 A 的辅助基准

B

$\perp$　0.2　A　$\parallel$　B
$\perp$　0.1　A　$\parallel$　B

A

相对于基准体系的平面垂直度动画

$\perp$

（续）

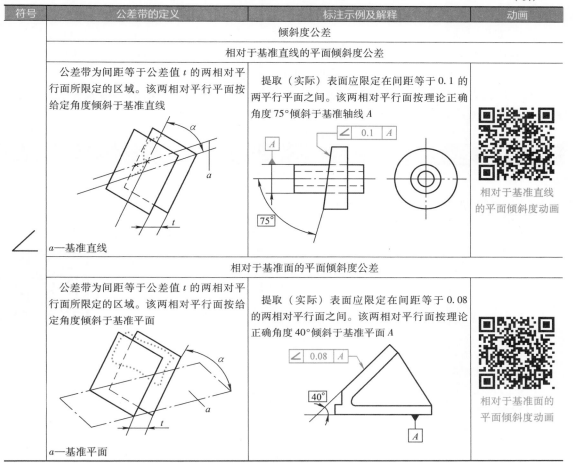

符号	公差带的定义	标注示例及解释	动画
		倾斜度公差	
		相对于基准直线的平面倾斜度公差	
∠	公差带为间距等于公差值 t 的两相对平行面所限定的区域。该两相对平行平面按给定角度倾斜于基准直线 a—基准直线	提取（实际）表面应限定在间距等于 0.1 的两平行平面之间。该两相对平行平面按理论正确角度 75° 倾斜于基准轴线 A	相对于基准直线的平面倾斜度动画
		相对于基准面的平面倾斜度公差	
	公差带为间距等于公差值 t 的两相对平行面所限定的区域。该两相对平行平面按给定角度倾斜于基准平面 a—基准平面	提取（实际）表面应限定在间距等于 0.08 的两相对平行面之间。该两相对平行平面按理论正确角度 40° 倾斜于基准平面 A	相对于基准面的平面倾斜度动画

3. 位置公差特征的标注示例和解释

位置公差是被测要素对基准要素在位置上允许的变动量。位置公差是限制两个或两个以上要素在方向和位置关系上的误差，要素的位置公差可同时控制该要素的位置误差、方向误差和形状误差。其公差的共同特点是以基准作为确定被测要素的理想方向、位置和回转轴线。

位置公差是以理想要素为中心对称布置的，所以位置固定，不仅控制了被测要素的位置误差，而且控制了被测要素的方向和形状误差，但不能控制形成中心要素的轮廓要素上的形状误差。同轴度可控制轴线的直线度，不能完全控制圆柱度；对称度可以控制中间平面的平面度，不能完全控制构成中间平面的两对称平面的平面度和平行度。

位置公差微课

同轴度公差的被测要素和基准要素均为轴线，当被测轴线和基准轴线都很短时，就演变成同心度公差。对称度公差是以被测要素和基准要素为中心平面或轴线。

位置度公差的被测要素有点、直线、平面、曲线、曲面等，其中，以孔轴线的位置公差最为常见。位置公差带的定义、标注示例和解释见表 5-12。

位置度公差：被测要素是组成要素或导出要素，公称被测要素的属性为一个组成要素或导出的点、直线、平面、曲线、曲面。公称被测要素的形状除直线与平面外，应通过图样上完整的标注或 CAD 模型的查询明确给定。

同心度与同轴度公差：被测要素是导出要素，公称被测要素的属性与形状是点要素、一组点要素或直线要素。当所标注的要素公称状态为直线，且被测要素为一组点时，应标注 ACS。此时，每个点的基准也是同一横截面上的一个点。

对称度公差：被测要素是组成要素或导出要素。公称被测要素的形状与属性是点要素、一组点要素、一组直线或平面。

表 5-12　位置公差带的定义、标注示例和解释　　　　（单位：mm）

符号	公差带的定义	标注示例及解释	动画
	位置度公差		
	导出点的位置度公差		
	公差值前加注符号 $S\phi$，公差带为直径等于公差值 $S\phi0.3$mm 的圆球面所限定的区域。该圆球面的中心的位置由相对于基准平面 A、B、C 和理论正确尺寸确定 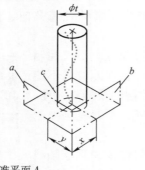 a—基准平面 A b—基准平面 B c—基准平面 C	提取（实际）球心应限定在直径等于 $S\phi0.3$mm 的圆球面内。该圆球面的球心与基准平面 A、基准平面 B、基准中心平面 C 及被测球所确定的理论正确位置一致 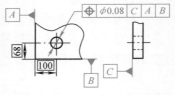	 点的位置度动画
	中心线的位置度公差		
	公差值前加注符号 ϕ，公差带为直径等于公差值 ϕt 的圆柱面所限定的区域。该圆柱面的轴线的位置由相对于基准平面 C、A、B 的理论正确尺寸确定 a—基准平面 A b—基准平面 B c—基准平面 C	提取（实际）中心线应限定在直径等于 $\phi0.08$mm 的圆柱面内。该圆柱面的轴线的位置应处于由基准平面 C、A、B 与被测孔所确定的理论正确位置	
		各孔的提取（实际）中心线应各自限定在直径等于 $\phi0.1$mm 的圆柱面内。该圆柱面的轴线应处于由基准平面 C、A、B 与被测孔所确定的各孔轴线的理论正确位置 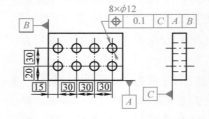	

（续）

符号	公差带的定义	标注示例及解释	动画
	中心线的位置度公差 公差带为间距等于公差值 0.05 的两相对平行面所限定的区域。该两相对平行面绕基准 *A* 对称布置。独立公差带 SZ，公差带相互之间的角度不锁定，组合公差带 CZ，相互之间角度锁定在 45°。 *a*—基准 *A*	提取（实际）中心面应限定在间距等于公差值 0.05 的两相对平行面之间。该两相对平行面对称于由基准轴线 *A* 与中心表面所确定的理论正确位置	
	同心度与同轴度公差		
	点的同心度公差 公差值前加标注符号 ϕ，公差带为直径等于公差值 ϕt 的圆周所限定的区域。该圆周的圆心与基准点重合 *a*—基准点 *A*	在任意横截面内，内圆的提取（实际）中心应限定在直径等于 $\phi 0.1mm$、以基准点 *A* 在同一横截面内为圆心的圆周内	点的同心度动画
	中心线的同轴度公差 公差值前加标注符号 ϕ，公差带为直径等于公差值 ϕt 的圆柱面所限定的区域。该圆柱面的轴线与基准轴线重合 *a*—基准 *A*—*B*（图 a）；基准 *A*：（图 b）；垂直于第一基准 *A* 的第二基准 *B*（图 c）	被测圆柱的提取（实际）中心线应限定在直径等于 $\phi 0.08mm$、以公共基准轴线 *A*—*B* 为轴线的圆柱面内 a) 被测圆柱的提取（实际）中心线应限定在直径等于 $\phi 0.1mm$、以基准轴线 *A* 为轴线的圆柱面内 b)	中心线的同心度动画

（续）

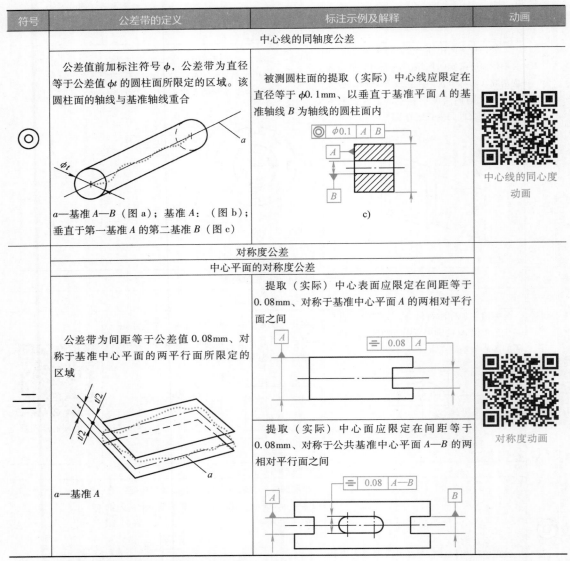

符号	公差带的定义	标注示例及解释	动画
	中心线的同轴度公差		
◎	公差值前加标注符号 ϕ，公差带为直径等于公差值 ϕt 的圆柱面所限定的区域。该圆柱面的轴线与基准轴线重合 a—基准 A—B（图 a）；基准 A：（图 b）；垂直于第一基准 A 的第二基准 B（图 c）	被测圆柱面的提取（实际）中心线应限定在直径等于 $\phi 0.1$mm、以垂直于基准平面 A 的基准轴线 B 为轴线的圆柱面内 ◎ $\phi 0.1$ A B A　B c)	中心线的同心度动画
	对称度公差		
	中心平面的对称度公差		
=	公差带为间距等于公差值 0.08mm、对称于基准中心平面的两平行面所限定的区域 a—基准 A	提取（实际）中心表面应限定在间距等于 0.08mm、对称于基准中心平面 A 的两相对平行面之间 A　= 0.08 A	对称度动画
		提取（实际）中心面应限定在间距等于 0.08mm、对称于公共基准中心平面 A—B 的两相对平行面之间 = 0.08 A—B A　B	

4. 跳动公差特征的标注示例和解释

跳动公差是以检测方式定出的特征，具有一定的综合控制几何误差的作用。跳动公差是被测实际要素绕基准轴线回转一周或连续回转时所允许的最大跳动量。用来限制被测表面对基准轴线的变动。跳动误差测量方法简便，但仅限于应用在回转表面。跳动公差分为圆跳动和全跳动两种。

圆跳动公差是被测表面绕基准轴线回转一周时，在给定方向上的任一测量面上所允许的跳动量。圆跳动公差根据给定测量方向可分为径向圆跳动、轴向圆跳动和斜向圆跳动三种。

跳动公差微课

全跳动公差是被测表面绕基准轴线连续回转时，在给定方向上所允许的最大跳动量。全跳动公差分为径向全跳动和轴向全跳动。对于回转表面不约束径向尺寸。

全跳动公差：被测要素是组成要素。公称被测要素的形状与属性为平面或回转体表面。公差带保持被测要素的公称形状。

圆跳动公差：被测要素是组成要素。公称被测要素的形状与属性由圆环线或一组圆环线明确给定，属线性要素。

跳动公差带的定义、标注示例和解释见表 5-13。

表 5-13　跳动公差带的定义、标注示例和解释　　　　　　　　　　（单位：mm）

符号	公差带的定义	标注示例及解释	动画
	径向圆跳动公差		
	公差带为在任一垂直于基准轴线的横截面内、半径差等于公差值 t、圆心在基准轴线两同心圆所限定的区域 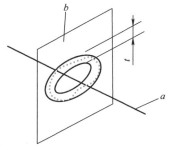 a—基准 A（图 a）；垂直于基准 B 的第二基准 A（图 b）；基准 A—B（图 c） b—垂直于基准 A 的横截面（图 a）；平行于基准 B 的横截面（图 b）；垂直于基准 A—B 的横截面（图 c）	在任一垂直于基准线 A 的横截面内，提取（实际）线应限定在半径差等于 0.1mm、圆心在基准轴线 A 上的两共面同心圆之间 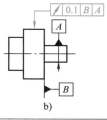 a)	
		在任一平行于基准平面 B、垂直于基准轴线 A 的横截面上，提取（实际）圆应限定在半径差等于 0.1mm、圆心在基准轴线 A 上的两共面同心圆之间 b)	
		在任一垂直于公共基准直线 A—B 的横截面内，提取（实际）线应限定在半径差等于公差值 0.1mm、圆心在基准轴线 A—B 上的两共面同心圆之间 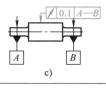 c)	
	轴向圆跳动公差		
	公差带为与基准轴线同轴的任一半径的圆柱截面上、间距等于公差值 0.1mm 的两圆所限定的圆柱面区域 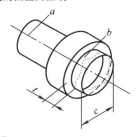 a—基准 D b—公差带 c—与基准 D 同轴的任意直径	在与基准轴线 D 同轴的任一圆柱形截面上，提取（实际）圆应限定在轴向距离等于 0.1mm 的两个等圆之间 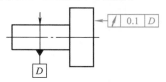	

（续）

符号	公差带的定义	标注示例及解释	动画

圆跳动公差

斜向圆跳动公差

公差带为与基准轴线同轴的任一圆锥截面上、间距等于公差值 t 的两圆所限定的圆锥面区域

除非另有规定，公差带的宽度沿规定几何要素的法向

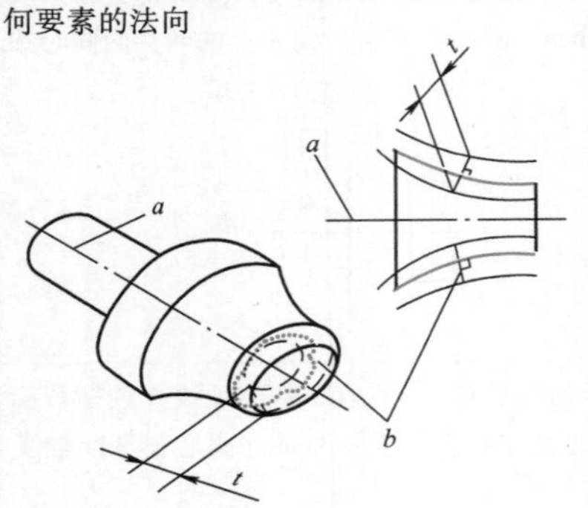

在与基准轴线 C 同轴的任一圆锥截面上，提取（实际）线应限定在素线方向间距等于 0.1mm 的两不等圆之间

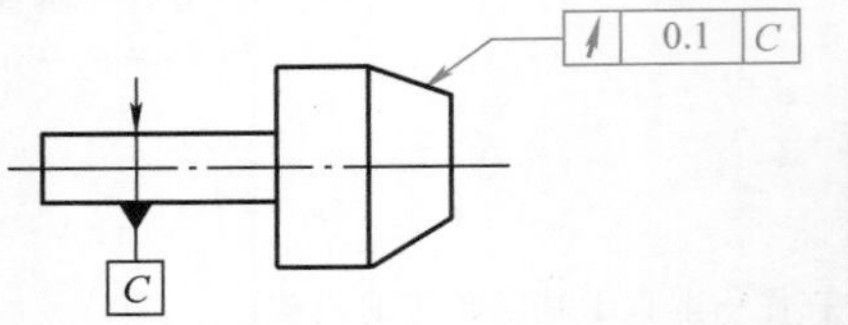

当被测要素的素线不是直线时，圆锥截面的锥角要随所测圆的实际位置而改变

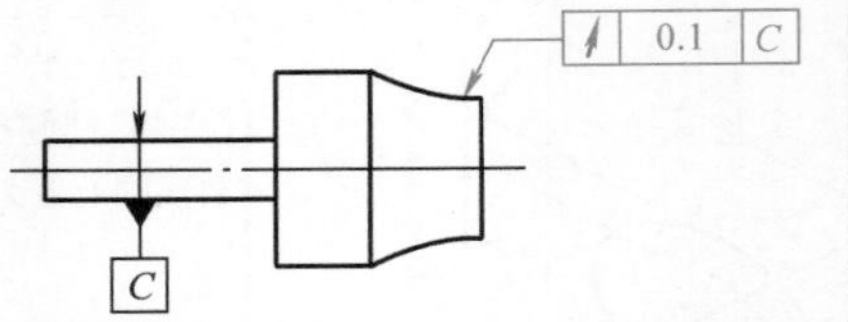

斜向圆跳动动画

a—基准 C
b—公差带

全跳动公差

径向全跳动公差

公差带为半径差等于公差值 t、与基准轴线同轴的两圆柱面所限定的区域

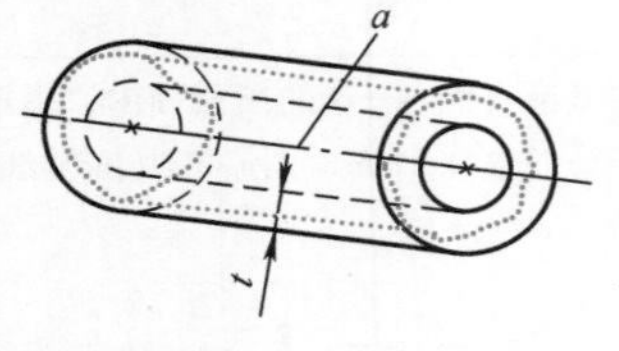

提取（实际）表面应限定在半径差等于 0.1mm、与公共基准轴线 A—B 同轴的两圆柱面之间

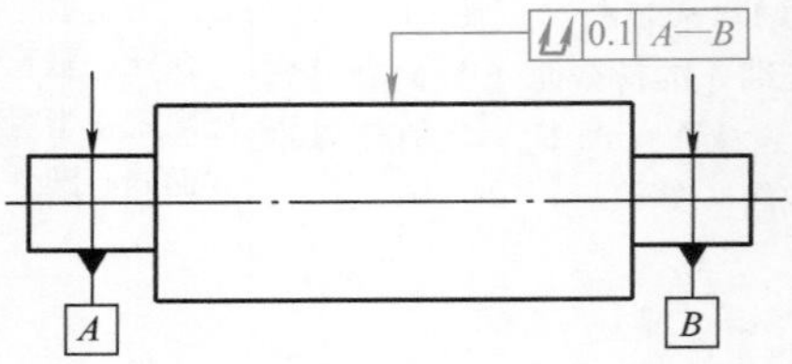

径向全跳动动画

a—公共基准 A—B

轴向全跳动公差

公差带为间距等于公差值 0.1mm，垂直于基准轴线的两相对平行面所限定的区域

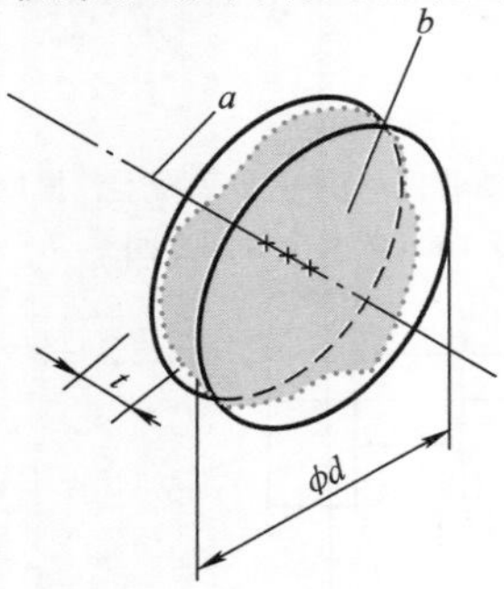

提取（实际）表面应限定在间距等于 0.1mm、垂直于基准轴线 D 的两相对平行面之间

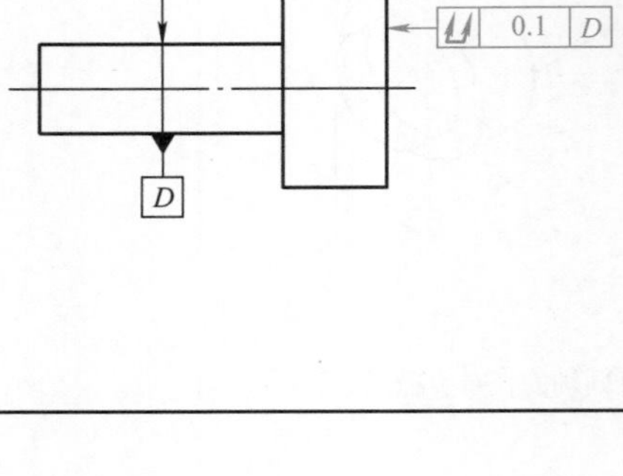

轴向全跳动动画

ϕd

a—基准 D
b—提取表面

九、公差原则

尺寸公差和几何公差是影响工件质量的两个方面,尺寸公差和几何公差可以相互独立,也可以互相影响、互相补偿,公差原则就是通过标注来规定两者内在联系的一种准则。

公差原则明确规定了几何公差与尺寸公差的相互关系。公差原则可为两类:独立原则和相关原则。其中,相关原则又包括:包容要求、最大实体要求和最小实体要求。独立原则是公差原则的基本原则;相关原则是指尺寸公差与几何公差相互有关的公差原则,这类原则有利于保证工件加工精度和产品质量。

1. 作用尺寸

作用尺寸是指在工件的配合过程中,起实际配合作用的尺寸。当工件的实际尺寸处于下极限尺寸与上极限尺寸范围内被认为合格,对于一般要求不高的配合或非配合尺寸,可以判断是否合格。实际上对于相互配合的工件,其配合状态不仅由孔和轴的实际尺寸决定,而且受孔和轴形状误差的影响。当轴线不直的轴与形状正确的孔相互配合时,弯曲的轴线使配合的性质比原先的考虑孔和轴的实际尺寸所形成的配合要紧。轴线的直线度误差等于增大了轴的实际尺寸,反映出尺寸和形状两个因素在配合中起作用。

在配合的全长,与实际孔内接的最大理想轴的尺寸为孔的作用尺寸,与实际轴外接的最小理想孔的尺寸为轴的作用尺寸,单一要素的作用尺寸与基准没有关系,没有几何公差的要求,如图5-46a所示。

工件加工后的实际尺寸与形状、方向、位置误差的结合,也可以对配合功能要求产生影响,如图5-46所示。将只有形状误差影响的要素,简称为单一要素;而将有方向、位置误差影响的要素,称为关联要素。

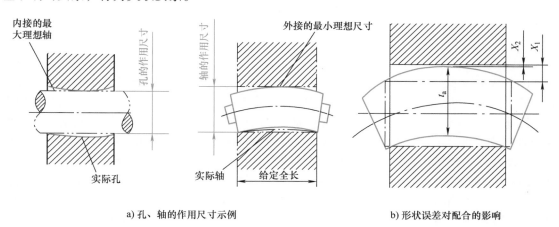

a) 孔、轴的作用尺寸示例   b) 形状误差对配合的影响

图 5-46 作用尺寸

(1) 体外与体内作用尺寸。图样上形状、方向、位置公差是按理想尺寸标注的,实际尺寸与几何公差综合形成的尺寸,是孔轴配合时实际起作用的尺寸,如图5-47所示。

1) 体外作用尺寸 (d_{fe}、D_{fe})。体外作用尺寸是以最大实体尺寸加、减几何公差值而获得的,必然是体外相接的

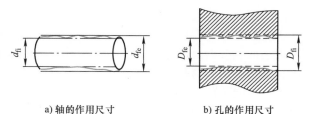

a) 轴的作用尺寸   b) 孔的作用尺寸

图 5-47 孔、轴的体外、体内作用尺寸

最大理想面或最小理想面，理想面的直径或距离，称之为体外作用尺寸。

2）体内作用尺寸（d_{fi}、D_{fi}）。体内作用尺寸是以最小实体尺寸加、减几何公差值获得的，是在被测要素的体内形成的。而这个"相接"必然是在工件被测要素的体内与之相接。因而该理想面的尺寸，称之为体内作用尺寸。

（2）单一要素　单一要素是指在结合面的全长上，与实际孔内接（或与实际轴外接）的最大（或最小）理想轴（或理想孔）的尺寸。

单一要素的作用尺寸与基准要素没有关系，没有几何公差的要求。如形状公差中的直线度、平面度、圆度、圆柱度均属于单一要素。尺寸公差与形状公差相互独立，工件在加工过程中，实际尺寸在尺寸公差值范围内是有变化的，而形状公差值要求是不变的。

如图5-48a所示，d_m为小轴的作用尺寸$\phi20$mm，d_a为实际尺寸$\phi19.979$mm。图5-48b中D_m为孔的作用尺寸$\phi20.033$mm，D_a为实际尺寸$\phi20$mm。孔、轴的实际尺寸都在公差值范围之内的任一尺寸，直线度要求是不变的，都是0.02mm。

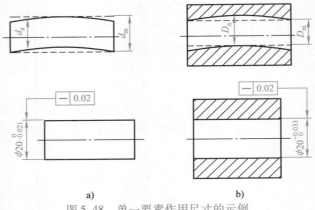

a)　　　　　　　　　b)

图5-48　单一要素作用尺寸的示例

（3）关联要素　若为关联要素的作用尺寸时，关联要素的体外作用尺寸是指在结合面的全长上，与有几何方向、位置要求的实际要素外接最小理想孔的尺寸，或内接的最大理想轴的尺寸。关联要素的作用尺寸与基准要素（如平行度、垂直度、倾斜度、同轴度、对称度）有功能关系。尺寸公差与方向公差、位置公差可以相互补偿，如图5-49a所示，关联要素的作用尺寸是理想孔或轴与基准要素保持图样上给定的方向关系。从图5-49a中可以看出对$\phi20$mm的轴线给出了垂直度公差要求，该作用尺寸的理想轴线必须与基准要素保持垂直的方向关系。当轴的直径等于理想尺寸20mm时，给出的与基准A的垂直度误差为0.03mm，如图5-49b所示。当直径等于19.95mm时，与基准A的垂直度误差为0.08mm，即尺寸公差全部补偿为方向公差，如图5-49c所示。由于轴有0.03mm的垂直度误差，其体外作用尺寸为$\phi20$mm + 0.03mm = $\phi20.03$mm，轴与最小理想孔的配合尺寸大于$\phi20.03$mm时才有可能形成间隙配合，如图5-49d所示。

关联要素的体内作用尺寸是指在结合面的全长上，与有几何方向公差、位置公差要求的实际内表面相接的最小理想面或与实际外表面相接的最大理想面的直径或宽度。如图5-50所示，图中给出的与基准A的垂直度误差为0.03mm，对于轴的最大理想面的体内作用尺寸为直径 + 方向、位置公差，即$\phi20$mm + 0.03mm = 20.03mm；对于孔的最小理想面的体内作用尺寸为直径 - 方向、位置公差，即$\phi20$mm - 0.03mm = 19.97mm。

2. 最大实体状态和最大实体尺寸

最大实体状态是指假定提取组成要素的局部尺寸，处处位于极限尺寸且使其具有实体最

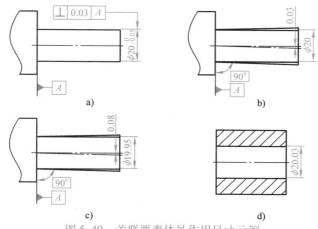

图 5-49　关联要素体外作用尺寸示例

大时的状态。最大实体尺寸是指确定要素最大实体状态的尺寸，即外尺寸要素的上极限尺寸，内尺寸要素的下极限尺寸。

由于孔和轴的尺寸允许在上、下极限尺寸内变动，因此工件包含的材料也是变动的。孔和轴具有材料量最多的状态，为最大实体状态。最大实体状态时的极限尺寸称为最大实体

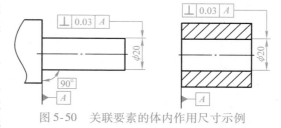

图 5-50　关联要素的体内作用尺寸示例

尺寸。孔在下极限尺寸时，具有材料最多，也就是孔的最大实体尺寸。轴在上极限尺寸时，具有材料最多，也就是轴的最大实体尺寸。

3. 最小实体状态和最小实体尺寸

最小实体状态是指假定提取组成要素的局部尺寸，处处位于极限尺寸且使其具有实体最小时的状态。最小实体尺寸是指确定要素最小实体状态的尺寸，即外尺寸要素的下极限尺寸，内尺寸要素的上极限尺寸。

实际要素在尺寸极限之内，孔和轴具有材料最少的状态。最小实体状态时的极限尺寸称为最小实体尺寸。孔在上极限尺寸时，具有材料最少，也就孔的最小实体尺寸。轴在下极限尺寸时，具有材料最少，也就是轴的最小实体尺寸。

综上，对于实体状态和实体尺寸，可以理解为：车削一根轴时，车得直径越小，轴的材料就越少。轴的上极限尺寸就是最大实体尺寸，轴的下极限尺寸就是最小实体尺寸。

孔和轴则不同，孔的直径越大，工件具有的材料越少。孔的上极限尺寸为最小实体尺寸，孔的下极限尺寸为最大实体尺寸。

当配合的孔和轴都处于最大实体状态时，其配合状态最紧；处于最小实体状态时，其配合状态最松。在加工过程中，最大实体尺寸是加工时进入公差带起始的尺寸，而最小实体尺寸则是不从公差带内超出而必须终止的尺寸。

例题 1　如图 5-51 所示，试求孔、轴的最大、最小实体尺寸。

解：（1）由最大实体状态定义可知：

孔在下极限尺寸时，具有材料最多为最大实体状态，此时对应的为最大实体尺寸。

$$孔的最大实体尺寸 = 40mm + 0.085mm = 40.085mm$$

由最小实体状态定义可知：

孔在上极限尺寸时，具有材料最少为最小实体状态，此时对应的为最小实体尺寸。

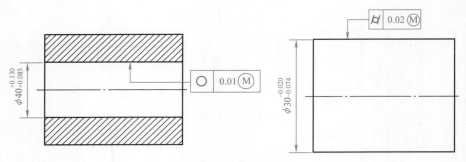

图 5-51　孔、轴实体尺寸计算示例

孔的最小实体尺寸 = 40mm + 0.130mm = 40.130mm（对于内尺寸要素加几何公差）

（2）轴在上极限尺寸时，具有材料最多为最大实体状态，此时对应的为最大实体尺寸。

轴的最大实体尺寸 = 30mm − 0.020mm = 29.980mm

轴在下极限尺寸时，具有材料最少为最小实体状态，此时对应的为最小实体尺寸。

轴的最小实体尺寸 = 30mm − 0.074mm = 29.926mm（对于外尺寸要素减几何公差）

4. 边界

边界是设计时所给定的具有理想形状的极限边界。

1）最大实体边界尺寸为最大实体尺寸时的边界。

2）最小实体边界尺寸为最小实体尺寸时的边界。

边界是用来控制被测要素的实际轮廓的。轴的实际圆柱面不能超越边界，以此来保证装配。而几何公差值则是对于中心要素而言的，轴的轴线直线度采用最大实体要求，则是对轴线直线度误差的控制。

5. 独立原则

独立原则是指图样上给出的尺寸公差与几何公差各自独立，应分别满足图样上对几何公差与尺寸公差要求的公差原则。独立原则是标注尺寸公差和几何公差中首先应遵循的基本原则，图样上给定的公差大多数都遵守这个原则。

运用独立原则时，在图样上对几何公差与尺寸公差应采取分别标注的形式，不附加任何特定符号。这时的尺寸公差用于控制工件要素的局部实际尺寸，几何公差用于控制几何误差。两者各自独立，无内在联系。

如图 5-52 所示，采用独立原则标注时，图样中给出的尺寸公差带只控制圆柱面实际尺寸的变动量，不控制轴线的直线度。不管直线度误差多少，要求轴面上任意位置实际尺寸必须在 $\phi39.979 \sim \phi40$mm 的范围内。图样中给出的几何公差只控制轴线的直线度误差，而与实际尺寸无关。直线度误差允许在 $\phi0 \sim \phi0.015$mm 范围内，采用独立原则时，它们之间各自独立，互不影响。

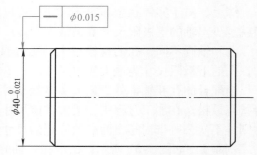

图 5-52　独立原则的标注示例

6. 相关原则

相关原则是指图样上给定的几何公差和尺寸公差相互有关的公差原则，相关原则分为最大实体要求和包容要求。

根据 GB/T 1800.1—2020 和 GB/T 3177—2009，注有公差的尺寸在所规定的长度内以下列方式进行解释：

对于孔：与孔内切的最大理想圆柱的直径不得小于最大实体尺寸，该理想圆柱正好与孔表面的多个最高点相切。孔的任意位置处的最大局部直径不得超过最小实体尺寸。

对于轴：与轴外接的最大理想圆柱的直径不得大于最大实体尺寸，该理想圆柱正好与轴表面的多个最高点相接。轴的任意位置处的最小局部直径不得小于最小实体尺寸。

在图样上除标注尺寸和公差外，还应根据 GB/T 38762.1—2020 标注包容要求（符号Ⓔ）时才是有效的。

（1）包容要求 指被测实际要素处处应位于具有理想形状的包容面内的一种公差原则，该理想形状的尺寸为最大实体尺寸。遵守其最大实体边界（即尺寸为最大实体尺寸），局部实际尺寸不得超出最小实体尺寸。并且具有理想形状的极限边界，实际要素的作用尺寸不得超出此边界，就是用尺寸公差来控制几何误差。

包容要求主要用于单一要素，在被测要素的尺寸公差后加注符号Ⓔ，例如 $\phi50 \, ^{+0.020}_{+0.012}$Ⓔ、$\phi60H7$Ⓔ、$\phi60H7$（$^{+0.030}_{0}$）Ⓔ。用于关联要素时，则需要在公差框格的第二格中，把位置公差值用"$\phi0$Ⓜ"的形式注出，如图 5-53 所示。

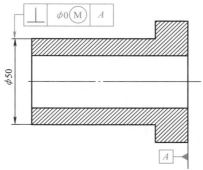

图 5-53 关联要素包容要求应用示例　　包容要求动画

包容要求最小实体尺寸控制两点尺寸，同时最大实体尺寸控制最小外接尺寸或最大内切尺寸。包容要求不能应用于角度尺寸要素。

在轴的直径规范中，当使用包容要求修饰符Ⓔ时，采用最小外接圆柱进行拟合。

用于外尺寸要素的包容要求标注如图 5-54 所示。下极限尺寸控制两点尺寸，上极限尺寸控制最小外接尺寸。

用于内尺寸要素的包容要求标注如图 5-55 所示。上极限尺寸控制两点尺寸，下极限尺寸控制最大内切尺寸。

根据公差原则，注有公差的线性尺寸是两相对点间的局部尺寸。

为了在图样上准确表示相同要求，对于配合尺寸，应在公差之后标注修饰符，如包容要求。示例：$\phi30H6$Ⓔ。

包容要求Ⓔ是简化标注，表达了线性尺寸要素的局部尺寸的两个特定尺寸。包容要求也可等同表述为上极限尺寸和下极限尺寸两个单独要求。

对于内要素（孔）两点尺寸（LP）应用于上极限尺寸，最大内切（GX）应用于下极限尺寸（最大实体尺寸）。

对于外要素（轴），最大外接（GN）应用于上极限尺寸（最大实体尺寸），且两点尺寸应用于下极限尺寸，图 5-56 所示为包容要求有修饰符的标注方式。

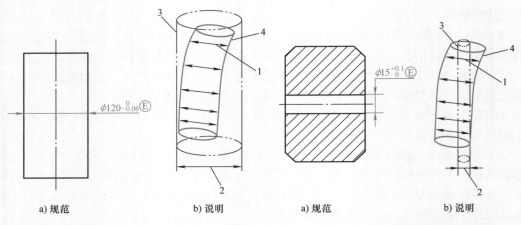

a) 规范　　　　b) 说明　　　　　　　　a) 规范　　　　b) 说明

图 5-54　外尺寸要素应用包容要求的标注示例　　　　图 5-55　内尺寸要素的包容要求标注
1—两点尺寸（要求大于或等于 119.94mm）　　　　　1—两点尺寸（要求小于或等于 15.1mm）
2—包容圆柱面直径 120mm　　　　　　　　　　　　2—包容圆柱面直径等于 15mm
3—包容提取要素 4 的圆柱面　4—提取组成要素　　　3—被提取要素 4 包容的圆柱面
　　　　　　　　　　　　　　　　　　　　　　　　4—提取组成要素相同公差的尺寸要素

　　包容要求Ⓔ在装配图中的配合公差的标
注如图 5-57 所示。这四种标注方式含义是
相同的，只是表达方式不同。

　　（2）关联要素示例　如图 5-58 所示，要
求轴径 $\phi48_{-0.032}^{\ 0}$ mm 的尺寸公差和轴线直线度
之间遵守包容要求。该轴的实际表面和轴线应
位于具有最大实体尺寸、具有理想形状的包容
圆柱面之内。在此条件下满足下列要求：

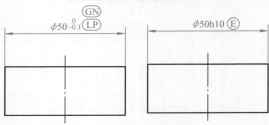

图 5-56　包容要求有修饰符的标注

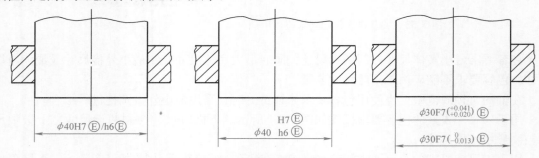

a) 标注有公差代号的两个要素配合的装配图示例

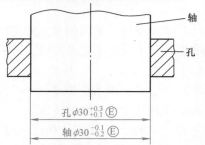

b) 标注有正、负偏差的两个要素配合的装配图示例

图 5-57　装配图中的配合公差的标注

轴径的局部实际尺寸允许在 $\phi47.968 \sim \phi48mm$ 之间。

轴的实体不得超越边界尺寸为 $\phi48mm$ 的最大实体边界，即轴的作用尺寸应不大于 $\phi48mm$ 的最大实体尺寸，允许的形状误差为零。此时轴为一个 $\phi48mm$ 的理想圆柱。

当轴的直径偏离最大实体尺寸 $\phi48mm$ 时，允许有形状误差存在。轴的局部实际尺寸为 $\phi47.968mm$ 的最小实体尺寸时，轴的直线度误差可为 $0.032mm$。

轴必须遵守最大实体边界，该边界的尺寸为最大实体尺寸 $\phi48mm$。

当轴径为最大和最小实体尺寸之间的任一尺寸时，轴线的直线度公差值为最大实体尺寸减实际尺寸的差值。如实际尺寸为 $\phi47.98mm$，则轴线直线度公差值为 $\phi48mm - \phi47.98mm = 0.02mm$。这时的尺寸公差控制了形状公差（尺寸公差全部补偿为几何公差）。

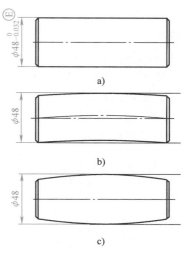

图 5-58　单一要素的包容要求

（3）最大实体要求　指被测要素采用最大实体要求时，表示图样上注出的几何公差值是在被测要素处于最大实体状态时给出的，当被测要素或基准要素偏离最大实体状态时，允许增大几何公差值，用形状、方向、位置公差获得补偿值的一种公差原则。按最大实体要求给出几何公差时，必须在公差框格中几何公差数值后面加注符号 Ⓜ，如图 5-59a 所示。

最大实体要求要遵守最大实体实效边界，被测要素的实体不得超越该理想边界。

例题 2　最大实体要求解释说明，标有最大实体要求的几何公差，是实际尺寸在最大实体尺寸时给出的几何公差数值，几何公差数值是可变的，如图 5-59 所示。

轴的实际尺寸必须在 $\phi29.979 \sim \phi30mm$ 之间。

轴的直径最大实体尺寸为 $\phi30mm$ 时，轴线直线度公差为 $\phi0.01mm$。

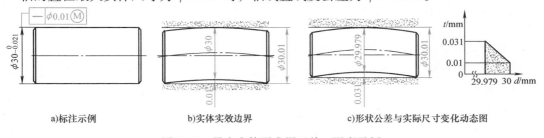

a) 标注示例　　　　b) 实体实效边界　　　c) 形状公差与实际尺寸变化动态图

图 5-59　最大实体要求用于单一要素示例

当轴的直径偏离最大实体尺寸 $\phi30mm$ 时，轴的直线度允许增大，即产生了尺寸公差补偿给形状公差的关系。当轴处于最小实体状态时，即轴为最小实体尺寸 $\phi29.979mm$ 时，补偿值为最大，几何公差的最大值为几何公差值与尺寸公差值之和，即 $t_{最大} = t_{几何} + t_{尺寸}$。

$$\phi0.01mm + \phi0.021mm = \phi0.031mm$$

允许轴线直线度误差可达到 $\phi0.031mm$。

轴的实际尺寸不得超越极限尺寸，即在上极限尺寸 $\phi30mm$ 与下极限尺寸 $\phi29.979mm$ 范围内变动。几何公差值能够增加多少，取决于被测要素偏离最大实体状态的程度。

最大实体要求主要用于保证工件的可装配性，使一些几何误差虽然超差，但能装配的工件不致作废，从而提高经济效益。

（4）最小实体要求 指被测要素的实际轮廓应遵守其最小实体实效边界，当其实际尺寸偏离最小实体尺寸时，允许其几何误差超出在最小实体状态下给出的公差值的一种要求，即允许几何公差值增大，几何公差值的最大值为图样给定几何公差值与尺寸公差值之和。最小实体要求常用于保证工件的最小壁厚，在保证必要的强度要求的场合下。

例题 3 按最小实体要求的规定，图样上标注的几何公差值是被测要素处在最小实体条件下给定的。最小实体要求用符号Ⓛ表示。当被测要素采用最小实体要求时，将符号Ⓛ标在公差框格中几何公差数值的右边，如图 5-60a 所示。

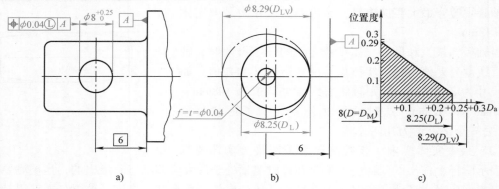

图 5-60 最小实体要求应用于被测要素

图 5-60a 表示 $\phi 8^{+0.25}_{0}$ mm 的孔在以基准 A 标注的理论正确尺寸 6 所确定的中心位置度公差带 $\phi 0.04$ mm 的理论位置。

当孔的实际尺寸为最小实体尺寸 $\phi 8.25$ mm 时，允许的位置度误差为 0.04mm，也就是允许孔中心左右移动的位置误差为 0.02mm，此时孔距平面 A 的最小距离为 $S_{min} = 6$ mm $-$ 0.02mm $-$ 8.25mm/2 $=$ 1.855mm。

图 5-60b 说明孔应当遵守最小实体实效边界，边界尺寸 $D_{LV} = 8.25$ mm $+$ 0.04mm $=$ 8.29mm。

当孔的实际轮廓偏离最小实体状态，它的实际尺寸不是最小实体尺寸时，实际尺寸与最小实体尺寸的偏差可以补偿给位置公差值，使其位置误差值可以超出在最小实体状态下给出的位置公差值，位置公差值的最大值等于位置公差值加其尺寸公差值。

当孔的实际尺寸为 $\phi 8$ mm 时，位置度公差值为 0.04mm $+$ 0.25mm $=$ 0.29mm。

孔的实际尺寸要在极限尺寸范围内变化，位置公差值也随其变化，变化量为实体尺寸与实际尺寸的差值。对于孔来说 $t = D_{LV} - D_{实际尺寸}$，对于轴来说 $t = d_{实际尺寸} - d_{LV}$。如孔的实际尺寸为 $\phi 8.14$ mm 时，偏离最小实体尺寸，位置度公差值为 8.25mm $-$ 8.14mm $+$ 0.04mm $=$ 0.15mm。

图 5-60c 表示了孔的实际直径（假设处处相等）与允许的位置度误差之间的关系，即动态公差图。

例题 4 图 5-61 所示孔的位置复合公差标注，Ⓜ是相关要素，包容要求、最大实体要求，正确理论数值也可以带公差标注。

查表孔 $\phi 6$ mm 的公差，上极限偏差是 0.015mm，下极限偏差是 0。

孔的实际尺寸必须在 $\phi 6 \sim \phi 6.015$ mm 区域之间浮动，为合格。

孔的直径最大实体状态尺寸为 $\phi 6$ mm 时，相对于基准 A 的正确理论尺寸 10mm，相对于

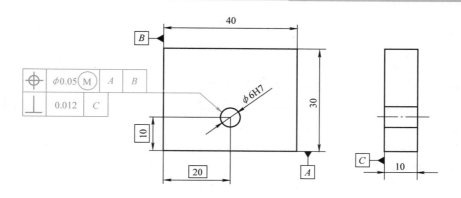

图 5-61　复合位置公差度标注

基准 B 的理论正确尺寸 20mm，给出的中心位置度公差带是 $\phi0.05$mm 的理论位置，相对于基准 C 的垂直度公差为 0.012mm。

孔的最大实体状态尺寸 $\phi6$mm 时，允许的公差带位置 $\phi0.05$mm，也就是允许孔中心上下、左右移动的位置误差为 $\phi0.025$mm，此时孔距基准 A 的最小距离 9.975mm，距离基准 B 的最小距离 19.975mm。

当孔偏离了最大实体状态要求时，最小实体状态尺寸 $\phi6.015$mm 时，允许的公差带位置 $\phi0.05$mm。

$$t_{最大} = t_{几何} + t_{尺寸}$$
$$\phi0.065\text{mm} = \phi0.015\text{mm} + \phi0.05\text{mm}$$

孔的位置相对于基准 A 的尺寸是 10.065mm，相对于基准 B 的尺寸是 20.065mm。

为此孔的实际尺寸相对于基准 A 在 9.975～10.065mm 区域之间浮动；相对于基准 B 在 19.975～20.065mm 区域之间浮动；相对于基准 C 的垂直度在 0.012～0.062mm 区域之间浮动（此时位置公差补偿给方向公差），视为合格。位置公差度是固定的，尺寸公差是浮动的，随着孔的尺寸变化，其他尺寸也跟着变化。

（5）应用最大、最小实体要求时的零几何公差

1）应用最大实体要求时的零几何公差：当被测要素采用最大实体要求，给出的几何公差值为零时，称零几何公差，用 $\phi0$Ⓜ表示。几何公差值为 0 是在被测要素为最大实体尺寸时给定的，当被测要素偏离最大实体状态时，允许增大几何公差值。

当被测实际要素处于最大实体尺寸时，不仅具有理想形状，而且还必须位于正确的方向和位置上，即几何公差为零。当被测实际要素偏离最大实体尺寸时，允许有几何误差，当被测实际要素为最小实体尺寸时，允许的几何误差最大。

例如：有一工件孔 $\phi50^{+0.13}_{-0.08}$mm 的轴线相对于基准面的垂直度公差在最大实体状态下给定为 $\phi0$Ⓜ。当孔处于最大实体尺寸 $\phi49.92$mm 的理想圆柱面时，垂直度的公差值为 $\phi0$mm。当孔在不同实际直径时，对垂直度公差补偿量增大，其几何公差值的变化同最大实体要求情况。当孔实际直径为 $\phi50.13$mm 时，误差可允许为 $\phi0.21$mm。

2）应用最小实体要求时的零几何公差：当被测要素采用最小实体要求，给出的几何公差值为零时，称为零几何公差，用 "$\phi0$Ⓛ" 表示。几何公差值为 0 是在被测要素为最小实体尺寸时给定的，其几何公差值的变化同上述最大实体要求情况。采用零几何公差值时，几何公差值的最大值等于尺寸公差值。

（6）可逆要求Ⓡ　指最大实体要求Ⓜ或最小实体要求Ⓛ的附加要求，可逆要求仅用于

注有公差的要素，在制造可能性的基础上，可逆要求允许尺寸和几何公差之间相互补偿。表示尺寸公差可以在实际几何误差小于几何公差之间的差值范围内增大。

十、几何公差的选择

正确地选用几何公差，合理地确定几何公差数值，对提高产品的质量和降低成本具有十分重要的意义。几何公差的选用主要包含：选择和确定公差特征、公差数值、基准以及选择正确的标注方法。

几何公差选择的基本依据是要素的几何特征、工件的结构特点和使用要求。因为任何一个机械工件，都是由简单几何要素组成，在加工时，工件上的要素总是存在着几何误差的。几何公差特征就是对工件上某个要素的形状和要素之间的相互位置的要求而确定的。选择几何公差特征的基本依据是要素。按照工件的结构特点、使用要求、检测的方便和几何公差特征之间的协调来选定。

1. 几何公差值的确定

（1）几何公差的等级　几何公差值的确定原则是根据工件的功能要求，并考虑加工的经济性和工件的结构、刚性等情况，几何公差值的大小由几何公差等级确定（结合主参数）。因此，确定几何公差值实际上就是确定几何公差等级。

几何公差值选择总原则：在满足工件功能要求的前提下，选择最经济的公差值。对几何公差有较高要求的工件，应在图样上按规定的标注方法注出公差值。几何公差值的大小由几何公差等级和主要参数的大小查表确定。

（2）几何公差数值的选定　几何公差数值的确定不仅与公差等级有关，还与尺寸公差等级、表面粗糙度、加工方法等因素有关，详见表5-14 ～表5-17。

表5-14　直线度和平面度公差数值（节录）

主参数 L/mm	公差等级											
	1	2	3	4	5	6	7	8	9	10	11	12
	公差值/μm											
≤10	0.2	0.4	0.8	1.2	2	3	5	8	12	20	30	60
>10 ~ 16	0.25	0.5	1	1.5	2.5	4	6	10	15	25	40	80
>16 ~ 25	0.3	0.6	1.2	2	3	5	8	12	20	30	50	100
>25 ~ 40	0.4	0.8	1.5	2.5	4	6	10	15	25	40	60	120
>40 ~ 63	0.5	1	2	3	5	8	12	20	30	50	80	150
>63 ~ 100	0.6	1.2	2.5	4	6	10	15	25	40	60	100	200
>100 ~ 160	0.8	1.5	3	5	8	12	20	30	50	80	120	250
>160 ~ 250	1	2	4	6	10	15	25	40	60	100	150	300

注：L 为被测要素的长度。

表5-15　圆度和圆柱度公差值（节录）

主参数 d (D) /mm	公差等级												
	0	1	2	3	4	5	6	7	8	9	10	11	12
	公差值/μm												
≤3	0.1	0.2	0.3	0.5	0.8	1.2	2	3	4	6	10	14	25
>3 ~ 6	0.1	0.2	0.4	0.6	1	1.5	2.5	4	5	8	12	18	30
>6 ~ 10	0.12	0.25	0.4	0.6	1	1.5	2.5	4	6	9	15	22	36
>10 ~ 18	0.15	0.25	0.5	0.8	1.2	2	3	5	8	11	18	27	43
>18 ~ 30	0.2	0.3	0.6	1	1.5	2.5	4	6	9	13	21	33	52
>30 ~ 50	0.25	0.4	0.6	1	1.5	2.5	4	7	11	16	25	39	62

（续）

主参数 d(D)/mm	公差等级												
	0	1	2	3	4	5	6	7	8	9	10	11	12
	公差值/μm												
>50~80	0.3	0.5	0.8	1.2	2	3	5	8	13	19	30	46	74
>80~120	0.4	0.6	1	1.5	2.5	4	6	10	15	22	35	54	87
>120~180	0.6	1	1.2	2	3.5	5	8	12	18	25	40	63	100
>180~250	0.8	1.2	2	3	4.5	7	10	14	20	29	46	72	115
>250~315	1.0	1.6	2.5	4	6	8	12	16	23	32	52	81	130

注：$d(D)$ 为被测要素的直径。

表 5-16　平行度、垂直度和倾斜度公差值（节录）

主参数 L、d(D)/mm	公差等级											
	1	2	3	4	5	6	7	8	9	10	11	12
	公差值/μm											
≤10	0.4	0.8	1.5	3	5	8	12	20	30	50	80	120
>10~16	0.5	1	2	4	6	10	15	25	40	60	100	150
>16~25	0.6	1.2	2.5	5	8	12	20	30	50	80	120	200
>25~40	0.8	1.5	3	6	10	15	25	40	60	100	150	250
>40~63	1	2	4	8	12	20	30	50	80	120	200	300
>63~100	1.2	2.5	5	10	15	25	40	60	100	150	250	400
>100~160	1.5	3	6	12	20	30	50	80	120	200	300	500
>160~250	2	4	8	15	25	40	60	100	150	250	400	600
>250~400	2.5	5	10	20	30	50	80	120	200	300	500	800

注：L 为被测要素的长度，$d(D)$ 为被测要素的直径。

表 5-17　同轴度、对称度、圆跳动和全跳动公差值（节录）

主参数 d(D)、B、L/mm	公差等级											
	1	2	3	4	5	6	7	8	9	10	11	12
	公差值/μm											
≤1	0.4	0.6	1.0	1.5	2.5	4	6	10	15	25	40	60
>1~3	0.4	0.6	1.0	1.5	2.5	4	6	10	20	40	60	120
>3~6	0.5	0.8	1.2	2	3	5	8	12	25	50	80	150
>6~10	0.6	1	1.5	2.5	4	6	10	15	30	60	100	200
>10~18	0.8	1.2	2	3	5	8	12	20	40	80	120	250
>18~30	1	1.5	2.5	4	6	10	15	25	50	100	150	300
>30~50	1.2	2	3	5	8	12	20	30	60	120	200	400
>50~120	1.5	2.5	4	6	10	15	25	40	80	150	250	500
>120~250	2	3	5	8	12	20	30	50	100	200	300	600

注：$d(D)$ 为被测要素的直径，B 为被测要素的宽度，L 为被测要素的长度，如图 5-62 所示。

2. 确定几何公差等级应考虑的问题

（1）考虑工件的结构特点　对于刚性较差的工件，如细长的轴或孔；跨距较大的轴或孔，以及宽度较大的工件表面（一般大于 1/2 长度），因加工时易产生较大的几何误差，在较正常情况下应选择 1~2 级公差。

（2）协调几何公差值与尺寸公差值之间的关系　在同一要素上给出的形状公差值应小于位置公差值。例如：要求平行的两个表面，其平面度公差应小于平行度公差值。

圆柱形工件的形状公差值（轴线的直线度除外）一般情况下应小于其尺寸公差值。

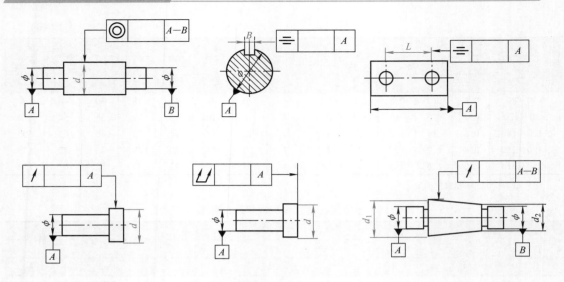

图 5-62　被测要素的直径、宽度、长度

平行度公差值应小于其相应的距离尺寸的尺寸公差值。

几何公差值与相应要素的尺寸公差值，一般原则是：$t_{几何} < t_{位置} < T_{尺寸}$。

（3）几何公差与表面粗糙度的关系　表面粗糙度 Rz 的数值与几何公差 $t_{几何}$ 之关系：对于中等尺寸、中等精度的工件，一般 $Rz = （0.2 \sim 0.3）t_{几何}$；对高精度及小尺寸工件，$Rz = （0.5 \sim 0.7）t_{几何}$。

3. 基准的选择

基准是确定关联要素间方向或位置的依据。在考虑选择方向、位置公差时，必然同时考虑要采用的基准，如选用单一基准、组合基准还是选用多个基准。选择基准时要考虑以下几个方面：

1）根据要素的功能及与被测要素间的几何关系来选择基准。

2）根据装配关系，应选择工件相互配合、相互接触的表面作为各自的基准，保证装配要求。

3）从加工、检验角度考虑，应选择在夹具、检具中定位的相应要素为基准，这样能使所选基准与定位基准、检测基准、装配基准重合，以消除由于基准不重合引起的误差。

4）从工件的结构考虑，应选较大的表面、较长的要素（如轴线）作为基准，以便定位稳固、准确；对结构复杂的工件，一般应选三个基准，建立三基面体系，以确定被测要素空间的方向和位置。通常方向公差项目只有单一基准，位置公差中的同轴、对称度，其基准可以是单一基准，也可以是组合基准；对于位置度采用三基面较为常见。

4. 几何公差的未注公差值

图样上没有具体注明几何公差值的要素，则其几何精度要求就由未注几何公差来控制。为了简化制图，对一般机床加工能够保证的几何精度，不必将几何公差在图样上具体注出。未注几何公差值的特点如下：

1）一般情况下，当要素的公差值小于未注公差值时，才需要在图样上给出几何公差；当要求的公差值大于未注公差值时，一般仍采用未注公差值，不需在图样上给出，只有对生产有经济效益时才需注出。

2）采用未注几何公差值一般不需要检查，有时为了了解设备精度，也可以对批量生产的工件通过首检或抽检了解其未注几何公差的大小。

3）如果工件的几何误差超出了未注公差值，在一般情况下不必拒收，只有影响了工件的功能才需要拒收。

图样上采用未注公差值时，应在图样的标题栏附近或在技术要求中标出未注公差的等级及标准编号，如 GB/T 1184—K、GB/T 1184—H 等，在同一张图样中，未注公差值应采用同一个等级。

1）直线度、平面度的未注公差值共分为 H、K、L 三个等级，表中的基本长度是指被测长度，对于直线度应按其相应的线长度选择，对于平面度应按其被测表面的长边一侧或圆表面的直径选择，见表5-18。

表 5-18　直线度和平面度未注公差值　　　　　　　　　　　　（单位：mm）

公差等级	直线度和平面度基本长度范围					
	≤10	>10～30	>30～100	>100～300	>300～1000	>1000～3000
H	0.02	0.05	0.1	0.2	0.3	0.4
K	0.05	0.1	0.2	0.4	0.6	0.8
L	0.1	0.2	0.4	0.8	1.2	1.6

2）圆度的未注公差值，规定采用相应的直径公差值，但不能大于表5-17 的径向圆跳动值。

3）圆柱度误差由圆度、轴线直线度、素线直线度和素线平行度组成。其中每一项均由其注出公差值或未注公差值控制。如圆柱度遵守Ⓔ时则受其最大实体边界控制。

4）线、面轮廓度未作具体规定，受线、面轮廓的线性尺寸或角度公差控制。

5）平行度等于相应的尺寸公差值。

6）垂直度未注公差值见表5-19，分为 H、K、L 三个等级。

7）对称度未注公差值见表5-20，分为 H、K、L 三个等级。

8）位置度未作规定，因为综合性误差，由分项公差控制。

9）圆跳动未注公差值见表5-21，分为 H、K、L 三个等级。

10）全跳动未作规定，因为综合特征，故可以通过圆跳动公差值、素线直线度公差值、其他注出或未注出的尺寸公差来控制。

表 5-19　垂直度未注公差值　　　　　　　　　　　　（单位：mm）

公差等级	直线度和平面度基本长度范围			
	≤100	>100～300	>300～1000	>1000～3000
H	0.2	0.3	0.4	0.5
K	0.4	0.6	0.8	1
L	0.6	1	1.5	2

表 5-20　对称度未注公差值　　　　　　　　　　　　（单位：mm）

公差等级	基本长度范围			
	≤100	>100～300	>300～1000	>1000～3000
H	0.5			
K	0.6		0.8	1
L	0.6	1	1.5	2

表 5-21 圆跳动未注公差值 （单位：mm）

公差等级	公差值
H	0.1
K	0.2
L	0.5

第二部分　测量技能实训

检测是一项非常重要的工序，工件的尺寸、形状、方向、位置、跳动公差是否在图样上给定的公差范围之内，主要是通过用量具来检测工件的几何参数是否合格，它将直接影响到工件的互换性、产品的使用性能、精度要求和使用寿命。

测量提示：形状误差的检测是确定被测实际要素偏离其理想要素的最大变动量，而理想要素的位置要按最小条件确定。

位置误差的检测是确定被测实际要素偏离其理想要素的最大距离的两倍值，而理想要素的位置，对同轴度和对称度来说，就是基准的位置；对位置度来说，以基准和理论正确尺寸和尺寸公差（或角度公差）等确定。

任务一　检测工件的同轴度、径向圆跳动误差

1. 任务内容

检测工件的同轴度、径向圆跳动误差。

2. 任务准备

在实训车间选择任何型号的机床 5 台；台阶轴（图 5-63）5 件；指示表（0～5mm/0.001mm）10 块；磁性表座（200mm×60mm）10 个。

图 5-63　台阶轴

3. 任务实施

在机床两顶尖之间，以中心孔为基准，利用指示表测量两外径台阶轴的同轴度。将两指示表装夹在磁性表座上同时吸附在机床导轨上，两指示表要有一定的压缩量，一般为 0.1mm，然后转动表盘，将两个指示表的表针调整到零线，锁紧螺钉。将工件缓慢转动一周，观察两表的指示值，两表的差值即同轴度误差，如图 5-64 所示。使用两中心孔作为测量基准是广

图 5-64　指示表测量同轴度

泛应用的方法，应注意加工基准与测量时使用的基准是同一个基准。

> 💡 **注意**
> 1）检测径向圆跳动误差时，指示表的测头一定要垂直于基准轴线。
> 2）检测工件几何误差时，工件移动的速度既不能过快也不能过慢，应保持均匀的速度。
> 3）检测径向圆跳动时，机床应在中速运转状态下检验。

任务二　检测工件径向、轴向圆跳动误差

1. 任务内容

检测图 5-65 所示工件的径向、轴向圆跳动误差。

2. 任务准备

传动轴（图 5-65）5 件；指示表（0～5mm /0.001mm）5 块；磁性表座（200mm×60mm）5 个；杠杆指示表（0～0.2mm/0.001mm）5 块。

图 5-65　台阶轴

3. 任务实施

按图 5-66 的要求用指示表或杠杆指示表测量径向圆跳动、轴向圆跳动误差。以中心孔为基准，把工件装在两顶尖之间，给指示表一定的压缩量，一般为 0.1mm，将指示表的表针调整到零线，锁紧螺钉。将工件转动一周，指示表的最大、最小读数差，就是工件的径向圆跳动、轴向圆跳动误差。

测量方法：如图 5-67 所示，指示表放在径向位置，测出径向圆跳动；指示表放在轴向位置，测出轴向圆跳动。测量误差包含测量基准本身的形状误差、同轴度位置误差。

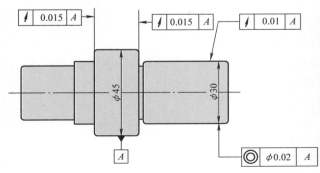

图 5-66　工件图样

图 5-67　指示表测量径向、轴向圆跳动误差

任务三　检测工件的直线度、平面度误差

1. 任务内容

检测工件的直线度、平面度误差。

2. 任务准备

方箱（150mm × 150mm）5 个；刀口形直尺（125mm，0 级）5 个；磁性表座（200mm × 60mm）5 个；

平板（800mm × 500mm，0 级）5 块。

3. 任务实施

检测形状公差直线度，当工件精度要求较低时，利用刀口形直尺通过透光检验工件的直线度；工件精度要求较高时，在 0 级平板上，利用指示表或杠杆指示表测量直线度，给指示表一定的压缩量，一般为 0.1mm，转动表盘，将表针调整到零线。沿直线方向移动看指示表的读数差值是否在直线度的要求范围之内，如图 5-68 所示。

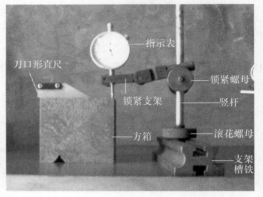

图 5-68　在 0 级平板上分别用刀口形直尺、指示表测量直线度

在 0 级平板上测量工件的平面度时，利用指示表采用 4 点测量法或 3 点测量法，或采用直线测量、交叉测量。给指示表一定的压缩量，一般为 0.1mm，然后转动表盘，将表针调整到零线。以 1 点为测量基点，读出数值记下，再测量第 2 点、3 点或 4 点的数值，一次记下数值，通过计算几点的差值，看是否超出形状公差。然后测量中间点 5，看是否出现凹凸现象，注意计算误差时减去平板误差和测量器具的误差，如图 5-69 所示。

测量倾斜表面和圆锥表面的直线度，如要求精度比较高时，可利用正弦规（100mm × 80mm）、杠杆指示表（0 ~ 0.2mm/0.001mm）或指示表进行测量。将工件放在正弦规上，测头接触工件表面，给指示表一定的压缩量，一般为 0.1mm，转动表盘，将指示表的表针调整到零线。沿直线方向移动看指示表的读数差值是否在直线度的要求范围之内，如图 5-70 所示。

图 5-69　在 0 级平板上用指示表测量平面度

正弦规使用时，将其放在平板上，一圆柱与平板接触，另一圆柱下垫以量块组，使正弦规的工作表面与平板间形成一角度，利用下式算出量块的数值即可。

$$H = L\sin\alpha$$

式中　H——量块组的尺寸；

　　　L——正弦规两圆柱的中心距；

　　　α——正弦规放置的角度，最好不大于 50°。

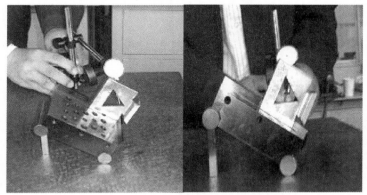

图 5-70 利用正弦规测量倾斜表面的直线度

任务四 检测多孔的同轴度、平行度误差

1. 任务内容

检测多孔的同轴度、平行度误差。

2. 任务准备

孔箱（孔径 ϕ20H7mm）3 件；游标卡尺（0 ~ 150/0.02mm）3 把；检验棒（ϕ20H7mm）3 根；外径千分尺（50 ~ 75mm/0.01mm）3 个；指示表（0 ~ 5mm /0.001mm）6 块；磁性表座 5 个；平板（800mm × 500mm，0 级）3 块；游标高度卡尺（0 ~ 300mm/0.02mm）6 个；等高垫铁（100mm）4 块。

3. 任务实施

用检验量棒检验箱体孔的同轴度。在实际生产中，成批检验时，用专用检验棒检验，如果检验棒能自由地推入几个孔中，表明孔的同轴度在公差范围内，该工件位置精度为合格。

用检验棒检验孔距和孔系轴线的平行度（图 5-71a），也可以不用检验棒，通过测量计算。

测量方法：用游标卡尺或千分尺测出检验棒两端的尺寸和检验棒本身的直径，L_1 和 L_2 相加除 2，然后减去检验棒 d_1 的直径加检验棒 d_2 的直径除 2，就是两孔的中心距离 A，即

$$A = \frac{L_1 + L_2}{2} - \frac{d_1 + d_2}{2}$$

例如：测得 $L_1 = 60$mm，测得 $L_2 = 60$mm

$$(60\text{mm} + 60\text{mm})/2 = 60\text{mm}$$

检验棒 d_1、d_2 的直径均等于 20mm

$$(20\text{mm} + 20\text{mm})/2 = 20\text{mm}$$

$$A = 60\text{mm} - 20\text{mm} = 40\text{mm}$$

测得 $L_1 = 60.015\text{mm}$，$L_2 = 60.010\text{mm}$，L_1 减去 L_2 就是两孔轴线的平行度误差，即

$$\text{平行度误差} = 60.015\text{mm} - 60.010\text{mm} = 0.005\text{mm}$$

在 0 级平板上用游标高度卡尺和指示表，测量轴线与基准面的尺寸误差和平行度（图 5-71b）。测量箱体基准面时，用等高垫铁支撑在平板上，将检验棒推入孔中，用游标高度卡尺测出检验棒两端的尺寸 h_1 和 h_2 除 2 是平均值，由于游标高度卡尺测量精度较低，可用指示表先测出两端的尺寸误差，然后减去检验棒的直径 d 除 2 是检验棒的中心轴线，再减去垫铁的高度 a 的距离就是轴线与基准面的距离 h，即

$$h = \frac{h_1 + h_2}{2} - \frac{d}{2} - a$$

例如：测得 $h_1 = 80\text{mm}$，$h_2 = 80\text{mm}$，检验棒的直径 $d = 20\text{mm}$，等高垫铁 $a = 10\text{mm}$

$$(80 + 80)\text{mm}/2 = 80\text{mm}$$
$$20\text{mm}/2 = 10\text{mm}$$
$$h = 80\text{mm} - 10\text{mm} - 10\text{mm} = 60\text{mm}$$

测得 h_1 的高度 80.021mm，h_2 的高度 80.015mm，h_1 减去 h_2 就是轴线与基准面的平行度误差，即

$$\text{平行度误差} = 80.021\text{mm} - 80.015\text{mm} = 0.006\text{mm}$$

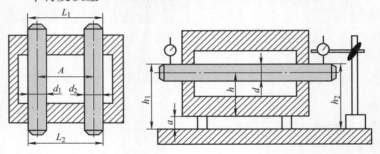

a) 检验棒检验孔距和孔系轴线的平行度   b) 检验轴线与基面的尺寸误差和平行度

图 5-71   检验多孔的同轴度、平行度误差

习　题

一、单选题

1. (　　) 为基准要素。

   A. 图样上规定用于确定被测要素的方向和位置的要素

   B. 具有几何学意义的要素

   C. 指中心点、线、面或回转表面的轴线

   D. 图样上给出位置公差的要求

2. 几何公差的基准符号中基准字母 (　　)。

   A. 按垂直方向书写　　　　　　　　B. 按水平方向书写

   C. 书写的方向应和基准符号的方向一致　D. 按任一方向书写均可

3. 几何公差带的形状取决于 (　　)。

   A. 公差项目　　　　　　　　　　　B. 该项目在图样上的标注

  C. 被测要素的理想形状   D. 被测要素的形状特征、公差项目及设计要求

4. （　　）为形状公差。

  A. 被测提取要素对其拟合要素的变动量

  B. 被测提取要素的位置对一具有确定位置的拟合要素的变动量

  C. 被测提取要素的形状所允许的最大变动量

  D. 关联被测提取要素对基准在位置上允许的变动量

5. 形状公差包括（　　）公差。

  A. 平面度   B. 垂直度   C. 全跳动   D. 圆跳动

6. 方向公差包括（　　）公差。

  A. 同心度   B. 平行度   C. 圆柱度   D. 圆跳动

7. 位置公差包括（　　）公差。

  A. 同轴度   B. 倾斜度   C. 圆柱度   D. 圆跳动

8. 测量径向圆跳动误差时，指示表测头应（　　），测量轴向圆跳动误差时，指示表测头应（　　）。

  A. 垂直于轴向   B. 平行于轴线   C. 倾斜于轴向   D. 与轴向重合

二、判断题

1. 规定几何公差的目的是为了限制几何误差，从而保证工件的使用性能和互换性。

                         （　　）

2. 由加工形成的在工件上实际存在的要素即为被测要素。   （　　）

3. 工件上对基准要素有功能关系并给出方向、位置或跳动公差要求的要素称为关联要素。   （　　）

4. 同轴度不适合用于被测要素是平面的要素。   （　　）

5. 公差框格在图样中可以随意绘制。   （　　）

6. 基准符号中，涂黑的和空白的基准三角形含义不同。   （　　）

7. 形状公差的公差带位置是固定的。   （　　）

8. 位置公差的公差带位置是浮动的。   （　　）

9. 形状公差是为了限制形状误差而设置的。   （　　）

10. 用指示表测量径向圆跳动误差时，指示表的最小差值即为该表面的径向圆跳动误差。   （　　）

三、填空题

1. 工件上实际存在的由无数个点组成的要素称为_____要素。

2. 被测要素可分为_____要素和_____要素两种。

3. 单一要素与工件上的其他要素_____功能关系，而关联要素与工件上的其他要素_____功能关系。

4. 国家标准规定，几何公差有_____公差、_____公差、_____公差和_____公差四种类型。

5. 无论基准符号的方向如何，基准字母都应_____书写。

四、简答题

1. 几何公差有哪些特征？它们的符号是什么？

2. 什么是形状公差？什么是方向公差？什么是位置公差？什么是跳动公差？

3. 什么是工件的几何要素？工件的几何要素可分为哪几类？

项目六　滚动轴承的公差及检测

第一部分　基础知识

一、滚动轴承的概述

滚动轴承是一种精密部件，内、外圈和滚动体具有较高的精度和较小的表面粗糙度。滚动轴承由内圈、外圈、滚动体和保持架（起隔开作用，减少滚动体间的摩擦）四部分组成，如图6-1所示。工作时滚动体在内、外圈的滚道上滚动，形成滚动摩擦。滚动轴承摩擦阻力小、轴向尺寸小、装卸方便，是机械制造业中应用极为广泛的一种标准件，种类繁多、型号复杂、规格各异。内圈与传动轴的轴颈配合为基孔制，外圈与外壳孔配合，为基轴制。配合的松紧程度由轴和轴承座孔的尺寸公差来保证。

深沟球轴承的选用、公差带及几何公差值的确定微课

轴承在机器中的作用是支撑转动的轴及轴上工件，并保持轴的正常工作位置和旋转精度。轴承是机器的重要组成部分。根据摩擦性质的不同，轴承分为滚动轴承和滑动轴承两大类。本项目仅介绍使用普遍的滚动轴承。

1. 滚动轴承结构

图6-2所示为向心滚动轴承的结构，由外圈、内圈、滚动体和保持架四部分组成。

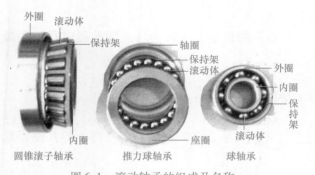

图6-1　滚动轴承的组成及名称

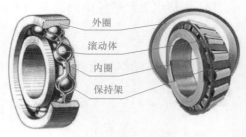

图6-2　向心滚动轴承

2. 滚动轴承分类

按承受负荷的方向分类，滚动轴承可分为推力球轴承（承受纯轴向负荷）、深沟球轴承（承受纯径向负荷）和角接触球轴承（同时承受径向和轴向负荷）。

轴向负荷：指沿轴线方向的负荷。

径向负荷：指垂直轴线方向的负荷。

按滚动体形状分类，滚动轴承可分为球轴承（滚动体为球）和滚子轴承（圆柱滚子轴承、滚针轴承、圆锥滚子轴承、调心滚子轴承）。

滚动轴承的工作性能与使用寿命，既取决于本身的制造精度，也与配合件即外壳孔、传动轴轴颈的尺寸精度、几何精度以及表面粗糙度等有关。

二、滚动轴承的公差

1. 滚动轴承的公差等级

滚动轴承的结构尺寸、公差等级和技术性能等产品特征与一般光滑圆柱的公差与配合要求有所不同。轴承按尺寸公差与旋转精度分级，公差等级依次由低到高排列，其中 0 级最低，2 级最高。

向心轴承（圆锥滚子轴承除外）分为 0、6、5、4、2 五级。

圆锥滚子轴承分为 0、6X、5、4、2 五级。

推力轴承分为 0、6、5、4 四级。

公称尺寸公差是轴承的内径、外径和宽度的加工精度，旋转精度是指内圈和外圈的径向圆跳动，内圈的轴向圆跳动、平行度，外圈表面对基准面的垂直度。

0 级为普通精度，在机器制造业中的应用最广。在轴承代号标注时，不予注出。它主要用于旋转精度、运动平稳性要求不高的机构中，如汽车、拖拉机变速箱、普通电动机、水泵等。

6（6X）级轴承（没有人工调整轴向游隙时应用）应用于旋转精度和运动平稳性要求较高或转速要求较高的旋转机构中，如普通机床主轴的后轴承和比较精密的仪器、仪表等的旋转机构中的轴承。圆锥滚子轴承有 6X 级而无 6 级。

5、4 级轴承应用于旋转精度和转速要求高的旋转机构中，如高精度的车床和磨床、精密丝杠车床和滚齿机等的主轴轴承。

2 级轴承应用于旋转精度和转速要求特别高的精密机械的旋转机构中，如精密坐标镗床和高精度齿轮磨床和数控机床的主轴等轴承。只有深沟球轴承有 2 级。

各类轴承都制造有 0 级精度的产品，高于 0 级的轴承，只制造其中若干个精度等级，选用高精度轴承时，相互配合的轴和外壳的孔加工精度也相应提高，如与 0、6（6X）级精度相配合轴，公差等级一般为 IT6，外壳孔一般为 IT7。轴颈和外壳孔的尺寸公差等级应与轴承的公差等级相协调，对于要求有较高的旋转精度的场合，要选择较高公差等级的轴承（如 5 级、4 级轴承），而与滚动轴承配合的轴颈和外壳孔也要选择较高的公差等级（一般轴颈可取 IT5，外壳孔可取 IT6），以使两者相协调。

0 级以外的其余各级统称高精度轴承，主要用于高线速度或高旋转精度的场合，这类精度的轴承在各种金属切削机床上应用较多，可参见表 6-1。

表 6-1　机床主轴轴承公差等级

轴承类型	精度等级	应用情况
深沟球轴承	4	高精度磨床、丝锥磨床、螺纹磨床、磨齿机、插齿机
角接触球轴承	5	精密镗床、内圆磨床、齿轮加工机床
	6	卧式车床、铣床
单列圆柱滚子轴承	4	精密丝杆车床、高精度车床、高精度外圆磨床
	5	精密车床、精密铣床、转塔车床、普通外圆磨床、多轴车床
	6	卧式车床、自动车床、铣床、立式车床
调心滚子轴承	6	精密车床及铣床的后轴承

（续）

轴承类型	精度等级	应用情况
圆锥滚子轴承	4	坐标镗床、磨齿机
	5	精密车床、精密铣床、镗床、精密转塔车床、滚齿机
	6X	铣床、车床
推力球轴承	6	一般精度车床

2. 滚动轴承内径、外径公差带及特点

国家标准对轴承内径（d）规定了两种公差：一种是 d（或 D）的最大值与最小值；另一种是轴承套圈任一横截面内量得的最大直径 $d_{实max}$（或 $D_{实max}$）与最小值 $d_{实min}$（或 $D_{实min}$）的平均值 d_m（或 D_m）的公差。

由于滚动轴承为标准部件，因此轴承内圈孔径与轴颈的配合应为基孔制，轴承外圈轴颈与外壳孔的配合应为基轴制。但这里的基孔制和基轴制与光滑圆柱结合又有所不同，是由滚动轴承配合的特殊需要所决定的。

1）轴承内圈通常与轴一起旋转，为防止内圈和轴颈的配合产生相对滑动而磨损，影响轴承的工作性能，因此要求配合面间隙具有一定的过盈，但过盈量不能太大。轴承内圈作为基准孔仍采用基本偏差为 H 的公差带，轴颈也选用光滑圆柱结合国家标准中的公差带，这样在配合时，无论选用过渡配合（过盈量偏小）或过盈配合（过盈量偏大）都不能满足轴承工作的需要。若轴颈采用非标准公差带，则违反了标准化与互换性原则。国家标准规定，内圈基准孔公差带位于以公称内径 d 为零线的下方，此规定与一般光滑圆柱中规定的基准孔不同，因而这种特殊的基准孔公差带比基孔制的各种轴公差带构成的配合紧。

2）轴承外圈因安装在外壳孔中，通常不旋转，考虑到工作时温度升高会使轴热胀而产生轴向移动，因此两端轴承中有一端应是游动支承的，这可使外圈与外壳孔的配合稍微松一些，使之能补偿轴的热胀伸长量，使轴不至于因弯曲而被卡住，影响正常运转（图 6-3a）。轴承外圈作为基准轴，国家标准规定轴承外圈的公差带位置位于公称外径 D 为零线的下方，与基本偏差为 h 的公差带相类似，但公差值不同。轴承外圈采取这样的基准轴公差带与基轴制配合的孔的公差带所组成的配合，基本上保持一致。滚动轴承内径与外径的公差带位置（图 6-3b）。

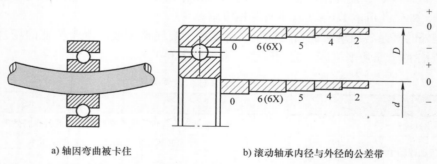

a) 轴因弯曲被卡住   b) 滚动轴承内径与外径的公差带

图 6-3　轴的受热膨胀及滚动轴承内径与外径的公差带

三、滚动轴承配合选择的基本原则

正确地选择配合，与保证滚动轴承的正常运转，延长其使用寿命关系密切。为了使滚动轴承具有较高的定心精度，一般在选择轴承两个套圈的配合时都偏向紧密。但要防止太紧，因为内圈的弹性胀大和外圈的收缩会使轴承内部间隙减小，甚至完全消除并产生过盈，不仅影响正常运转，还会使套圈材料产生较大的应力，以致轴承的使用寿命降低。

在选择轴承配合时，主要是以滚动轴承的种类、工作条件（工作温度、旋转精度、运行平稳）、尺寸大小、滚动轴承套圈承受负荷的类型、轴承的游隙等因素为依据。轴承外形尺寸和公差符合国家标准，轴为实心或厚壁管的钢制轴，轴承座为钢或铸铁件。

作用在轴承套圈上的径向负荷一般是由定向负荷和旋转负荷合成的。根据轴承套圈所承受的负荷具体情况不同，可从以下九个方面考虑：

1. 运转条件

套圈相对于载荷方向旋转或摆动时，应选择过盈配合；套圈相对于载荷方向固定时，可选择间隙配合，见表6-2。载荷方向难以确定时，宜选择过盈配合。

表6-2　套圈运转及承载情况

套圈运转情况	典型示例	示意图	套圈承载情况	推荐的配合
内圈旋转 外圈静止 载荷方向恒定	传动带驱动轴		内圈承受旋转载荷 外圈承受静止载荷	内圈过盈配合 外圈间隙配合
内圈静止 外圈旋转 载荷方向恒定	传送带托辊 汽车轮毂轴承		内圈承受静止载荷 外圈承受旋转载荷	内圈间隙配合 外圈过盈配合
内圈旋转 外圈静止 载荷随内圈旋转	离心机、振动筛、振动机械		内圈承受静止载荷 外圈承受旋转载荷	内圈间隙配合 外圈过盈配合
内圈静止 外圈旋转 载荷随外圈旋转	回转式破碎机		内圈承受旋转载荷 外圈承受静止载荷	内圈过盈配合 外圈间隙配合

（1）固定负荷　轴承在其运转时，作用在轴承套圈上的合成径向负荷相对静止，即合成径向负荷始终不变地作用在套圈滚道的某一局部区域上，则该套圈承受着固定负荷。图6-4a中的外圈和图6-4b中的内圈，它们均受到一个定向的径向负荷 F_r 作用。其特点是只有套圈的局部滚道受到负荷的作用。

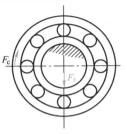
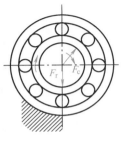

a)定向负荷、内圈转动　　　b)定向负荷、外圈转动　　　c)旋转负荷、内圈转动　　　d)旋转负荷、外圈转动

图6-4　轴承套圈与负荷方向的关系

套圈相对于负荷方向旋转是指旋转负荷（如旋转工件上的惯性离心力）依次作用在套圈的整个滚道上。图6-4a所示旋转的内圈和图6-4b所示旋转的外圈，受到方向旋转变化的

F_c 的作用。减速器转轴两端轴承内圈就是旋转负荷的典型例子。此时套圈相对于负荷方向旋转的受力特点是负荷呈周期作用，套圈滚道产生均匀磨损。

（2）旋转负荷 轴承运转时，作用在轴承套圈上的合成径向负荷与套圈相对旋转，顺次作用在套圈的整个轨道上，则该套圈承受旋转负荷。图 6-4c 中的内圈和图 6-4d 中的外圈，都承受旋转负荷。其特点是套圈的整个圆周滚道顺次受到负荷的作用。

（3）摆动负荷 轴承运转时，作用在轴承上的合成径向负荷在套圈滚道的一定区域内相对摆动，则该套圈承受摆动负荷。如图 6-5 所示，轴承套圈同时受到定向负荷和旋转负荷的作用，两者的合成负荷将由小到大，再由大到小地周期性变化。当 $F_r > F_c$ 时，合成负荷在轴承下方 AB 区域内摆动，不旋转的套圈承受摆动负荷，旋转的套圈承受旋转负荷，如图 6-5 所示。

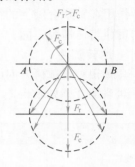

图 6-5 摆动负荷变化的区域

由以上分析可知，套圈相对于负荷方向的状态不同（静止、旋转、摆动），负荷作用的性质亦不相同。相对静止状态呈局部负荷作用；相对旋转状态呈循环负荷作用；相对摆动状态则呈摆动负荷作用。一般来说，受循环负荷作用的套圈与轴颈（或外壳孔）的配合应选得较紧一些；而承受局部负荷作用的套圈外壳孔（或轴颈）的配合应选得松一些（既可使轴承避免局部磨损，又可使装配拆卸方便）；而承受摆动负荷的套圈与承受循环负荷作用的套圈在配合要求上可选得相同或选得稍松一点。

2. 载荷的大小

载荷越大，选择的配合过盈量应越大。当承受冲击载荷或重载荷时，一般应选择比正常、轻载荷时更紧的配合。对向心轴承，载荷的大小用径向当量动载荷 P_r 与径向额定动载荷 C_r 的比值区分，向心轴承载荷大小见表 6-3。

表 6-3 向心轴承载荷大小

载荷大小	P_r/C_r
轻载荷	≤0.06
正常载荷	>0.06 ~ 0.12
重载荷	>0.12

3. 轴承尺寸

随着轴承尺寸的增大，选择的过盈配合过盈量应越大或间隙配合间隙量应越大。但对于重型机械上使用的特别大尺寸的轴承，应采用较松的配合，以方便拆卸。

4. 轴承游隙

采用过盈配合会导致轴承游隙减小，应检查安装后轴承的游隙是否满足使用要求，以便正确选择配合及轴承游隙。

滚动体与内外圈之间的游隙分为径向游隙 δ_1 和轴向游隙 δ_2，如图 6-6 所示。游隙过大，会引起转轴较大的径向跳动和轴向窜动，产生较大的振动和噪声；而游隙过小，尤其是轴承与轴颈或外壳孔采用过盈配合时，则会使轴承滚动体与套圈产生较大的接触应力，引起轴承的摩擦发热，使寿命降低。因此轴承游隙的大小应适度，轴承的径向游隙的大小通常作为轴承旋转精度高低的一项重要指标。轴承的径向游隙按国标规定，分为第 1 组、第 2 组、基本组（即 0 组）、第 3 组、第 4 组、第 5 组。游隙的大小依次由小到大。代号示例：6203/C2

（第二组游隙）。

5. 工作温度

轴承在运转时，其温度通常要比相邻工件的温度高，造成轴承内圈与轴的配合变松，外圈可能因为膨胀与外壳孔的配合将会变紧，而影响轴承在轴承座中的轴向移动。因此，应考虑轴承与轴和轴承座的温差和热传导。

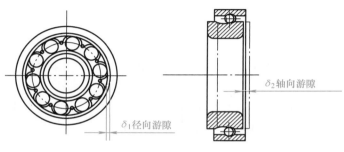

图 6-6　滚动轴承的游隙

当轴承工作温度高于 100℃ 时，选择轴承的配合时必须考虑温度的影响。应对所选用的配合适当修正（减小外圈与外壳孔的过盈，增加内圈与轴颈的过盈）。

6. 旋转精度

对旋转精度和运转平稳性有较高要求的场合，一般不采用间隙配合，但也不宜太紧。在提高轴承公差等级的同时，轴承配合部分也应相应提高精度。与 0、6（6X）级轴承配合的轴，其尺寸公差等级一般为 IT6，轴承座孔一般为 IT7。轴承的旋转速度越高，应选用越紧的配合。

7. 轴和轴承座的结构和材料

对于剖分式轴承座，外圈不宜采用过盈配合。当轴承用于空心轴或者薄壁、轻合金轴承座时，应采用比实心轴或厚壁钢或铸铁轴承座更紧的过盈配合。

8. 安装和拆卸

间隙配合更易于轴承的安装与拆卸。对于要求采用过盈配合且便于安装和拆卸的应用场合，可采用可分离轴承或锥孔轴承。

9. 游动端轴承的轴向移动

当以不可分离轴承作为游动支承时，应以相对于载荷方向固定的套圈作为游动套圈，选择间隙或过渡配合。

选择轴承和外壳孔公差等级时应与轴承公差等级协调。如 0 级轴承配合轴颈一般为 IT6，外壳孔则为 IT7；对旋转精度和运动平稳性有较高要求的场合（如电动机），轴颈为 IT5 时，外壳孔则为 IT6。

滚动轴承配合件就是与滚动轴承内圈孔相配合的传动轴轴颈和与外圈轴相配合的箱体外壳孔。轴承的精度决定与之相配合的轴、外壳孔的公差等级。对旋转精度和运转平稳性有较高要求的场合，轴承公差等级及与之配合的零部件精度都应相应提高。

四、轴承与轴和轴承座孔配合的常用公差带

滚动轴承是标准部件，由于轴承内圈的孔径和外圈的轴颈公差带在制造时已经确定，它们分别与轴颈、外壳孔配合，要由轴颈和外壳孔的公差带决定。故选择轴承的配合也就是确定轴颈和外壳孔的公差带。国家标准 GB/T 275—2015《滚动轴承　配合》所规定的轴承与轴和轴承座孔配合的常用公差带如图 6-7、图 6-8 所示。

五、轴与轴承座孔公差带的选择

轴与轴承座孔的配合与一般光滑圆柱中基轴制的同名配合相比较，虽然尺寸公差有所不同，但配合性质基本相同。向心轴承和轴的配合——轴公差带，按表 6-4 选择；向心轴承和轴承座孔的配合——孔公差带，按表 6-5 选择；推力轴承和轴的配合——轴公差带，按表 6-6 选择；推力轴承和轴承座孔的配合——孔公差带，按表 6-7 选择。

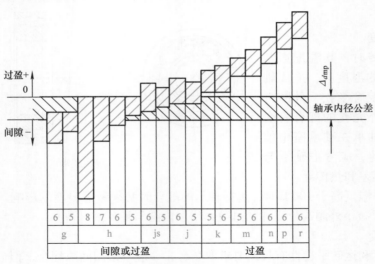

图 6-7　0 级公差轴承与轴配合的常用公差带关系

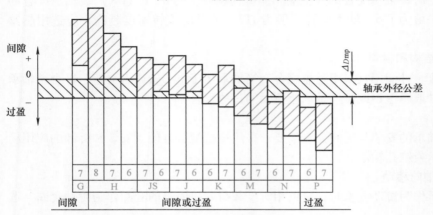

图 6-8　0 级公差轴承与轴承座孔配合常用公差带关系

轴承基准制配合动画

表 6-4　向心轴承和轴的配合——轴公差带

圆柱孔轴承				
载荷情况	举例	深沟球轴承、调心球轴承和角接触球轴承	圆柱滚子轴承和圆锥滚子轴承	调心滚子轴承	公差带
		轴承公称内径/mm			
轻载荷　输送机、轻载荷齿轮箱	≤18	—	—	h5
	>18~100	≤40	≤40	j6①
	>100~200	>40~140	>40~100	k6①
	—	>140~200	>100~200	m6①
内圈承受旋转载荷或方向不定载荷	正常载荷　一般通用机械、电动机、泵、内燃机、正齿轮传动装置	≤18	—	—	j5 js5
	>18~100	≤40	≤40	k5②
	>100~140	>40~100	>40~65	m5②
	>140~200	>100~140	>65~100	m6
	>200~280	>140~200	>100~140	n6
	—	>200~400	>140~280	p6
	—	—	>280~500	r6
重载荷　铁路机车车辆轴箱、牵引电机、破碎机等	—	>50~140	>50~100	n6③
	—	>140~200	>100~140	p6③
	—	>200	>140~200	r6③
	—	—	>200	r7③

注：表格中"载荷情况"列中"内圈承受旋转载荷或方向不定载荷"为跨行合并，包含轻载荷、正常载荷、重载荷三种情况。

（续）

圆柱孔轴承						
载荷情况		举例	深沟球轴承、调心球轴承和角接触球轴承	圆柱滚子轴承和圆锥滚子轴承	调心滚子轴承	公差带
			轴承公称内径/mm			
内圈承受固定载荷	所有载荷	内圈需在轴向易移动	非旋转轴上的各种轮子	所有尺寸		f6 g6
		内圈不需在轴向易移动	张紧轮、绳轮			h6 j6
仅有轴向载荷			所有尺寸			j6、js6
圆锥孔轴承						
所有载荷		铁路机车车辆轴箱	装在退卸套上	所有尺寸		h8（IT6）[4][5]
		一般机械传动	装在紧定套上	所有尺寸		h9（IT7）[4][5]

① 凡精度要求较高的场合，应用 j5、k5、m5 代替 j6、k6、m6。
② 圆锥滚子轴承、角接触球轴承配合对游隙影响不大，可用 k6、m6 代替 k5、m5。
③ 重载荷下，轴承游隙应选大于 N 组。
④ 凡精度要求较高或转速要求较高的场合，应选用 h7（IT5）代替 h8（IT6）等。
⑤ IT6、IT7 表示圆柱度公差数值。

表 6-5　向心轴承和轴承座孔的配合——孔公差带

载荷情况		举例	其他情况	公差带[1]	
				球轴承	滚子轴承
外圈承受固定载荷	轻、正常、重	一般机械、铁路机车车辆轴箱	轴向易移动、可采用剖分式轴承座	H7、G7[2]	
	冲击		轴向能移动、可采用整体或剖分式轴承座	J7、JS7	
方向不定载荷	轻、正常	电动机、泵、曲轴主轴承			
	正常、重			K7	
	重、冲击	牵引电动机		M7	
外圈承受旋转载荷	轻	传动带张紧轮	轴向不移动、采用整体式轴承座	J7	K7
	正常	轮毂轴承		M7	N7
	重			—	N7、P7

① 并列公差带随尺寸的增大从左至右选择。对旋转精度有较高要求时，可相应提高一个公差等级。
② 不适用于剖分式轴承。

表 6-6　推力轴承和轴的配合——轴公差带

载荷情况		轴承类型	轴承公称内径/mm	公差带
仅有轴向载荷		推力球和推力圆柱滚子轴承	所有尺寸	j6、js6
径向和轴向联合负荷	轴圈承受固定载荷	推力调心滚子轴承、推力角接触球轴承、推力圆锥滚子轴承	≤250	j6
			>250	js6
	轴圈承受旋转载荷或方向不定载荷		≤200	k6[1]
			>200 ~ 400	m6
			>400	n6

① 要求较小过盈时，可分别用 j6、k6、m6 代替 k6、m6、n6。

表 6-7　推力轴承和轴承座孔的配合——孔公差带

载荷情况		轴承类型	公差带
仅有轴向载荷		推力球轴承	H8
		推力圆柱、圆锥滚子轴承	H7
		推力调心滚子轴承	—①
径向和轴向联合载荷	座圈承受固定载荷	推力角接触球轴承、推力调心滚子轴承、推力圆锥滚子轴承	H7
	座圈承受旋转载荷或方向不定载荷		K7②
			M7③

① 轴承座孔与座圈间的配合间隙为 $0.001D$（D 为轴承公称外径）。

② 一般工作条件。

③ 有较大径向载荷时。

对于滚针轴承，外壳孔材料为钢或铸铁时，尺寸公差带可选用 N5（或 N6），为轻合金时选用 N5（或 N6）略松的公差带。轴颈尺寸公差带有内圈时选用 k5（或 j6），无内圈时选用 h5（或 h6）。

六、配合表面几何公差和表面粗糙度

正确选择轴和轴承座孔的公差等级及其配合的同时，对配合表面及端面的表面粗糙度也要提出要求，才能保证轴承的正常运转。

1. 滚动轴承

国标规定了与轴承配合的轴与轴承座孔表面的圆柱度公差、轴肩及轴承座孔的轴向圆跳动公差，其几何公差值见表 6-8。

表 6-8　轴和轴承座孔的几何公差

公称尺寸/mm		圆柱度 $t/\mu m$				轴向圆跳动 $t_1/\mu m$			
		轴颈		轴承座孔		轴肩		轴承座孔肩	
		轴承公差等级							
>	≤	0	6 (6X)	0	6 (6X)	0	6 (6X)	0	6 (6X)
—	6	2.5	1.5	4	2.5	5	3	8	5
6	10	2.5	1.5	4	2.5	6	4	10	6
10	18	3	2	5	3	8	5	12	8
18	30	4	2.5	6	4	10	6	15	10
30	50	4	2.5	7	4	12	8	20	12
50	80	5	3	8	5	15	10	25	15
80	120	6	4	10	6	15	10	25	15
120	180	8	5	12	8	20	12	30	20
180	250	10	7	14	10	20	12	30	20

2. 配合表面及端面的表面粗糙度要求

表面粗糙度的大小不仅影响配合的性质，还会影响联接强度，因此，与轴承内、外圈配合的表面通常都对表面粗糙度提出了较高的要求，轴径和轴承座孔配合表面的表面粗糙度要求按表 6-9 的规定。

表6-9 配合表面及端面的表面粗糙度

轴或轴承座孔直径/mm		轴或轴承座孔配合表面直径公差等级					
		IT7		IT6		IT5	
		表面粗糙度参数 Ra/μm					
>	≤	磨	车	磨	车	磨	车
—	80	1.6	3.2	0.8	1.6	0.4	0.8
80	500	1.6	3.2	1.6	3.2	0.8	1.6
500	1250	3.2	6.3	1.6	3.2	1.6	3.2
端面		3.2	6.3	3.2	6.3	1.6	3.2

第二部分 测量技能实训

任务一 深沟球轴承的选用、公差带及几何公差的确定

1. 任务内容

CA6140A 机床主轴箱的 1 轴转速为 819r/min，使用的轴承为深沟球轴承 6111，查轴承手册表内径 d 为 55mm，外径 D 为 90mm，宽度为 18mm（6 代表深沟球轴承，1 代表宽度，11 代表内径，公称内径用除以 5 的商数表示，所以 $d = 11\text{mm} \times 5 = 55\text{mm}$）。确定轴和轴承座孔的公差代号及尺寸的极限偏差、几何公差值和表面粗糙度参数值，并标注在零件图上。

2. 任务分析

1）轴的转速不高，旋转精度、运动平稳性要求不高，1 轴属于一般机械，轻载荷，选用 p0 级轴承。

2）轴承承受定向载荷的作用，轴承内圈和轴一起旋转，外圈安装在主轴箱壳体中不旋转，内圈相对于载荷方向旋转，它与轴颈的配合应较紧；外圈相对于载荷方向静止，它与轴承座孔的配合应较松。

3）按轴承的工作条件，应属于轻载荷类型。

3. 任务实施

1）依据轴承的工作条件从表6-4中选取轴的公差带为 $\phi55j6$，基孔制配合，从表6-5中选取轴承座孔的公差带为 $\phi90G7$，基轴制配合。

2）按表6-8选取几何公差值轴圆柱度公差值 p0 级 0.005mm，轴肩轴向圆跳动公差值 0.015mm，轴承座孔圆柱度公差值 0.01mm，轴承座孔肩轴向圆跳动公差值 0.025mm。

3）按表 6-9 选取轴和轴承座孔的表面粗糙度参数值，轴 IT6 磨 $Ra0.8$μm，车 $Ra1.6$μm，端面磨 $Ra3.2$μm，车 $Ra6.3$μm；轴承座孔 IT7 磨 $Ra1.6$μm，车 $Ra3.2$μm，孔端面磨 $Ra3.2$μm，车 $Ra6.3$μm（以磨为例）。

4）查附录 B 确定轴的上偏差和下偏差为 $\phi55j6$（$^{+0.012}_{-0.007}$），查附录 A 确定轴承座孔的上偏差和下偏差为 $\phi99G7$（$^{+0.047}_{+0.012}$）。

5）将确定好的公差标注在零件图上，如图6-9、图6-10所示。

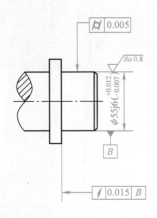

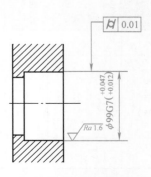

图 6-9　轴颈的公差在图样上的标注　　　　图 6-10　孔的公差在图样上的标注

任务二　推力球轴承的选用、公差带及几何公差的确定

1. 任务内容

CA6140A 机床尾座丝杠上使用的轴承为 5205 推力球轴承，查轴承手册表轴圈内径 d 为 25mm，座圈外径 D 为 47mm，宽度为 15mm（5 代表推力球轴承，2 代表宽度，05 代表内径，公称内径用除以 5 的商数表示，所以 $d = 5mm \times 5 = 25mm$）。确定轴和轴承座孔的公差代号及尺寸的极限偏差，几何公差值和表面粗糙度的参数值，并标注在零件图上。

2. 任务分析

1）丝杠轴为手摇，转速约为 20r/min，转速不高，属于一般机械，轻载荷，选用 p0 级轴承。

2）推力轴承仅有轴向载荷的作用，轴承轴圈和丝杠轴一起旋转，座圈安装在尾座壳体中不旋转，轴圈相对于载荷方向旋转，它与轴颈的配合应较紧；座圈仅有轴向载荷，相对于载荷方向静止，它与轴承座孔的配合应较松。

3）按轴承的工作条件，应属于轻载荷类型。

3. 任务实施

1）依据轴承的工作条件从表 6-6 中选取轴的公差带为 $\phi 25j6$，基孔制配合，从表 6-7 中选取轴承座孔的公差带为 $\phi 47H8$，基轴制配合。

2）按表 6-8 选取几何公差值轴圆柱度公差值 p0 级 0.004mm，轴肩轴向圆跳动公差值 0.01mm，轴承座孔圆柱度公差值 0.007mm，轴承座孔肩轴向圆跳动公差值 0.02mm。

3）按表 6-9 选取轴和轴承座孔的表面粗糙度参数值，轴 IT6 磨 $Ra0.8\mu m$，车 $Ra1.6\mu m$，端面磨 $Ra3.2\mu m$，车 $Ra6.3\mu m$；轴承座孔 IT7 磨 $Ra1.6\mu m$，车 $Ra3.2\mu m$，孔端面磨 $Ra3.2\mu m$，车 $Ra6.3\mu m$（以磨为例）。

4）查附录 B 确定轴的上极限偏差和下极限偏差为 $\phi 25j6$ $\left(\begin{smallmatrix} +0.009 \\ -0.004 \end{smallmatrix}\right)$，查附录 A 确定轴承座孔的上极限偏差和下极限偏差为 $\phi 47H8$ $\left(\begin{smallmatrix} +0.039 \\ 0 \end{smallmatrix}\right)$。

5）将确定好的公差标注在零件图上，如图 6-11、图 6-12 所示。

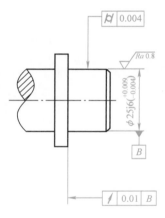

图 6-11　轴颈的公差在图样上的标注

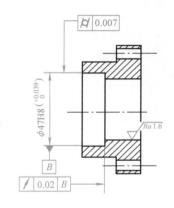

图 6-12　孔的公差在图样上的标注

习　题

一、判断题

1. 轴承的旋转速度愈高，应选用愈紧的配合。　　　　　　　　　　　　（　　　）
2. 滚动轴承内圈与基本偏差为 g 的轴形成间隙配合。　　　　　　　　（　　　）
3. 滚动轴承内圈与轴的配合，采用间隙配合。　　　　　　　　　　　（　　　）
4. 滚动轴承内圈与轴一般采用小过盈配合。　　　　　　　　　　　　（　　　）
5. 滚动轴承是标准件，因此轴承内径与轴颈的配合应为基轴制，轴承外径与外壳孔的
   配合应为基孔制。　　　　　　　　　　　　　　　　　　　　　（　　　）
6. 对于某些经常拆卸、更换的滚动轴承，应采用较松的配合。　　　　（　　　）
7. 对于某些经常拆卸、更换的滚动轴承，应采用较紧的配合。　　　　（　　　）

二、填空题

1. 轴承按摩擦性质不同，可分为_____轴承和_____轴承两大类。
2. 滚动轴承主要由_____、_____和_____等组成。
3. 滚动轴承按承受载荷的方向不同，分为_____轴承、_____轴承和_____轴
   承三大类。
4. 由于滚动轴承为标准部件，因此轴承内圈孔径与轴颈的配合应为_____制，轴承
   外圈轴颈与外壳孔的配合应为_____制。
5. 选择轴承配合时，主要是以_____、_____、_____、_____和_____
   等因素为依据。

三、简答题

1. 滚动轴承的公差等级有几级？其代号是什么？用得最多的是哪些级？
2. 滚动轴承承受载荷方向的状态与选择配合有何关系？

项目七 表面粗糙度及检测

第一部分 基 础 知 识

一、表面粗糙度的概念

表面粗糙度是指加工表面上具有的较小间距的峰、谷组成的微观几何形状误差。粗加工表面，用眼睛直接就可以看出加工痕迹；精加工表面，看上去光滑平整，但用放大镜或仪器观察，仍然可以看到错综交叉的高低不平的加工痕迹。表面粗糙度反映的是工件被加工表面的微观几何误差。这种较小间距和微小峰谷形成的微观几何形状特性称为表面粗糙度。

表面粗糙度符号表示法、
表面粗糙度在图样上的标注方法微课

表面粗糙度值越小，工件表面越光洁。它直接影响产品的表面质量和使用性能。控制表面粗糙度可以提高产品质量，保证产品的性能和延长产品的使用寿命。因此，工件的表面粗糙度同尺寸公差、几何公差一样是一项控制工件质量的重要指标。

影响工件加工表面粗糙度的因素很多，主要是加工方法、机床精度、工件材料、夹具精度和刚度。在加工过程中刀具的几何参数和工件表面间的摩擦、切屑分离时表面金属层的塑性变形及工艺系统中的高频振动等原因都会影响工件的表面粗糙度。

表面粗糙度不同于几何误差，主要是由机床精度方面的误差引起的表面宏观几何形状误差。

表面波纹度是在加工过程中由机床-刀具-工件系统的振动、发热和运动不平衡等因素引起的，介于宏观和微观几何形状误差之间。

二、表面粗糙度对工件使用性能的影响

1. 表面粗糙度对摩擦和磨损的影响

表面粗糙度与宏观几何形状误差和表面波纹度的区别，通常按波形起伏间距 λ 和波高 h 的比值来划分，一般 λ/h 比值小于40为表面粗糙度；比值大于1000为几何误差，介于两者之间时为表面波纹度。

工件表面粗糙度不仅影响美观，而且对两个表面做相对运动时的摩擦、磨损等都有影响。当两个工件相互接触时，实际上只是两个工件表面的一些凸峰相互接触，实际接触面积比理论接触面积要小得多，从而使单位面积上承受的压力很大。当应力超过材料的屈服强度时，就会使凸峰部分产生塑性变形，甚至被折断，因接触面的滑移而迅速磨损。随着接触面积的增大，单位面积上的压力减小，磨损减慢。表面越粗糙，其摩擦系数、摩擦阻力越大，磨损也越快。不是说表面粗糙度值越小越好。必须确定一个合理的表面粗糙度值。实验证明，最佳的表面粗糙度值为 $Ra0.3 \sim 1.2\mu m$。

2. 表面粗糙度对配合性质的稳定性影响

工件表面的粗糙度对各类配合均有较大的影响。对于间隙配合，两个工件粗糙表面的峰尖会因工件在相对运动时的迅速磨损，造成间隙增大，影响配合性质；对于过盈配合，在装配时表面上微观凸峰极易被挤平，产生塑性变形，使装配后的实际有效过盈减小，降低联接强度。对过渡配合，在使用和拆装过程中发生磨损，使配合变得松动，降低了定位精度和导向精度。

3. 表面粗糙度对疲劳强度的影响

承受交变载荷作用的工件失效多数是由于表面产生疲劳裂纹造成的。疲劳裂纹主要是由表面微观峰谷的波谷所造成的应力集中引起的。工件表面越粗糙，波谷越深，应力集中就越严重。因此，表面粗糙度影响工件的抗疲劳强度。

4. 表面粗糙度对耐蚀性的影响

粗糙表面的微观凹谷处易存积腐蚀性物质，这些腐蚀性物质会渗入到金属内层，造成表面锈蚀。同时表面粗糙度对工件接合面的密封性能、外观质量和表面涂层的质量等都有很大的影响。

5. 表面粗糙度对接触刚度的影响

表面越粗糙，表面间的实际接触面积就越小，单位面积受力就越大，使峰顶处的局部塑性变形加大，接触刚度降低，从而影响机器的工作精度和平稳性。

在设计工件时提出表面粗糙度的要求，是几何精度设计中不可缺少的一个方面。工件完工后，只有同时满足尺寸公差、几何公差、表面粗糙度的要求，才能保证工件的互换性。

为保证工件的使用性能和寿命，应对工件的表面粗糙度进行合理规定，保证机械工件的使用性能。

三、评定表面结构的主要参数

国家标准规定，表面粗糙度的评定参数包括高度参数和附加参数。高度参数为主要参数，其中，当高度参数已不能对工件表面功能给予足够的控制时，就应加选附加参数。

为了定量地评定表面粗糙度，必须用参数及其数值来表示表面粗糙度的特征。标准规定，表面结构要求的评定参数有：R 轮廓（粗糙度参数）、W 轮廓（波纹度参数）、P 轮廓（原始轮廓参数）。其中，轮廓的算术平均偏差 Ra 和轮廓的最大高度 Rz 最为常见。GB/T 3505—2009《产品几何技术规范（GPS）表面结构　轮廓法　术语、定义及表面结构参数》中规定，将轮廓最大高度 Ry 改为 Rz，将轮廓单元的平均宽度参数代号 S_m 改为 Rsm。

1. 轮廓的算术平均偏差 Ra

轮廓的算术平均偏差 Ra 是指在取样长度 l 内，被测轮廓上各点至轮廓中线偏距绝对值的算术平均值，如图 7-1 所示。

其表达式为

$$Ra = \frac{1}{n}(Y_1 + Y_2 + \cdots + Y_n)$$

式中，Y_1，Y_2，$\cdots$，Y_n，分别为轮廓线上各点的轮廓偏距，即各点到轮廓中线的距离。

Ra 参数能充分反映表面微观几何形状高度方面的特性，由于 Ra 反应轮廓的全面情况，又便于计算，可实现仪器自动测量，因而标准推荐优先选用 Ra。因此，各国均以 Ra 作为表面粗糙度的主要评定参数，美国标准则只用 Ra 一种参数作为评定参数，日本标准中用 Ra、Rz、Ry 作评定参数。

2. 轮廓最大高度 Rz

轮廓的最大高度是指在一个取样长度 lr 内，最大轮廓峰高与最大轮廓谷深之和。最大

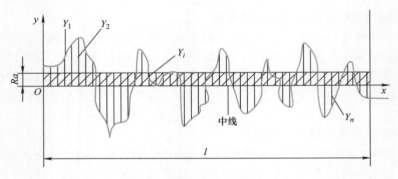

图7-1 轮廓算术平均偏差 Ra

轮廓峰高用符号 Zp 表示，最大轮廓谷深用符号 Zv 表示（最大轮廓峰高 Zp，图 7-2 中 $Zp = Zp_6$；最大轮廓谷深 Zv，图 7-2 中 $Zv = Zv_2$）。

Rz 常用于不允许有较深加工痕迹的表面，如受交变应力的表面，或因表面很小不宜采用 Ra、Ry 评定的表面。其表达式为

$$Rz = Zp + Zv$$

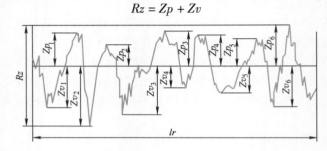

图7-2 表面粗糙度的轮廓最大高度 Rz

💡 **注意** 对同一表面，只标注 Ra 和 Rz 中的一个，切勿同时把两者都标注。

在评定参数中，Ra 参数最常用，因为它比较全面、客观地反映了工件表面微观几何特征。一般情况下，选用 Ra（或 Rz）控制表面粗糙度即可满足要求。常用表面粗糙度值见表7-1。

表7-1 常用表面粗糙度值 （单位：μm）

	轮廓的算术平均偏差 Ra 的数值			
	0.012	0.4	12.5	
	0.025	0.8	25	
Ra	0.05	1.6	50	
	0.1	3.2	100	
	0.2	6.3		
	轮廓的最大高度 Rz 的数值			
	0.025	0.4	6.3	100	1600
	0.05	0.8	12.5	200	
Rz	0.1	1.6	25	400	
	0.2	3.2	50	800	

3. 附加参数——间距特征、形状特征参数

1）轮廓单元的平均宽度 Rsm 轮廓单元是指一个轮廓峰和一个轮廓谷的组合。轮廓单元的平均宽度是指在一个取样长度 l 内轮廓单元宽度 Xs 的平均值，如图 7-3 所示。

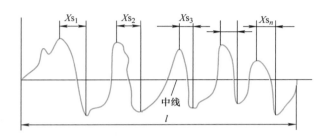

图 7-3 一个轮廓峰和一个轮廓谷的轮廓

其表达式为

$$Rsm = \frac{1}{n} \left(Xs_1 + Xs_2 + \cdots + Xs_n \right)$$

2）轮廓支承长度率。给定水平截面高度 c 上轮廓的实体材料长度 Ml（c）与评定长度的比率，如图 7-4 所示。

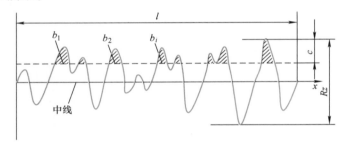

图 7-4 轮廓支承长度率的确定

轮廓的实体材料长度 Ml（c）是指评定长度内，一平行于 x 轴的直线从峰顶向下移一水平截距 c 时，与轮廓相截所得各截线长度 b_i 之和，即

$$Ml（c） = b_1 + b_2 + \cdots + b_i$$

Ml（c）值是对应于不同水平截距而给出的，水平截距是从峰顶线开始计算的，它可用 μm 或 Rz 的百分数表示，标准规定 c 值为 Rz 的百分数系列如下：5、10、15、20、25、30、40、50、60、70、80、90。例如：Rz 值为 $10\mu m$，选定百分数为 20，那么 c 的值为 $10\mu m \times 20\% = 2\mu m$。

给出 Rz 参数时，必须同时给出轮廓水平截距 c。

轮廓支承长度率能反映工件表面的耐磨性，且比较直观。一般情况下，Rz 的值越大，在长度不变的情况下，轮廓相截的截线长度 b 越大，表明工件表面支承能力和耐磨性能越好，工件表面凸起的实体部分越大，承载面积就越大，接触刚度就越高。

四、表面结构的表示方法

1. 表面结构的图形符号

国家标准规定，表面结构图形符号及说明见表 7-2。

表 7-2　表面结构图形符号及说明

符号	说明
√	基本图形符号，表示表面可用任何方法获得，当不加注粗糙度参数值或有关说明（例：表面热处理、局部热处理状况）时，仅适用于简化代号标注
▽	在基本图形符号上加一短横，表示指定表面是用去除材料的方法获得，例如：车、铣、钻、磨、剪切、抛光、腐蚀、电火花加工等
√	在基本符号上加一个圆圈，表示指定表面是用不去除材料的方法获得，例铸、锻、冲压、热轧、粉末冶金等，或者是用于保持原供应状况的表面（包括保持上道工序的状况）
√₁ ▽₂ √₃	在上述三个符号上加一横线，用于标注有关参数和说明。在报告和合同的文本中用文字表达，用 APA 表示符号 1，用 MRR 表示符号 2，用 NMR 表示符号 3
√ ▽ √	在上述三个符号上均可加一小圆，表示图样某个视图上构成封闭轮廓的各表面具有相同的表面结构要求

2. 表面结构的文字表达方法

在报告和合同的文本中表面结构符号用文字表达的方法如图 7-5 所示。

3. 表面结构完整的图形符号

在表面粗糙度符号周围，注出表面结构度参数、数值和补充要求后组成了表面结构完整的图形符号。补充要求的注写位置如图 7-6 所示。

图 7-5　文字表达的方法　　　　　表面粗糙度符号注写位置动画

图形符号的书写比例和尺寸如图 7-7 所示。

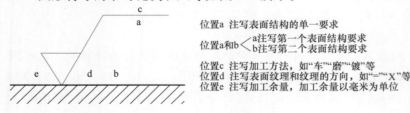

位置a 注写表面结构的单一要求

位置a和b〈a注写第一个表面结构要求　b注写第二个表面结构要求

位置c 注写加工方法，如"车""磨""镀"等
位置d 注写表面纹理和纹理的方向，如"="'X"等
位置e 注写加工余量，加工余量以毫米为单位

图 7-6　补充要求的注写位置　　　　　图 7-7　图形符号的书写比例

五、极限值判断规则的标注

完工后工件的表面按检验规范测得轮廓参数值后，需与图上给定的极限值比较，以判断其是否合格。极限值判断规则有两种：

1. 16% 规则

运用本规则时，表示参数的实测值中允许少于总数的 16% 的实测值超过规定值，标准上规定为 16% 规则。一般情况下没有特殊说明，均默认为 16% 规则要求。

2. 最大规则

运用本规则时，在被检表面的全部区域内测得的参数值一个也不应超过给定的极限值。如果最大规则应用于表面结构要求则参数代号中应加上"max"标记。当参数代号后未标记"max"时，均默认为应用 16% 规则（例如 $Ra0.8$）；反之，则应用最大规则（例如 $Ra\text{max}0.8$）。

3. 表面结构代号

表面结构代号的含义见表 7-3。

表 7-3　表面结构代号的含义

代　号	含　义
$\sqrt{}$ $Rz\,0.4$	表示不允许去除材料，单向上限值，默认传输带，R 轮廓，粗糙度的最大高度 0.4μm，评定长度为 5 个取样长度（默认），"16% 规则"（默认）
$\sqrt{}$ $Rz\,\text{max}\,0.2$	表示去除材料，单向上限值，默认传输带，R 轮廓，粗糙度最大高度的最大值 0.2μm，评定长度为 5 个取样长度（默认），"最大规则"
$\sqrt{}$ U $Ra\,\text{max}\,3.2$ L $Ra\,0.8$	表示不允许去除材料，双向极限值，两极限值均使用默认传输带，R 轮廓，上限值：算术数平均偏差 3.2μm，评定长度为 5 个取样长度（默认），"最大规则"，下限值：算术平均偏差 0.8μm，评定长度为 5 个取样长度（默认），"16% 规则"（默认）
$\sqrt{}$ L $Ra\,1.6$	表示任意加工方法，单向下限值，默认传输带，R 轮廓，算术平均偏差 1.6μm，评定长度为 5 个取样长度（默认），"16% 规则"（默认）

表 7-3 说明：

1）参数代号与极限之间应留空格。

2）"U""L"分别表示上限值和下限值，当只有单向极限要求时，若为单向上限值，则均可不加注"U"，若为单向下限值，则应加注"L"。如果是双向极限值要求，在不至于引起歧义时，可不加注"U""L"。

3）16%（默认）表示参数的实测值中允许少于总数 16% 的实测值超过规定值，标准上规定为 16% 规则。一般情况下没有特殊说明均默认为 16% 规则要求。

4）最大规则：当代号上标注 max 时，表示参数中所有的实测值均不得超过规定值，标准上规定为最大规则。此规则要标注出来。

5）加工余量：加工余量单位为毫米（mm）。

4. 纹理方向

纹理方向是指表面纹理的主要方向，通常由加工工艺决定。表面粗糙度加工纹理符号及说明见表 7-4。

表 7-4　表面粗糙度加工纹理符号及说明

符号	说明	示意图	符号	说明	示意图
=	纹理平行于视图所在的投影面		⊥	纹理垂直于视图所在的投影面	

（续）

符号	说明	示意图	符号	说明	示意图
×	纹理呈两斜向交叉且与视图所在的投影面相交	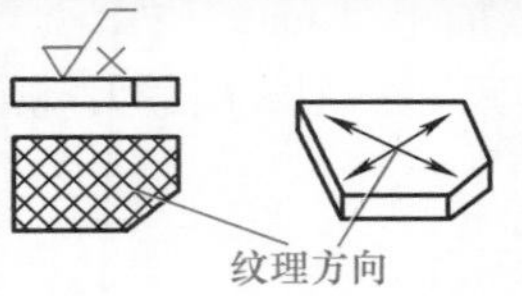 纹理方向	R	纹理呈近似放射状且与表面圆心相关	
M	纹理呈多方向	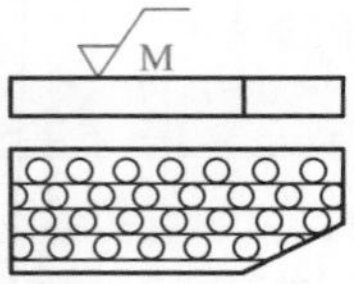	P	纹理呈微粒、凸起，无方向	
C	纹理呈近似同心圆且圆心与表面中心相关	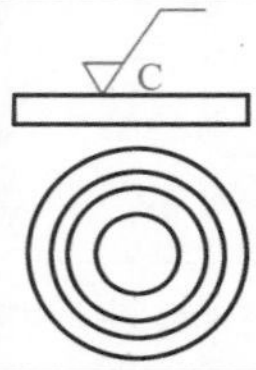			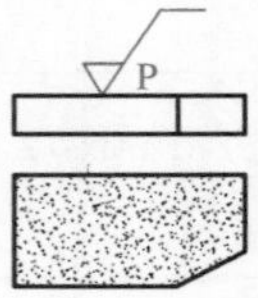

注：1. 表中所列符号不能清楚地表明所要求的纹理方向，应在图样上用文字说明。

2. 若没有指定测量方向时，该方向垂直于被测表面加工纹理，即与 Ra、Rz 的最大值一致。

3. 对无方向的表面测量截面的方向可以是任意的。

六、表面粗糙度在图样上的标注

1. 表面粗糙度在图样中的代（符）号标注

应注在可见轮廓线、尺寸线、尺寸界线或其延长线上，也可以注在几何公差的框格上。符号的尖端必须从材料外指向工件表面，代号中数字及符号的注写方向与尺寸数字方向一致。表面结构要求对每一表面一般只标注一次，并尽可能注在相应的尺寸及其公差的同一视图上，除非另有说明，所标注的表面结构要求是对完工后工件表面的要求。表面粗糙度的标注实例如图 7-8 所示。

1）表面粗糙度的注写和读取方向与尺寸的注写和读取方向一致，如图 7-8a 所示。

2）表面粗糙度要求可以标注在轮廓线上，其符号应从材料外指向接触表面，如图 7-8b 所示。

3）必要时，表面粗糙度也可用带箭头或黑点的指引线引出标注，如图 7-8c 所示。

4）表面粗糙度标注在尺寸线上，如图 7-8d 所示。

5）表面粗糙度可以标注在几何公差框格的上方，如图 7-8e 所示。

6）表面粗糙度可以标注在圆柱特征延长线上，如图 7-8f 所示。

7）如果每个棱柱表面有不同的表面粗糙度要求，则应分别单独标注，如图 7-8g 所示。

2. 表面粗糙度的简化标注

大多数表面有相同表面粗糙度要求时，可以简化标注，如图 7-9 所示。

1）如果工件的多处表面粗糙度要求相同，则其余未注表面粗糙度要求可统一标注在图样的标题栏上方。括号内符号表示其余未注表面粗糙度为 $Ra3.2\mu m$，如图 7-9a 所示。

2）如果工件的多处表面粗糙度要求相同，则其余表面粗糙度要求可统一标注在图样的标题栏上方。除了括号内已标注的 $Rz1.6\mu m$、$Rz6.3\mu m$ 表面结构，其余未注表面粗糙度为 $Ra3.2\mu m$，如图 7-9b 所示。

3）键槽两侧面的表面粗糙度公差数值为 $Ra3.2\mu m$，轴端倒角表面粗糙度公差数值为

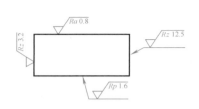

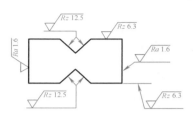

a) 表面粗糙度要求的注写方向　　　　　　b) 标注在轮廓线上

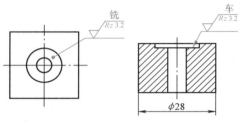

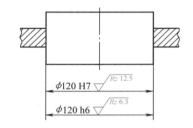

c) 表面粗糙度标注在轮廓线上或指引线上　　d) 表面粗糙度标注在尺寸线上

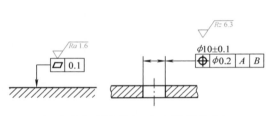

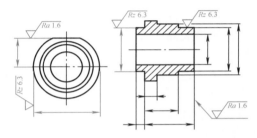

e) 表面粗糙度要求标注在几何公差框格的上方　　f) 表面粗糙度要求标注在圆柱特征的延长线上

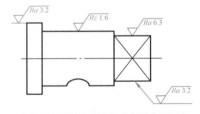

g) 表面有不同的表面粗糙度要求的标注

图 7-8　表面粗糙度的注写要求

$Ra6.3\mu m$，如图 7-9c 所示。

七、表面粗糙度的选择

　　表面粗糙度评定参数分为高度评定参数、间距评定参数和形状评定参数，这些参数分别从不同角度反映了工件的表面特征，但都存在不同程度的不完整性。其中，能较全面反映工件表面质量精度的是高度评定参数。在高度评定参数中轮廓算术平均偏差 Ra 最能反映工件表面质量，是表面粗糙度评定的首选参数。在图样上没有必要同时采用 Ra 和 Rz 两个参数来控制同一表面，只有不能满足工件表面质量要求时，才需要选择其他表面粗糙度高度评定参数。

　　表面粗糙度参数值的选用原则是在满足功能要求的前提下，尽量选用较大的参数值，简化加工工艺，以获得最佳的技术经济效益。在实际应用中，常用类比法来确定。具体选用时，需从以下几方面考虑：

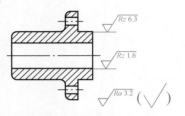

a) 多处表面粗糙度要求相同的简化标注

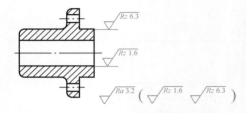

b) 多处表面粗糙度要求相同的简化标注

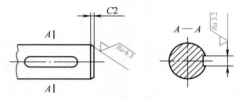

c) 键槽与倒角表面粗糙度要求的标注

图 7-9　表面粗糙度简化标注

1）同一工件上，工作表面的表面粗糙度值应比非工作表面小。

2）摩擦表面的表面粗糙度值应比非摩擦表面小；滚动摩擦表面的表面粗糙度值应比滑动摩擦表面小。

3）运动速度高、单位面积压力大的表面，受交变应力作用的重要工件的圆角、沟槽表面的表面粗糙度值都应该小。

4）配合性质要求越稳定，其配合表面的表面粗糙度值应越小；配合性质相同时，小尺寸结合面的表面粗糙度值应比大尺寸结合面小；同一公差等级时，轴的表面粗糙度值应比孔的小。

5）表面粗糙度参数值应与尺寸公差及形状公差相协调。通常，尺寸及形状公差小，表面粗糙度值也要小；相同尺寸公差的轴比孔的粗糙度值应小。

6）防腐性、密封性要求高，外表要求美观等表面的粗糙度值应较小。

7）相关标准已对表面粗糙度要求做出规定的（如与滚动轴承配合的轴颈和外壳孔、键槽、各级精度齿轮的主要表面等），则应按标准规定的表面粗糙度参数值选用。

表面粗糙度数值在某一范围内的特征、对应的加工方法及应用实例见表 7-5。

表 7-5　表面粗糙度数值的表面特征、对应的加工方法及应用实例

表面特征		$Ra/\mu m$	加工方法	应用实例
粗糙表面	可见刀痕	>20 ~ 40	粗车、粗刨、粗铣、钻、荒锉、锯割	半成品粗加工后的表面，非配合的加工表面，如轴端面、倒角、齿轮、带轮的侧面、键槽底面、垫圈接触面等
	微见刀痕	>10 ~ 20		
半光表面	微见加工痕迹	>5 ~ 10	车、铣、镗、刨、钻、锉、粗磨、粗铰	轴上不安装轴承、齿轮处的非配合表面，紧固件的自由装配表面等
		>2.5 ~ 5	车、铣、镗、刨、磨、锉、滚压、电火花加工、粗刮	半精加工表面，箱体、端盖、套筒等与其他工件结合而无配合要求的表面，需要发蓝处理的表面等
	看不清加工痕迹	>1.25 ~ 2.5	车、铣、镗、刨、磨、拉、刮、滚压	接近于精加工表面，齿轮的齿面、定位销孔、箱体上安装轴承的镗孔表面

（续）

表面特征		$Ra/\mu m$	加工方法	应用实例
光表面	可辨加工痕迹的方向	> 0.63 ~ 1.25	车、铣、镗、拉、磨、刮、精铰、粗研、磨齿	要求保证定心及配合特性的表面，如锥销、圆柱销，与滚动轴承相配合的轴颈，磨削的齿轮表面，卧式车床的导轨面，花键定心表面等
	微辨加工痕迹的方向	> 0.32 ~ 0.63	精铰、精镗、磨、刮、滚压、研磨	要求配合性质稳定的配合表面，受交变应力作用的重要工件，较高精度车床的导轨面
	不可辨加工痕迹的方向	> 0.16 ~ 0.32	布轮磨、精磨、研磨、超精加工、抛光	精密机床主轴锥孔，顶尖圆锥面，发动机曲轴、凸轮轴工作表面，高精度齿轮齿面

八、表面粗糙度的检测

检测表面粗糙度的方法很多，检测表面粗糙度要求不高的表面时，通常采用比较法。精度较高、要求得到准确评定参数时，则须采用专业仪器检测表面粗糙度。表面粗糙度的检测方法主要有：目测法、比较法、光切法、针描法、干涉法和印模法等。

1. 目测法

对于明显不需要用更精确方法检测工件表面的场合，选用目测法检测工件。例如，工件表面粗糙度明显比允许值好，或明显不好，或者因为实际存在着明显影响表面功能的表面缺陷。

2. 比较法

如果目测不能作出判断，可采用比较法。比较法是将被测件的表面，与用同样加工方法做出的"表面粗糙度比较样块"（图 7-10）进行比较，通过人们的视觉或触觉，根据被测表面加工痕迹的特征、反射光的能力及手感的粗糙程度，来判断被检测表面粗糙度是否合格的一种检测方法。由于这种检测方法简便易行，在生产中获得广泛的应用，适于在车间现场使用，常用于评定中等或较粗糙的表面。缺点是准确度较差，只能定性分析比较。比较时，应使样块与被检测表面的加工纹理方向保持一致。

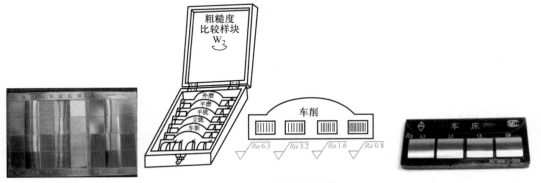

图 7-10　表面粗糙度比较样块

3. 针描法

针描法（又称感触法）是利用触针直接在被测表面上轻轻划过，从而测出表面粗糙度的参数值。常用仪器是电动轮廓仪，通过电信号的放大和处理测得表面粗糙度的主要评定参数值，多用于测量 Ra 值，该种仪器可直接显示 Ra 值，轮廓仪的测量范围一般为 $Ra0.01 \sim 10\mu m$。

符合新标准的接触（触针）式新型智能化仪器（轮廓计和轮廓记录仪）TR101 型（图 7-11a）及 SJ－301/RJ－201 型等便携式粗糙度测量仪（图 7-11b），可以测得 Ra、Rz 等参数，已有取代光切法及干涉法仪器的趋势。

a) TR101型袖珍表面粗糙度仪   b) SJ－301型表面粗糙度测量仪

图 7-11　便携式表面粗糙度测量仪

注意

1）检测表面粗糙度时，最先凭触觉来建立标准，检验时必须使用一系列具有不同粗糙度的样块。检验人员在使用这些样块时，先用手指甲划过标准样块表面，然后再划过工件的表面，当感觉这两个表面具有相同的粗糙度时，则工件表面便被认为满足要求了。

2）由于在密封表面、滚珠轴承、齿轮、凸轮或轴颈等应用场合，表面质量要求较高，这就需要对表面粗糙度值进行量化，因此就必须选择各种合适的测量器具进行测量。

3）检测表面粗糙度参数值时，若图样上无特别注明检测方向，则应在数值最大的方向上检测。一般来说就是在垂直于表面加工纹理方向的截面上检测。对无一定加工纹理方向的表面（如电火花、研磨等加工表面），应在几个不同的方向上检测，并取最大值为检测结果，注意不要包括表面缺陷。

第二部分　测量技能实训

任务一　表面粗糙度值的选择与标注

1. 任务内容

掌握常用工件表面粗糙度值的选用与标注方法。

2. 任务准备

传动轴零件图如图 7-12 所示。

3. 任务实施

1）选择轴颈 $\phi30m6$（两处）与滚动轴承配合，表面粗糙度值应选（　　）。

2）选择 $\phi32$ 和 $\phi24$ 与齿轮和带轮配合，表面粗糙度值应选（　　）。

3）键槽两侧一般为铣削加工，其配合尺寸精度较低，表面粗糙度值应选（　　）。

4）轴上其他非配合表面，如轴端面、键槽底面等处，表面粗糙度值应选（　　）。

5）在图 7-13 所示传动轴的图样上正确标注表面结构要求。

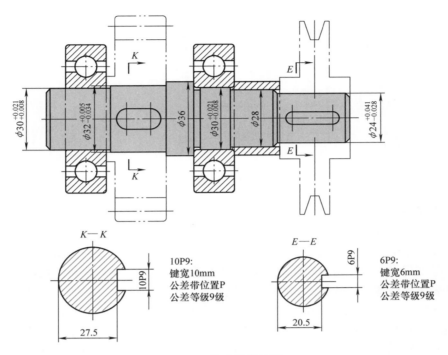

图 7-12　传动轴零件图

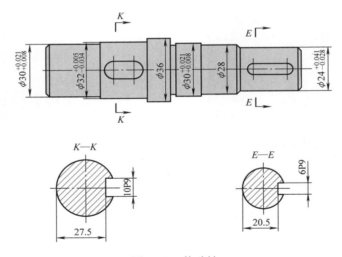

图 7-13　传动轴

任务二　表面粗糙度的检验

1. 任务内容

掌握表面粗糙度的对比检验方法。

2. 任务准备

被测工件如图 7-14 所示；标准粗糙度样块一套。

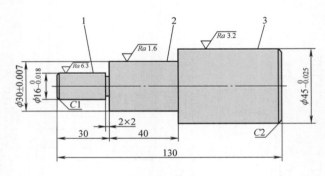

图 7-14　被测工件

3. 任务实施

（1）视觉法　将被检验表面与标准粗糙度样块的工作面放在一起，注意加工纹理与样块的加工纹理方向一致，用肉眼观察比较，根据两个表面反射光线的强弱和色彩，判断检验表面的粗糙度相当于标准粗糙度样块上哪一块的粗糙度数值，这块样块的粗糙度数值就是被检验工件表面的粗糙度参数值，如图 7-15 所示。

（2）触觉法　用手指或指甲触摸被检验工件表面和标准粗糙度样块的工作面，凭手对两者触摸时的感觉进行比较，来判断两表面的粗糙度数值。如果手感觉被检验表面和样块的粗糙度一样，则说明两表面的粗糙度数值相同，取样块的粗糙度数值作为被检验工件表面的粗糙度参数值，如图 7-16 所示。

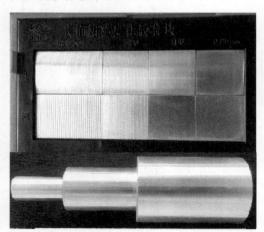

图 7-15　视觉法

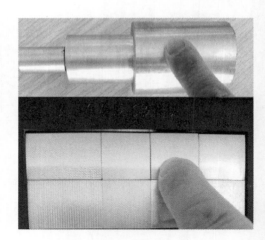

图 7-16　触觉法

（3）将工件与标准粗糙度样块比对结果填入表 7-6 空格内。

表 7-6　检测结果

测量项目	检验点	图样要求	实测数据/μm			判断是否合格
			1	2	3	
表面粗糙度参数	1	Ra6.3				
	2	Ra1.6				
	3	Ra3.2				

（4）量具的维护和保养　用完标准粗糙度样块，要用细棉布擦干净放入盒内，注意防潮。如果长时间不用，应涂防锈油，防止样块腐蚀生锈。

习　题

一、单选题

1. 表面粗糙度反映的是工件被加工表面上的（　　）。

    A. 宏观几何形状误差　　　　　　　　　B. 微观几何形状误差

    C. 宏观相对位置误差　　　　　　　　　D. 微观相对位置误差

2. 表面粗糙度对工件使用性能的影响不包括（　　）。

    A. 对配合性质的影响　　　　　　　　　B. 对摩擦、磨损的影响

    C. 对工件抗腐蚀性的影响　　　　　　　D. 对工件塑性的影响

3. 测量工件表面粗糙度值时选择（　　）。

    A. 游标卡尺　　B. 量块　　　　　　C. 塞尺　　　　　　　D. 干涉显微镜

4. 关于表面粗糙对工件使用性能的影响，下列说法错误的是（　　）。

    A. 工件表面越粗糙，则表面凹痕就越深

    B. 工件表面越粗糙，则产生应力集中现象越严重

    C. 工件表面越粗糙，在交变载荷的作用下，其疲劳强度会提高

    D. 工件表面越粗糙，越有可能因应力集中而产生疲劳断裂

5. 评定表面粗糙度时，一般在横向轮廓上评定，其理由是（　　）。

    A. 横向轮廓比纵向轮廓的可观察性好

    B. 横向轮廓上表面粗糙度比较均匀

    C. 在横向轮廓上可得到高度参数的最小值

    D. 在横向轮廓上可得到高度参数的最大值

6. 有关表面粗糙度，下列说法不正确的是（　　）。

    A. 指加工表面上所具有的较小间距和峰谷所组成的微观几何形状特性

    B. 表面粗糙度不会影响到机器的工作可靠性和使用寿命

    C. 表面粗糙度实质上是一种微观的几何形状误差

    D. 一般是在工件加工过程中，由于机床 – 刀具 – 工件系统的振动等原因引起的

7. 表面粗糙度的波形起伏间距 λ 和幅度 h 的比值 λ/h，一般应为（　　）。

    A. ＜40　　　　B. 40～1000　　　　C. ＞1000　　　　　D. ＞2400

8. 在表面粗糙度的评定参数中，轮廓算术平均偏差代号是（　　）。

    A. Ra　　　　B. Rz　　　　　　C. Ry　　　　　　　D. Rp

9. Ra 数值越大，工件表面就越（　　），反之表面就越（　　）。

    A. 粗糙，光滑平整　　　　　　　B. 光滑平整，粗糙

    C. 平滑，光整　　　　　　　　　D. 圆滑，粗糙

10. 对于配合性质要求高的表面，应取较小的表面粗糙度参数值，其理由是（　　）。

    A. 便于工件的装拆

    B. 保证间隙配合的稳定性或过盈配合的联接强度

    C. 使工件表面有较好的外观

    D. 提高加工的经济性能

二、判断题

1. 表面粗糙度是一种微观几何形状误差。 （　　）
2. 表面粗糙度是工件表面的微观几何性质。 （　　）
3. 表面的微观几何性质主要是指表面粗糙度。 （　　）
4. 表面粗糙度的评定参数一般有 Ra、Ry 和 Rz 等。 （　　）
5. 选择表面粗糙度评定参数值应尽量小好。 （　　）
6. 工件表面粗糙度值越小，工件的工作性能就越差，寿命也越短。 （　　）
7. 工件的表面粗糙度值越小越耐磨。 （　　）
8. 摩擦表面应比非摩擦表面的表面粗糙度数值小。 （　　）
9. 只有选取合适的表面粗糙度，才能有效地减小工件的摩擦与磨损。 （　　）
10. 表面粗糙度测量仪可以测 Ra 和 Rz 值。 （　　）

三、简答题

1. 什么是表面粗糙度？
2. 表面粗糙度对工件的使用性能有什么影响？
3. 表面粗糙度评定参数主要有哪些参数？优选参数是哪个？
4. 画图说明标准规定各参数在表面粗糙度符号上的标注位置？
5. 说明最大规则和 16% 规则标注上有什么不同意义？

项目八　花键联接及检测

第一部分　基础知识

花键是广泛应用于轴和轴上传动件（如齿轮、带轮、联轴器等）之间的联接，用以传递转矩，需要时也可用作轴上传动件导向的一种工件。花键联接属于可拆卸联接，常用于需要经常拆卸和便于装配的部位。花键分为矩形花键、渐开线花键和端齿花键等几种，其中以矩形花键的应用最广泛。花键的强度高，承载能力强。

花键联接有静联接、动联接两种方式。花键联接由内花键和外花键两个工件组成。这种联接方式的特点是轴的强度高，传递转矩大，定心精度高、导向性好，主要应用于机床、汽车、飞机等制造业，但制造成本高。

一、矩形花键的主要尺寸

1. 矩形花键的主要尺寸

矩形外花键的主要尺寸有三个，即大径 D、小径 d 和键宽（内花键为键槽宽）B，如图 8-1 所示。花键的键数 N 为偶数，有 6、8、10 三种。按承载能力，将其尺寸分为轻、中两个系列，见表 8-1。对同一小径，两个系列的键数相同，键宽（键槽宽）也相同，仅大径不同。花键规格的标记为 $N \times d \times D \times B$。

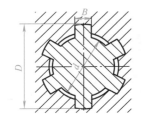

图 8-1　矩形花键的主要尺寸

表 8-1　矩形花键公称尺寸的系列（摘自 GB/T 1144—2001）　　　（单位：mm）

d	轻系列				中系列			
	标记	N	D	B	标记	N	D	B
11	—	—	—	—	$6 \times 11 \times 14 \times 3$	6	14	3
13	—	—	—	—	$6 \times 13 \times 16 \times 3.5$	6	16	3.5
16	—	—	—	—	$6 \times 16 \times 20 \times 4$	6	20	4
18	—	—	—	—	$6 \times 18 \times 22 \times 5$	6	22	5
21	—	—	—	—	$6 \times 21 \times 25 \times 5$	6	25	5
23	$6 \times 23 \times 26 \times 6$	6	26	6	$6 \times 23 \times 28 \times 6$	6	28	6

（续）

d	轻系列				中系列			
	标记	N	D	B	标记	N	D	B
26	$6 \times 26 \times 30 \times 6$	6	30	6	$6 \times 26 \times 32 \times 6$	6	32	6
28	$6 \times 28 \times 32 \times 7$	6	32	7	$6 \times 28 \times 34 \times 7$	6	34	7
32	$6 \times 32 \times 36 \times 6$	6	36	6	$8 \times 32 \times 38 \times 6$	8	38	6
36	$8 \times 36 \times 40 \times 7$	8	40	7	$8 \times 36 \times 42 \times 7$	8	42	7
42	$8 \times 42 \times 46 \times 8$	8	46	8	$8 \times 42 \times 48 \times 8$	8	48	8
46	$8 \times 46 \times 50 \times 9$	8	50	9	$8 \times 46 \times 54 \times 9$	8	54	9
52	$8 \times 52 \times 58 \times 10$	8	58	10	$8 \times 52 \times 60 \times 10$	8	60	10
56	$8 \times 56 \times 62 \times 10$	8	62	10	$8 \times 56 \times 65 \times 10$	8	65	10
62	$8 \times 62 \times 68 \times 12$	8	68	12	$8 \times 62 \times 72 \times 12$	8	72	12
72	$10 \times 72 \times 78 \times 12$	10	78	12	$10 \times 72 \times 82 \times 12$	10	82	12
82	$10 \times 82 \times 88 \times 12$	10	88	12	$10 \times 82 \times 92 \times 12$	10	92	12
92	$10 \times 92 \times 98 \times 14$	10	98	14	$10 \times 92 \times 102 \times 14$	10	102	14
102	$10 \times 102 \times 108 \times 16$	10	108	16	$10 \times 102 \times 112 \times 16$	10	112	16
112	$10 \times 112 \times 120 \times 18$	10	120	18	$10 \times 112 \times 125 \times 18$	10	125	18

矩形花键主要尺寸的公差与配合是根据花键联接的使用要求规定的。花键联接的使用要求包括：内、外花键的定心要求，键侧面与键槽侧面接触均匀的要求，装配后是否需要做轴向相对运动的要求，机械强度和耐磨性要求等。

2. 矩形花键定心方式

矩形花键联接的使用要求和互换性是由内、外花键的小径 d、大径 D、键宽或键槽宽 B 这三个主要尺寸的配合精度保证的。但是若要求这三个尺寸同时配合得很精确是相当困难的。它们的配合性质不但受尺寸精度的影响，还会受到几何公差的影响。为了既保证花键联接的配合精度，又避免制造困难，花键的三个配合面中只能选取一个面作为主要配合面来保证内、外花键的配合精度，而其余两个配合面则作为次要配合面。用于保证配合精度的配合面称为定心表面。三个配合面都可作为定心表面，因此花键联接有三种定心方式，即大径定心、小径定心、键侧或键槽侧定心，如图8-2所示。

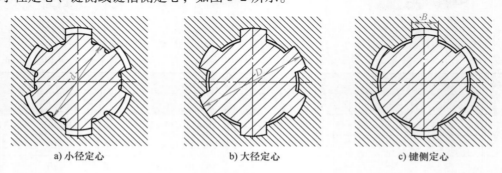

| a) 小径定心 | b) 大径定心 | c) 键侧定心 |

图 8-2　矩形花键联接定心方式示意图

参照 GB/T 1144—2001 规定的小径 d 定心的形式，对小径选用公差带等级较高的小间隙配合，大径 D 为非定心尺寸，公差带等级较低而且要有足够大的间隙，以保证内、外花键的大径不接触。键和键槽的侧面虽然也是非定心配合面，但因为它们要传递转矩和起导向作用，所以它们的配合应具有足够的精度。

内、外花键表面一般都要求淬硬（40HRC 以上），用于提高合金的硬度、强度和耐磨性。因为采用小径定心，对热处理后的变形，外花键小径可采用成形磨削来修正，内花键小径可用内圆磨来修正，而且用内圆磨还可以使小径达到更高的尺寸、几何公差和更低的表面粗糙度值要求。而内花键的大径和键侧难以进行磨削。因此，采用小径定心可使花键联接获得更高的定心精度，且定心稳定性较好，使用寿命长。

二、矩形花键的公差与配合

1. 矩形花键尺寸的公差与配合

内、外花键定心小径、非定心大径、键宽及键槽宽的尺寸公差带分一般用和精密传动用两类，见表 8-2。这些公差带与 GB/T 1800.2—2020 规定的尺寸公差带是一致的。为减少专用刀具、量具的数目（如拉刀、量规），花键联接采用基孔制配合。对一般用的内花键槽宽规定了两种公差带：加工后不再热处理的，公差带为 H9；加工后再进行热处理的，其键槽宽的变形不易修正，为补偿热处理变形，公差带为 H11，这种公差带用于热处理后不再校正的硬花键。

花键尺寸公差带选用的一般原则是：定心精度要求高或传递转矩大时，应选用精密传动用的尺寸公差带。反之，可选用一般用的尺寸公差带。

表 8-2 内、外花键的尺寸公差带

内花键				外花键			装配型式
d	D	B		d	D	B	
		拉削后不热处理	拉削后热处理				
一般用							
H7	H10	H9	H11	f7	b11	d10	滑动
				h7		f8	紧滑动
						h10	固定
精密传动用							
H6	H10	H7、H9		f6	b11	f8	滑动
				g5		f7	紧滑动
				h5		h8	固定
				f6		d8	滑动
				g6		f7	紧滑动
				h6		d8	固定

注：1. 精密传动用的内花键，当需要控制键侧配合间隙时，键槽宽 B 可选用 H7，一般情况下可选用 H9。

2. 小径 d 的公差为 H6 和 H7 的内花键，允许与提高一级的外花键配合。

2. 内、外花键配合的选择

内、外花键的配合（装配形式）分为滑动、紧滑动和固定三种。其中，滑动的间隙较大；紧滑动的间隙次之；固定的间隙最小。

1）内、外花键在工作中只传递转矩而无相对轴向移动时，一般选用配合间隙最小的固定联接。

2）内、外花键之间除传递转矩还有相对轴向运动时，应选用滑动或紧滑动联接。

3）内、外花键之间滑动频繁，滑动距离长，则应选用配合间隙较大的滑动联接，以保证运动灵活及配合面间有足够的润滑油层。

4）为保证定心精度要求，或为使工作表面载荷分布均匀及为减小反向所产生的空程和冲击，对定心精度要求高，传递的转矩大或运转中需经常反转等的联接，则应选用配合间隙较小的紧滑动联接。

表8-3列出了几种配合应用情况的推荐，可供设计时参考。

表8-3　矩形花键配合应用的推荐

应用	固定		滑动、紧滑动联接	
	配合	特征及应用	配合	特征及应用
精密传动用	H6/h5	紧固程度较高，可传递大转矩	H6/g5	可滑动程度较低，定心精度高，传递转矩大
	H6/h6	传递中等转矩	H6/f6	可滑动程度中等，定心精度较高，传递中等转矩
一般用	H7/h7	紧固程度较低，传递转矩较小，可经常拆卸	H7/f7	滑动频率高，滑动长度大，定心精度要求不高

3. 几何公差及表面精糙度

（1）内、外花键的几何公差要求　内、外花键定心小径 d 表面的几何公差和尺寸公差的关系遵守包容要求。内、外花键加工时，不可避免地会产生几何误差。影响花键联接互换性的原因除尺寸误差外，主要还有花键齿（或键槽）在圆周上位置分布不均匀和相对于轴线位置不正确。

假设内、外花键各部分的实际尺寸合格，内花键的定心表面和键槽侧面的形状及位置都正确，而外花键的定心表面部分不同轴，各键不等分或不对称，这相当于外花键的作用尺寸增大了，因而造成了它与内花键干涉，甚至无法装配。同样，内花键的几何误差相当于内花键的作用尺寸减小，也同样会造成它与外花键干涉或无法装配的现象。为了避免装配困难，并使键侧和键槽侧受力均匀，除用包容要求控制定心表面的几何误差外，还应控制花键的等分度误差，必要时应进一步控制各键或键槽侧面对定心表面轴线的平行度。

对花键的等分度误差，一般应规定位置度公差，并采用相关要求。对单件、小批量的生产，也可采用规定键（键槽）两侧面的中间平面对定心表面轴线的对称度公差和花键等分度公差。矩形花键位置度、对称度公差值见表8-4。

表8-4　矩形花键位置度公差 t_1 和对称度公差 t_2　　　　　（单位：mm）

键槽宽或键宽 B			3	3.5~6	7~10	12~18
t_1	键槽宽		0.010	0.015	0.020	0.025
	键宽	滑动、固定	0.010	0.015	0.020	0.025
		紧滑动	0.006	0.010	0.013	0.016
t_2	一般用		0.010	0.012	0.015	0.018
	精密传动用		0.006	0.008	0.009	0.011

对较长的花键，还应规定键侧对定心表面轴线的平行度公差，平行度的公差值可根据产品的性能自行规定。

内、外花键的大径分别按 H10 和 H11 加工，它们的配合间隙很大，因而对小径表面轴线的同轴度要求不高。

（2）内、外花键的表面粗糙度　矩形花键的表面粗糙度参数值一般为：对内花键，取小径表面 Ra 不大于 $0.8\mu m$，键槽侧面 Ra 不大于 $3.2\mu m$，大径表面 Ra 不大于 $6.3\mu m$；对外花键，取小径和键侧表面 Ra 不大于 $0.8\mu m$，大径表面 Ra 不大于 $3.2\mu m$。

例题：计算键数 N 为 6、小径 d 为 $\phi23H7/f7$，大径 D 为 $\phi26H10/a11$、键宽（或键槽宽）B 为 6H11/d10 花键联接的极限尺寸。

由表 8-1 中查得内、外花键的小径、大径和键宽（键槽宽）的公称尺寸，查表 8-2 确定尺寸公差带。在附录 A、附录 B 中可查得内、外花键的小径、大径和键宽（键槽宽）的标准公差和极限偏差，并可计算出它们的极限偏差和极限尺寸，见表 8-5。

表 8-5　一般情况下，花键联接的极限尺寸　　　　（单位：mm）

名称		公称尺寸	公差带	极限尺寸			
				上极限偏差	下极限偏差	上极限尺寸	下极限尺寸
内花键	小径	$\phi23$	H7	+0.021	0	23.021	23
	大径	$\phi26$	H10	+0.084	0	26.084	26
	键宽	6	H11	+0.075	0	6.075	6
外花键	小径	$\phi23$	f7	-0.020	-0.041	22.98	22.959
	大径	$\phi26$	a11	-0.300	-0.430	25.700	25.570
	键宽	6	d10	-0.030	-0.078	5.970	5.922

三、矩形花键在图样上的标注

花键的位置度、对称度公差在图样上的标注如图 8-3 所示。

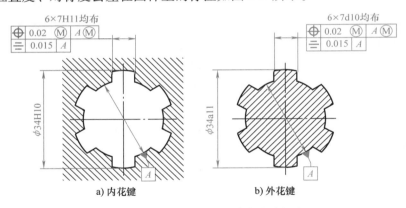

a）内花键　　　　　　　b）外花键

图 8-3　花键位置度、对称度公差标注

矩形花键的标记代号按花键规格所规定的次序标注。例如，花键键数 N 为 6，小径 d 为 23H7/f7，大径 D 为 26H10/a11，键宽（或键槽宽）B 为 6H11/d10，则标注方法如下：

1）对花键副（装配图上），标注配合公差带代号：

$$花键副 \ 6\times23\frac{H7}{f7}\times26\frac{H10}{a11}\times6\frac{H11}{d10}\ \ GB/T\ 1144—2001$$

2）对内、外花键（零件图上），标注尺寸公差带代号：

内花键：$6\times23H7\times26H10\times6H11$　GB/T 1144—2001

外花键：$6\times23f7\times26a11\times6d10$　GB/T 1144—2001

花键检验微课

四、花键的检验

花键量规是对内花键（花键孔）、外花键（花键轴）进行综合检验的专用量具。它分为单项测量量规、卡规和综合量规，是对内、外花键的三个主要尺寸大径、小径、和键宽（或键槽宽）的检验。用于单项检验的量规、卡规有：测量内花键小径的光滑圆柱塞规、内花键大径的板形塞规、内花键键槽宽塞规、外花键大径的光滑卡（环）规、外花键小径的卡规、外花键键宽的卡规。用于综合检验的量规、卡规有综合塞规、综合环规。

花键的检验分为单项检验和综合检验两种。

1. 单项检验

单项检验是对花键的单项参数小径、大径、键宽（或键槽宽）的尺寸和位置误差分别检验。

当花键小径定心表面采用包容要求，各键（键槽）的对称度公差及花键各部位均遵守独立原则时，一般应采用单项检验。

采用单项检验时，小径定心表面应采用光滑量规检验。大径、键宽（或键槽宽）的尺寸在单件、小批量生产时使用通用测量器具检验，在成批大量生产中，可用专用的量规来检验。

2. 综合检验

综合检验是对花键的尺寸误差、几何误差的进行检查，采用最大实体实效边界要求，用综合量规进行检验。在成批大量生产中，一般用专用的量规来检验，花键的位置度误差很少进行单项测量。内花键用综合塞规，外花键用综合环规，对小径、大径、键宽与键槽宽、大径与小径的同轴度、键与键槽的位置度（包括等分度、对称度）进行综合检验。花键环规和花键塞规如图 8-4 所示。

图 8-4　花键环规和花键塞规

检验范围：$6 \times 23mm \times 26mm \times 6mm \sim 10 \times 112mm \times 120mm \times 18mm$。

综合量规只有通端，而没有止端，需要用单项止端塞规、卡规分别检验大径、小径、键（键槽）宽是否超过各自的最小实体尺寸。

检验时，选用一种规格的综合量规，只能检验同一尺寸的工件。综合量规能通过，单项量规不能通过，则花键各项尺寸合格。

第二部分　测量技能实训

任 务　花 键 检 验

1. 任务内容

进行花键的单项检验、小径检验、键宽检验。

2. 任务准备

矩形花键轴 2 件；游标卡尺（0～150mm/0.02mm）；千分尺（25～50mm/0.01mm）。

花键检验动画

3. 任务实施

对矩形花键轴 $6 \times 23mm \times 26mm \times 6mm$，进行单项检验。对花键轴的单项参数小径、大径、键宽（键槽宽）等尺寸和位置度误差分别检验。

检验步骤如下：

1）大径检验如图 8-5～图 8-7 所示，从三个不同角度的方向测量。

图 8-5　检验花键大径　　　图 8-6　检验花键大径（旋转 60°）图 8-7　检验花键大径（旋转 120°）

2）小径检验方法如图 8-8 所示。

3）键宽检验如图 8-9 所示。

将检验结果填入表 8-6。

图 8-8　检验花键小径　　　　　　　　　　　图 8-9　检验花键键宽

表 8-6　花键检验评价表

序号	检验项目	检验尺寸/mm	误差/mm	教师评价
1	花键大径			
2	花键小径			
3	键宽			

习　　题

一、单选题

1. 矩形花键宽度 8mm，上极限偏差 +0.065mm，下极限偏差 +0.035mm，上极限尺寸为（　　）。

　　A. 8.035mm　　　　B. 8.065mm　　　　C. 7.935mm　　　　D. 7.965mm

2. 矩形花键宽度 8mm，上极限偏差 +0.065mm，下极限偏差 +0.035mm，下极限尺寸为（　　）。

　　A. 8.035mm　　　　　B. 8.065mm　　　　　C. 7.935mm　　　　　D. 7.965mm

3. 国家标准规定采用花键的（　　）定心。

　　A. 大径　　　　　　　B. 小径　　　　　　　C. 键槽宽　　　　　　D. 键侧

二、判断题

1. 矩形花键宽度 8mm，上极限偏差 +0.065mm，下极限偏差 +0.035mm，则下极限尺
寸为 7.935mm。　　　　　　　　　　　　　　　　　　　　　　　　　　　（　　）

2. 矩形花键的标记代号按花键规格所规定的次序标注。　　　　　　　　　（　　）

3. 花键量规是对内花键、外花键进行综合检验的专用量具。　　　　　　　（　　）

三、简答题

1. 国标采用的是哪一种矩形花键的定心方式？

2. 矩形花键副的配合种类有哪些？

3. 花键公差带选用的一般原则是什么？

项目九　螺纹的公差及检测

第一部分　基 础 知 识

一、螺纹的种类及应用

螺纹联接是各种机械中应用最为广泛的一种联接形式，通常用于紧固联接和用来传递动力。由于使用广泛，国家颁布了有关标准，以保证其几何公差。

螺纹有三个共同的性能要求：内、外螺纹的顺利旋合、足够的联接强度和良好的互换性能。为了保证使用性能，对螺纹的牙型、尺寸和公差进行了标准化，这些标准成为使用者和生产者的共同依据。

螺纹按其牙型可分为三角形螺纹、梯形螺纹、锯齿形螺纹和矩形螺纹四种。矩形螺纹用于力的传递，是一种非标准螺纹。螺纹按用途一般可分为联接螺纹和传动螺纹两大类。螺纹按旋向可分为左旋和右旋两种。按螺纹牙（槽）是否分布在同一条螺旋线上又可分为单线螺纹和多线螺纹。常见螺纹的牙型和应用见表9-1。

表9-1　常见螺纹的牙型和应用

		截面牙型	特征及应用
联接螺纹（三角形螺纹）	普通螺纹	60°	牙型角为60°，同一直径按螺距大小可分为粗牙和细牙两类，粗牙有一种螺距而且较大，细牙有一种或几种，而且螺距较小，应用最广 一般联接多用粗牙，细牙用于薄壁及受冲击、振动的零件，也常用于微调机构
	管螺纹	55°	牙型角一般为55°，公称直径近似为管内径，可以分为圆柱管螺纹和圆锥管螺纹，多用于水、油、气的管路及电器管路系统的联接
传动螺纹	梯形螺纹	30°	牙型角为30°，牙顶与牙底在结合时有相等的间隙，广泛应用于传力或螺旋传动机构，加工工艺性好，牙根强度高，螺旋副的对中性好
	锯齿形螺纹	30° 3°	工作面的牙型角为3°，非工作面的牙型角为30°，广泛应用于单向受力的传动机构。外螺纹的牙根处有圆角，可减轻应力集中，牙根强度高
	矩形螺纹		牙型为正方形，牙厚为螺距的一半，多应用于传力或螺旋传动机构，传动效率高，牙根强度较低，螺旋副对中精度低

二、普通螺纹的主要几何参数

国家标准规定，螺纹的基本牙型是指在通过螺纹轴线的剖面内，按规定将原始三角形削去一部分后得到的内、外螺纹共有的理论牙型，是确定螺纹牙型的基础。由于理论牙型上的尺寸均为螺纹的公称尺寸，因而称为基本牙型。普通螺纹的基本牙型如图9-1所示。

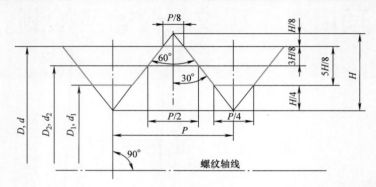

图 9-1　普通螺纹的基本牙型

D—内螺纹大径　d—外螺纹大径　D_2—内螺纹中径　d_2—外螺纹中径

D_1—内螺纹小径　d_1—外螺纹小径　P—螺距　H—原始三角形高度

1. 原始三角形高度（H）

原始三角形高度是指原始三角形顶点沿垂直轴线方向到其底边的距离（图9-1中的H）。

2. 牙型高度（h）

牙型高度是指在螺纹牙型上，牙顶到牙底在垂直于螺纹轴线方向上的距离（图9-1中的$5H/8$）。

$$h_1 = H - \frac{H}{8} - \frac{H}{4} = \frac{5}{8}H = 0.5413P$$

3. 大径（D，d）

普通螺纹的大径是指与外螺纹牙顶或内螺纹牙底相切的假想圆柱的直径。外螺纹大径为顶径（图9-2），用"d"表示；内螺纹大径为底径，用"D"表示。

对于普通螺纹，大径为公称直径。普通螺纹的公称直径已系列化，可按 GB/T 193—2003《普通螺纹　直径与螺距系列》选取。

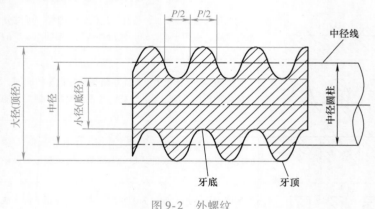

图 9-2　外螺纹

4. 小径（D_1，d_1）

普通螺纹的小径是指与外螺纹牙底或内螺纹牙顶相切的假想圆柱的直径。外螺纹小径为底径，用"d_1"表示；内螺纹小径为顶径，用"D_1"表示。图9-2所示普通螺纹的小径用

如下公式计算

外螺纹的小径 $d_1 = d - 2 \times \dfrac{5}{8} H = d - 1.0825P$　　内螺纹的小径 $D_1 = D - 2 \times \dfrac{5}{8} H = D - 1.0825P$

5. 中径（D_2，d_2）

普通螺纹的中径是指螺纹牙型的沟槽与凸起宽度相等的地方所在的假想圆柱的直径称为中径。中径是一个假想的直径，外螺纹的中径（图9-2）用"d_2"表示；内螺纹的中径用"D_2"表示。外螺纹中径与内螺纹中径相等。

普通螺纹的中径用如下公式计算

外螺纹的中径 $d_2 = d - 2 \times \dfrac{3}{8} H = d - 0.6495P$　　内螺纹的中径 $D_2 = D - 2 \times \dfrac{3}{8} H = D - 0.6495P$

普通螺纹小径和中径尺寸可用公式计算，或查普通螺纹公称尺寸表（参见 GB/T 196—2003《普通螺纹　基本尺寸》）。

6. 螺距（P）

螺距是指相邻两牙在中径线上对应两点间的轴向距离，如图9-1所示。螺距已标准化，国家标准中规定了普通螺纹的直径与螺距系列，见表9-2。

表9-2　普通螺纹公称直径与螺距系列（摘自 GB/T 193—2003）　　　（单位：mm）

公称直径 D、d			螺距 P					
第1系列	第2系列	第3系列	粗牙	细牙				
				3	2	1.5	1.25	1	0.75
10			1.5				1.25	1	0.75
	11		1.5			1.5		1	0.75
12			1.75				1.25	1	
	14		2			1.5	1.25	1	
		15				1.5		1	
16			2			1.5		1	
		17				1.5		1	
	18		2.5		2	1.5		1	
20			2.5		2	1.5		1	
	22		2.5		2	1.5		1	
24			3		2	1.5		1	
		25			2	1.5		1	
		26				1.5			
	27		3		2	1.5		1	
		28			2	1.5		1	
30			3.5	(3)	2	1.5		1	

注：1. 选用时优先选用第1系列，第1系列是最常用的螺纹。其次依次选用2、3系列。

　　2. 括号内螺距尽可能不用。

7. 牙型角（α）、牙型半角（$\alpha/2$）和牙侧角（α_1，α_2）

牙型角是指在螺纹牙型上，相邻两个牙侧面的夹角，如图9-3a 中的 α。

牙型半角是指牙型角的一半，如图 9-3a 中的 $\alpha/2$。

牙侧角是指在螺纹牙型上，牙侧与螺纹轴线的垂线间的夹角，如图 9-3b 中的 α_1 和 α_2。

对于普通螺纹，在理论上，$\alpha = 60°$，$\alpha/2 = 30°$，$\alpha_1 = \alpha_2 = 30°$。

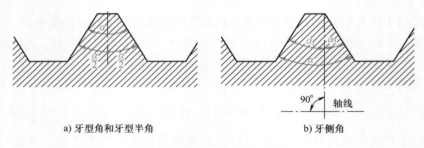

a) 牙型角和牙型半角　　　　　　　b) 牙侧角

图 9-3　牙型角、牙型半角和牙侧角

8. 螺纹接触高度

螺纹接触高度是指在两个相互配合的螺纹牙型上，牙侧重合部分在垂直于螺纹轴线方向上的距离，如图 9-4 所示。

9. 螺纹旋合长度

螺纹旋合长度是指两个相配合的螺纹沿螺纹轴线方向相互旋合部分的长度，如图 9-4 所示。

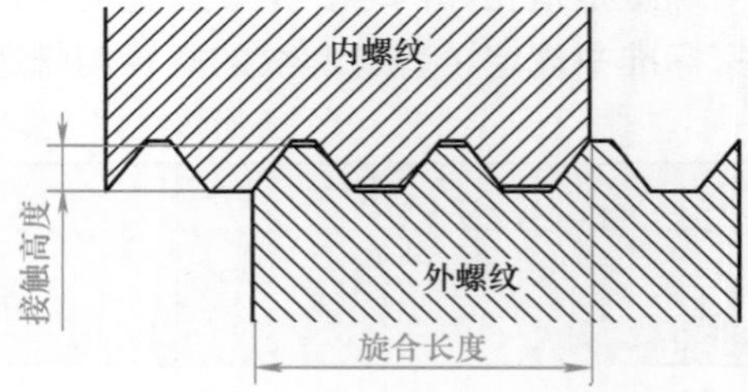

图 9-4　螺纹的接触高度和旋合长度

三、几何参数误差对互换性的影响

1. 螺纹大径、小径误差对互换性的影响

实际加工出的内螺纹大径和外螺纹小径的牙底处均略呈圆弧状，为了防止旋合时在该处发生干涉，螺纹旋合时规定在大径和小径上不能接触。因此，对外螺纹的大径和内螺纹的小径规定有较大的公差。规定外螺纹的大径、小径都可以比公称尺寸做得小一些，内螺纹的小径和大径都可以比公称尺寸做得大一些。但是内螺纹的小径过大或外螺纹的大径过小，会减小螺纹的接触高度，从而影响螺纹配合的松紧和联接的可靠性。螺纹的顶径、内螺纹的小径和外螺纹的大径都有公差。

2. 螺距误差对互换性的影响

螺距的精度主要是由加工设备的精度来保证。螺距误差使内、外螺纹的旋合发生干涉，影响旋合性，并且在螺纹旋合长度内使实际接触的牙数减少，影响螺纹联接的可靠性。

在生产条件下，对螺距很难逐个检测，因而对普通螺纹不采用规定螺距公差的办法，而是采取将外螺纹中径减小或内螺纹中径增大的方法，抵消螺距误差的影响，以保证达到旋合的目的。

3. 牙侧角误差对互换性的影响

螺纹牙侧角误差是由于刀具刃磨不正确而引起牙侧角误差，或由于刀具安装位置不正确而造成左右牙侧角不相等形成的，也可能是上述两个因素共同形成的。

牙侧角误差使内、外螺纹结合时发生干涉，进而影响可旋合性，并使螺纹接触面积减小，磨损加快，从而降低联接的可靠性。在批量生产中，对牙侧角难以逐个测量，而采取减小外螺纹中径或加大内螺纹中径的办法，使具有牙侧角误差的螺纹达到可旋合性要求。

4. 螺纹中径误差对互换性的影响

在加工内、外螺纹时，中径难免存在一定误差。当外螺纹的中径大于内螺纹的中径时，会影响旋合性；反之，外螺纹的中径小于内螺纹中径，则配合太松，难以使牙侧角良好接触，影响联接的可靠性。为了保证螺纹的旋合性，应该限制外螺纹的最大中径和内螺纹的最小中径；为了保证螺纹联接可靠性，必须限制外螺纹的最小中径和内螺纹的最大中径，要对中径规定合适的公差。

四、普通螺纹的公差与配合

为保证螺纹的互换性，国家标准规定了供选用的螺纹公差带及具有最小保证间隙（包括最小间隙为零）的螺纹配合、旋合长度及公差等级。

1. 螺纹公差带

螺纹公差带是牙型公差带，以基本牙型的轮廓为零线，沿着螺纹牙型的牙侧、牙顶和牙底分布，并在垂直于螺纹轴线方向计量大、中、小径的偏差和公差，如图9-5所示。

2. 螺纹公差带的位置和基本偏差

公差带由其相对于基本牙型的位置因素和大小因素组成。GB/T 197—2003《普通螺纹公差》对内螺纹的公差规定了 G 和 H 两种，对外螺纹的公差带规定了 e、f、g、h 四种，如图9-5所示。

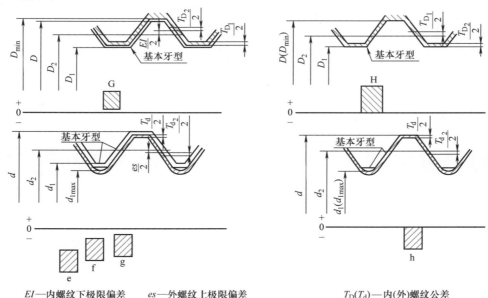

EI—内螺纹下极限偏差　　　　*es*—外螺纹上极限偏差　　　　$T_D(T_d)$—内（外）螺纹公差

图9-5　内、外螺纹公差带的位置

内螺纹的公差带在基本牙型零线以上，以下极限偏差（*EI*）为基本偏差，H 的基本偏差为零，G 的基本偏差为正值。

外螺纹的公差带在基本牙型零线以下，以上极限偏差（*es*）为基本偏差，h 的基本偏差为零，e、f、g 的基本偏差为负值。

内、外螺纹的基本偏差数值见表9-3。表中除 H 和 h 外，其余基本偏差数值均与螺距有关。

表9-3　内、外螺纹的基本偏差　　　　　　（单位：μm）

螺距 P/mm	内螺纹		外螺纹			
	G	H	e	f	g	h
	EI		es			
0.75	+22		−56	−38	−22	
0.8	+24		−60	−38	−24	
1	+26		−60	−40	−26	
1.25	+28		−63	−42	−28	
1.5	+32	0	−67	−45	−32	0
1.75	+34		−71	−48	−34	
2	+38		−71	−52	−38	
2.5	+42		−80	−58	−42	
3	+48		−85	−63	−48	

注：1. 内、外螺纹的基本偏差表包括大径、中径、小径（顶径、中径、底径）的三个直径基本偏差。

　　2. 实际上外螺纹的小径也有偏差，小径（底径）的偏差与其中径的基本偏差相同，删去了表中的顶径 d、中径 d_2 代号就是螺纹的三个直径（顶径、中径、底径）基本偏差。

　　3. 实际上内螺纹大径也有偏差，大径（顶径）的偏差与其中径的基本偏差相同，删去了表中的小径 D_1、中径 D_2 代号就是螺纹的三个直径（顶径、中径、底径）基本偏差。

3. 螺纹公差带的大小和公差等级

标准规定螺纹公差带的大小由公差值 T 确定，并按其大小分为若干等级。它的含义和孔、轴公差等级相似，但有自己的系列和数值。公差值除与公差等级有关外，还与基本螺距有关。考虑到内、外螺纹的工艺等价性，在公差等级和螺距的基本值均一样的情况下，内螺纹的公差值比外螺纹的公差值大32%。螺纹的公差值可由经验公式计算出来。一般情况下，螺纹常用公差等级为6级。内、外螺纹的中径和顶径（内螺纹小径 D_1，外螺纹大径 d）的公差等级见表9-4。

表9-4　螺纹的公差等级（摘自 GB/T 197—2003）

螺纹直径	公差等级	螺纹直径	公差等级
内螺纹小径 D_1	4、5、6、7、8	外螺纹大径 d	4、6、8
内螺纹中径 D_2	4、5、6、7、8	外螺纹中径 d_2	3、4、5、6、7、8、9

普通螺纹的中径和顶径公差见表9-5、表9-6。普通螺纹的中径计算公式为

$$D_2(d_2) = D_1(d_1) - 0.6495P（保留一位小数）$$

表9-5　内、外螺纹中径公差　　　　　　（单位：μm）

公称直径/mm		螺距	内螺纹中径公差 T_{D_2}				外螺纹中径公差 T_{d_2}			
>	≤	P/mm	公差等级							
			5	6	7	8	5	6	7	8
5.6	11.2	0.75	106	132	170	—	80	100	125	—
		1	118	150	190	236	90	112	140	180
		1.25	125	160	200	250	95	118	150	190
		1.5	140	180	224	280	106	132	170	212

（续）

公称直径/mm		螺距	内螺纹中径公差 T_{D_2}				外螺纹中径公差 T_{d_2}			
			公差等级							
>	≤	P/mm	5	6	7	8	5	6	7	8
		1	125	160	200	250	95	118	150	190
		1.25	140	180	224	280	106	132	170	212
11.2	22.4	1.5	150	190	236	300	112	140	180	224
		1.75	160	200	250	315	118	150	190	236
		2	170	212	265	335	125	160	200	250
		2.5	180	224	280	355	132	170	212	265
		1	132	170	212	—	100	125	160	200
22.4	45	1.5	160	200	250	315	118	150	190	236
		2	180	224	280	355	132	170	212	265
		3	212	265	335	425	160	200	250	315

表9-6　内、外螺纹顶径公差 T_{D_1}、T_d　　　　　　　（单位：μm）

螺距 P/mm	内螺纹顶径（小径）公差 T_{D_1}				外螺纹顶径（大径）公差 T_d		
	公差等级						
	5	6	7	8	4	6	8
0.75	150	190	236	—	90	140	—
0.8	160	200	250	315	95	150	236
1	190	236	300	375	112	180	280
1.25	212	265	335	425	132	212	335
1.5	236	300	375	475	150	236	375
1.75	265	335	425	530	170	265	425
2	300	375	475	600	180	280	450
2.5	355	450	560	710	212	335	530
3	400	500	630	800	236	375	600

4. 螺纹的旋合长度

螺纹旋合的精度不仅与螺纹公差带的大小有关，而且还与螺纹的旋合长度有关。标准规定将螺纹的旋合长度分为三组：短旋合长度（S）、中等旋合长度（N）和长旋合长度（L）。一般使用的旋合长度是螺纹公称直径的0.5～1.5倍，故将此范围内的旋合长度作为中等旋合长度，小于这个范围的便是短旋合长度，大于这个范围的便是长旋合长度。同一组旋合长度中，螺纹的公称直径和螺距不同，其长度也是不同，具体的数值见表9-7。

表9-7　螺纹旋合长度　　　　　　　　　　　（单位：mm）

公称直径 D、d/mm		螺距 P/mm	旋合长度			
			S	N		L
>	≤		≤	>	≤	>
		0.75	2.4	2.4	7.1	7.1
5.6	11.2	1	3	3	9	9
		1.25	4	4	12	12
		1.5	5	5	15	15

（续）

公称直径 D、d/mm		螺距 P/mm	旋合长度			
			S		N	L
>	≤		≤	>	≤	>
11.2	22.4	1	3.8	3.8	11	11
		1.25	4.5	4.5	13	13
		1.5	5.6	5.6	16	16
		1.75	6	6	18	18
		2	8	8	24	24
		2.5	10	10	30	30

5. 螺纹公差带的选用

标准推荐了一些常用公差带作为选用公差带，并在其中给出了"优先""其次"和"尽可能不用"的选用顺序，见表9-8。

表9-8 普通螺纹的选用公差带

公差精度	内螺纹公差带			外螺纹公差带		
	S	N	L	S	N	L
精密级	4H	5H	6H	(3h4h)	*4h (4g)	(5h4h) (5g4g)
中等级	*5H (5G)	6H *6G	*7H (7G)	(5h6h) (5g6g)	*6e *6f *6g 6h	(7e6e) (7g6g) (7h6h)
粗糙级	—	7H (7G)	8H (8G)	—	(8e) 8g	(9e8e) (9g8g)

注：1. 大量生产的精制紧固螺纹，推荐采用带方框的公差带。

2. 带星号 * 的公差带应优先选用，不带星号 * 的公差带其次选用，加括号的公差带尽量不用。

对螺纹公差精度规定了三个等级，精密级、中等级、粗糙级，并对内、外螺纹三个公差精度列出了S组、N组、L组三种旋合长度下的选用公差带。它代表了螺纹的不同加工难易程度，同一级则意味着加工难易程度相同。

表9-8中只有一种公差带代号的，表示中径公差带和顶径（内螺纹小径 D 或外螺纹大径 d）公差带相同；有两种公差带代号的，前者表示中径公差带，后者表示顶径公差带。

选用时，通常可按以下原则考虑：

1）精密级，用于精密螺纹，当要求配合性质变动较小时选用。

2）中等级，用于一般用途。

3）粗糙级，当精度要求不高或制造比较困难时选用。

在实际的生产中，对于精度要求不高的螺纹，工人师傅常常采用经验近似值的方法计算螺纹的内、外径尺寸。计算内螺纹的加工孔径时：对于钢和塑性大的材料，用螺纹的公称直径 D 减去螺距 P，即 $D-P$；对于铸铁和塑性小的材料，采用经验系数，即 $D-(1.05 \sim 1.1)P$。在加工外螺纹的外径时，也是根据材料的情况来确定外径的大小，即 $D-(0.1 \sim 0.13)P$。外螺纹小径用 $d-P$。虽然不够精确但比较实用。

6. 配合的选用

由表9-8所列的内、外螺纹公差带可组成许多可供选用的配合，但从保证螺纹的使用性能和保证一定牙型接触高度考虑，选用的配合最好是 H/g、H/h、G/h。如为了便于装拆，提高效率，可选用 H/g、G/h 配合，原因是 H/g、G/h 配合所形成的最小极限间隙可用来对内、外螺纹旋合起引导作用。单件小批量生产的螺纹，宜选用 H/h 配合。

五、螺纹在图样上的标注

1. 单个螺纹的标注

螺纹公差带代号同样由表示公差等级的数字和表示基本偏差的字母组成，其公差等级数字在前，基本偏差字母在后，如 6H、6g。这是螺纹与光滑圆柱形工件的公差带代号的区别。

普通螺纹在图样上的标注包括：螺纹代号、螺纹公差带代号和螺纹旋合长度代号。

螺纹代号：粗牙普通螺纹用字母"M"及公称直径表示；细牙普通螺纹用字母"M"及公称直径×螺距表示。左旋螺纹在螺距后加注"LH"，右旋螺纹不加注。公称直径是关键的主要参数，是为了设计、制造、安装和维修方便而人为规定的关键规格的标准直径，是一种名义直径。在若干情况下与制造联接端的内径相同或相等，但在一般情况下，大多数制品其公称直径不等于实际外径，也不等于实际内径，而是与内径相近的一个整数，公称直径单位为 mm。

螺纹公差带代号：包括中径公差带代号和顶径公差带代号，标注在螺纹代号之后用"－"分开。若中径公差带和顶径公差带代号相同，则只标一个代号；若中径公差带和顶径公差带代号不同，则分别注出，前者为中径公差带代号，后者为顶径公差带代号。以外螺纹为例，如中径和顶径公差带都为 6g，标注时需写成 6g；若中径公差带代号为 5g，顶径公差带代号为 6g，标注时需写成 5g6g。

螺纹旋合长度代号：在一般情况下，不标螺纹旋合长度，其螺纹公差带按中等旋合长度确定。必要时，在螺纹公差带代号之后加注旋合长度代号"S"或"L"，中间用"－"分开。特殊需要时，可注明旋合长度数值。

标注示例：

1）M20×2LH－7g6g－L，表示普通细牙外螺纹，公称直径为 20mm，螺距为 2mm，左旋，中径公差带代号为 7g，顶径公差带代号为 6g，长旋合长度为 $L=24\text{mm}$。

2）M10－7H，表示普通粗牙内螺纹，公称直径为 10mm，查表可得螺距为 1.5mm，右旋，中径和顶径公差带代号均为 7H，中等旋合长度。

3）M10×1－6H－30，表示普通细牙内螺纹，公称直径为 10mm，螺距为 1mm，右旋，中径和顶径公差带代号均为 6H，旋合长度为 30mm。

2. 螺纹配合代号

在图样上标注内、外螺纹的配合时，其公差带代号用斜线"/"分开，左边表示内螺纹的公差带代号，右边表示外螺纹的公差带代号。

标注示例：　　M20×2－6H/6g　　M20×2LH－6H/5g6g

3. 螺纹的表面粗糙度

螺纹牙型表面粗糙度要求主要根据中径公差等级来确定。表 9-9 列出了螺纹牙侧表面粗糙度参数 Ra 的推荐值。

表 9-9　螺纹牙侧表面粗糙度参数 Ra 值　　　　　　　（单位：μm）

工件	螺纹中径公差等级		
	4、5	6、7	7~9
	Ra 不大于		
螺栓、螺钉、螺母	1.6	3.2	3.2~6.3
轴及套上的螺纹	0.8~1.6	1.6	3.2

第二部分　测量技能实训

任务一　普通螺纹的检测

螺纹及检测微课

1. 任务内容

普通螺纹的单项检测、综合检测。

2. 任务准备

M30×2 螺纹工件（图 9-6）5 件；三角形螺纹样板（0.4～7mm）5 个；螺纹千分尺（25～50mm/0.01mm）5 个；M30×2 螺纹通止规 5 套。

图 9-6　螺纹工件

3. 任务实施

检测螺纹是否达到规定要求，有单项检测和综合检测两种方法。

（1）单项检测　用量具测量螺纹几何参数其中的一项。

1）顶径的测量：顶径的公差值一般都比较大，内、外螺纹顶径常用游标卡尺测量。

2）螺距的测量：螺距一般用螺距规进行测量。三角形螺纹样板有米制（60°）和英制（55°）两种，60°螺纹样板螺距测量范围为 0.4～7mm，如图 9-7 所示。

图 9-7　60°螺纹样板

3）中径的测量：普通螺纹的中径测量可用螺纹千分尺测量，它的两个测量头可以调换，测量时，两个跟螺纹牙型角相同的触头正好卡在螺纹的牙侧上，螺纹千分尺上所读出的数值，就是被测螺纹中径的实际尺寸。

（2）测量方法　根据公称直径选择测量范围 25～50mm/0.01mm 的螺纹千分尺，如图 9-8 所示。

1）首先根据公式计算出螺纹 M30×2 中径，中径等于公称直径 30mm − 0.6495×2mm = 28.701mm，或者查普通螺纹基本尺寸表 GB/T 196—2003。

2）螺纹千分尺测头标有代号，测量时按被测螺纹的螺距选取测头，选 1.5～2mm 螺距的测头，对应的测头代号 4 号。

3）测量时先将 V 形插头卡在螺纹上与被测面接触，再缓慢进给测微螺杆，使锥形插头测量面与螺纹的另一面螺纹槽测量面接触，将要接触时，通过转动测力装置渐近被测量面，听到测力装置发出"咔咔"声，表明已接触测量面，方可读数。

4）读取数值时，因微分筒每转动一圈测微螺杆移动 0.5mm，两圈移动 1mm，用固定套管的整数加微分筒的读数直接读取测量数值，当微分筒在第一圈与第二圈之间时，看到固定套管上整数刻度上面的半毫米刻度，这时，整毫米数加 0.5mm，再加微分筒的读数即为螺纹中径的测量值。28mm + 0.5mm + 0.20mm = 28.70mm。

> **注意**
>
> 1）测量工件时应在静态下进行，手握住隔热装置，尽量不要接触尺架，以免影响测量准确度。
>
> 2）测量时，不足微分筒一格的测量值（千分之几毫米）时可估读。

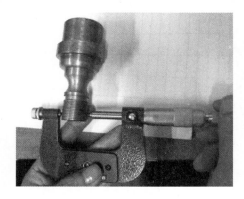

图 9-8　螺纹千分尺测量螺纹中径

测量螺纹动画

任务二　梯形螺纹的三针测量

1. 任务内容

用三针间接测量梯形螺纹的中径，如图 9-9 所示。

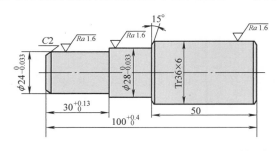

图 9-9　梯形螺纹

2. 任务准备

Tr36 ×6 梯形螺纹工件 5 件；三针；公法线千分尺（25～50mm/0.01mm）5 把。

3. 任务实施

三针测量法是一种间接测量。通过测量与被测工件尺寸有关的几何参数，经过计算获得被测尺寸。间接测量比较烦琐，一般当被测尺寸不容易测量或用直接测量达不到准确度要求时，才采用间接测量方法，如图9-10所示。

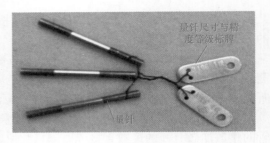

图9-10 三针

（1）三针测量 三针测量是测量外螺纹中径的一种比较精密的测量方法，适用于测量准确度较高的三角形、梯形等螺蚊的中径和蜗杆的分度圆直径。测量时，把三根直径相等的量针放在螺纹相对应的螺旋槽中，用公法线千分尺测量出两边量针顶点之间的距离 M，如图9-11所示。

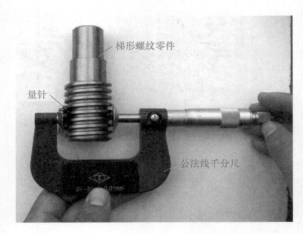

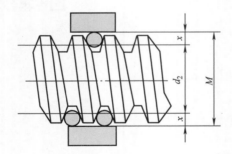

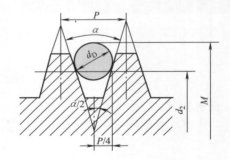

图9-11 三针法测量梯形螺纹中径

（2）测量方法 测量 Tr36×6 梯形螺纹中径，选择测量范围 25～50mm/0.01mm 的公法线千分尺。

1）首先根据公式计算出梯形螺纹中径 d_2，$d_2 = 36\text{mm} - 0.5 \times 6\text{mm} = 33\text{mm}$。

2）根据公式计算出量针直径 d_D，$d_D = 0.518 \times 6\text{mm} = 3.108\text{mm}$。

3）根据公式计算出量针测量距 M，$M = 33\text{mm} + 4.864 \times 3.108\text{mm} - 1.866 \times 6\text{mm} = 36.921\text{mm}$。

4）测量时，先将三针与螺纹外廓的被测面接触，再缓慢进给测微螺杆，将要接触时，通过转动测力装置渐近被测量面，听到测力装置发出"咔咔"声，表明已接触三针，方可读数。

5）读取数值时，微分筒每转动两圈，测微螺杆移动1mm。当微分筒棱边离开整数刻度的第一圈内，用固定套管的整数加微分筒的读数，直接读取测量数值；当微分筒在第一圈与第二圈之间时，看到固定套管上整数刻度上面的半毫米刻度，这时整毫米数加0.5mm，再加微分筒的读数即为螺纹中径的测量值，即36mm + 0.5mm + 0.420mm = 36.920mm。

量针测量距M可用表9-10所列公式计算（国家标准中规定，螺纹中径代号为d_2，螺纹牙型角为α，牙型角为2α。）

M——量针测量距（mm）；

d_1——螺纹小径（mm）；

d_2——螺纹中径（mm）；

d_D——量针直径（mm）；

α——螺纹牙型角（°）；

P——螺距（mm）。

（3）量针直径的选择　量针直径d_D可按表9-10所列公式计算。

表9-10　量针测量距M值及量针直径计算公式

蜗杆齿形角α	螺纹牙型角α	M值计算公式	量针直径d_D
	60°	$M = d_2 + 3d_D - 0.866P$	$d_D = 0.577P$
	55°	$M = d_2 + 3.166d_D - 0.9605P$	$d_D = 0.564P$
20°		$M = d_1 + 3.924d_D - 1.374P$	$d_D = 0.533P$
	30°	$M = d_2 + 4.864d_D - 1.866P$	$d_D = 0.518P$
14½°		$M = d_1 + 4.994d_D - 1.933P$	$d_D = 0.516P$

任务三　综合测量

1. 任务内容

用 M24 ×3 螺纹环规、塞规进行综合测量。

2. 任务准备

M24 ×3 螺纹工件（图9-12）5 件；M24 ×3 螺纹环规通、止规各5 套；M24 ×3 螺纹量规塞规（图9-13）5 套。

图9-12　螺纹工件

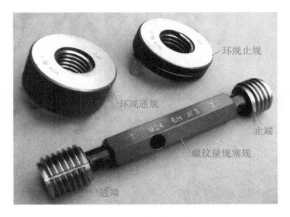

图9-13　螺纹量规

3. 任务实施

综合测量是对螺纹的各项几何参数进行综合性的测量。综合测量可用螺纹量规（环规和塞规）进行测量。测量三角形螺纹的量规如图9-13所示。环规用来测量外螺纹，塞规用来测量内螺纹。

螺纹量规是对螺纹各项几何参数进行综合性测量的量具，由通规（通端）和止规（止端）组成。螺纹量规分为三角形螺纹和梯形螺纹量规两种。

测量时，螺纹通止规（塞规、环规），要与被测工件轴线方向一致，并且垂直于工件端面。如果通端正好拧进去，在旋合长度内与被测螺纹顺利旋合，而止端不应通过，但最多允许旋进2~3牙，则说明加工的内、外螺纹的螺距、大径、中径、小径、牙型半角、旋合长度符合要求。使用螺纹量规时，用力不应过大，以免量规严重磨损。

习　题

一、单选题

1. 螺纹量规分为三角形螺纹和（　　）螺纹量规两种。

    A. 梯形　　　　　　　B. 矩形　　　　　　　C. 锯齿形　　　　　　　D. 英制螺纹

2. 国家标准对内螺纹的公差规定了G和（　　）两种。

    A. h　　　　　　　　B. H　　　　　　　　C. F　　　　　　　　D. f

二、判断题

1. 螺纹千分尺用来测量螺纹大径。　　　　　　　　　　　　　　　　　　（　　）

2. 综合测量是对螺纹的各项几何参数进行综合测量。　　　　　　　　　　（　　）

3. 国家标准对外螺纹公差带规定了e、f、g、h四种位置。　　　　　　　　（　　）

4. 国家标准对外螺纹公差带规定了G、H两种位置。　　　　　　　　　　　（　　）

三、简答题

1. 普通螺纹的公称直径是指哪一个直径？内、外螺纹的顶径分别指哪一个直径？

2. 普通螺纹联接的基本要求是什么？

附　　录

附录 A　孔的极限偏差

孔的极限偏差见表 A-1 ~ 表 A-13。

表 A-1　孔的极限偏差（基本偏差 A、B 和 C）　　　　　　　　　（单位：μm）

公称尺寸/mm		A					B						C					
大于	至	9	10	11	12	13	8	9	10	11	12	13	8	9	10	11	12	13
—	3	+295 +270	+310 +270	+330 +270	+370 +270	+410 +270	+154 +140	+165 +140	+180 +140	+200 +140	+240 +140	+280 +140	+74 +60	+85 +60	+100 +60	+120 +60	+160 +60	+200 +60
3	6	+300 +270	+318 +270	+345 +270	+390 +270	+450 +270	+158 +140	+170 +140	+188 +140	+215 +140	+260 +140	+320 +140	+88 +70	+100 +70	+118 +70	+145 +70	+190 +70	+250 +70
6	10	+316 +280	+338 +280	+370 +280	+430 +280	+500 +280	+172 +150	+186 +150	+208 +150	+240 +150	+300 +150	+370 +150	+102 +80	+116 +80	+138 +80	+170 +80	+230 +80	+300 +80
10	18	+333 +290	+360 +290	+400 +290	+470 +290	+560 +290	+177 +150	+193 +150	+220 +150	+260 +150	+330 +150	+420 +150	+122 +95	+138 +95	+165 +95	+205 +95	+275 +95	+365 +95
18	30	+352 +300	+384 +300	+430 +300	+510 +300	+630 +300	+193 +160	+212 +160	+244 +160	+290 +160	+370 +160	+490 +160	+143 +110	+162 +110	+194 +110	+240 +110	+320 +110	+440 +110
30	40	+372 +310	+410 +310	+470 +310	+560 +310	+700 +310	+209 +170	+232 +170	+270 +170	+330 +170	+420 +170	+560 +170	+159 +120	+182 +120	+220 +120	+280 +120	+370 +120	+510 +120
40	50	+382 +320	+420 +320	+480 +320	+570 +320	+710 +320	+219 +180	+242 +180	+280 +180	+340 +180	+430 +180	+570 +180	+169 +130	+192 +130	+230 +130	+290 +130	+380 +130	+520 +130
50	65	+414 +340	+460 +340	+530 +340	+640 +340	+800 +340	+236 +190	+264 +190	+310 +190	+380 +190	+490 +190	+650 +190	+186 +140	+214 +140	+260 +140	+330 +140	+440 +140	+600 +140
65	80	+434 +360	+480 +360	+550 +360	+660 +360	+820 +360	+246 +200	+274 +200	+320 +200	+390 +200	+500 +200	+660 +200	+196 +150	+224 +150	+270 +150	+340 +150	+450 +150	+610 +150
80	100	+467 +380	+520 +380	+600 +380	+730 +380	+920 +380	+274 +220	+307 +220	+360 +220	+440 +220	+570 +220	+760 +220	+224 +170	+257 +170	+310 +170	+390 +170	+520 +170	+710 +170
100	120	+497 +410	+550 +410	+630 +410	+760 +410	+950 +410	+294 +240	+327 +240	+380 +240	+460 +240	+590 +240	+780 +240	+234 +180	+267 +180	+320 +180	+400 +180	+530 +180	+720 +180
120	140	+560 +460	+620 +460	+710 +460	+860 +460	+1090 +460	+323 +260	+360 +260	+420 +260	+510 +260	+660 +260	+890 +260	+263 +200	+300 +200	+360 +200	+450 +200	+600 +200	+830 +200
140	160	+620 +520	+680 +520	+770 +520	+920 +520	+1150 +520	+343 +280	+380 +280	+440 +280	+530 +280	+680 +280	+910 +280	+273 +210	+310 +210	+370 +210	+460 +210	+610 +210	+840 +210
160	180	+680 +580	+740 +580	+830 +580	+980 +580	+1210 +580	+373 +310	+410 +310	+470 +310	+560 +310	+710 +310	+940 +310	+293 +230	+330 +230	+390 +230	+480 +230	+630 +230	+860 +230
180	200	+775 +660	+845 +660	+950 +660	+1120 +660	+1380 +660	+412 +340	+455 +340	+525 +340	+630 +340	+800 +340	+1060 +340	+312 +240	+355 +240	+425 +240	+530 +240	+700 +240	+960 +240
200	225	+855 +740	+925 +740	+1030 +740	+1200 +740	+1460 +740	+452 +380	+495 +380	+565 +380	+670 +380	+840 +380	+1100 +380	+332 +260	+375 +260	+445 +260	+550 +260	+720 +260	+980 +260

（续）

公称尺寸/mm		A					B						C					
大于	至	9	10	11	12	13	8	9	10	11	12	13	8	9	10	11	12	13
225	250	+935 +820	+1005 +820	+1110 +820	+1280 +820	+1540 +820	+492 +420	+535 +420	+605 +420	+710 +420	+880 +420	+1140 +420	+352 +280	+395 +280	+465 +280	+570 +280	+740 +280	+1000 +280
250	280	+1050 +920	+1130 +920	+1240 +920	+1440 +920	+1730 +920	+561 +480	+610 +480	+690 +480	+800 +480	+1000 +480	+1290 +480	+381 +300	+430 +300	+510 +300	+620 +300	+820 +300	+1110 +300
280	315	+1180 +1050	+1260 +1050	+1370 +1050	+1570 +1050	+1860 +1050	+621 +540	+670 +540	+750 +540	+860 +540	+1060 +540	+1350 +540	+411 +330	+460 +330	+540 +330	+650 +330	+850 +330	+1140 +330
315	355	+1340 +1200	+1430 +1200	+1560 +1200	+1770 +1200	+2090 +1200	+689 +600	+740 +600	+830 +600	+960 +600	+1170 +600	+1490 +600	+449 +360	+500 +360	+590 +360	+720 +360	+930 +360	+1250 +360
355	400	+1490 +1350	+1580 +1350	+1710 +1350	+1920 +1350	+2240 +1350	+769 +680	+820 +680	+910 +680	+1040 +680	+1250 +680	+1570 +680	+489 +400	+540 +400	+630 +400	+760 +400	+970 +400	+1290 +400
400	450	+1655 +1500	+1750 +1500	+1900 +1500	+2130 +1500	+2470 +1500	+857 +760	+915 +760	+1010 +760	+1160 +760	+1390 +760	+1730 +760	+537 +440	+595 +440	+690 +440	+840 +440	+1070 +440	+1410 +440
450	500	+1805 +1650	+1900 +1650	+2050 +1650	+2280 +1650	+2620 +1650	+937 +840	+995 +840	+1090 +840	+1240 +840	+1470 +840	+1810 +840	+577 +480	+635 +480	+730 +480	+880 +480	+1110 +480	+1450 +480

注：1. 表中没有给出公称尺寸大于500mm的基本偏差A、B和C。

2. 公称尺寸小于1mm时，各级的A和B均不采用。

表 A-2　孔的极限偏差（基本偏差D和E）　　　（单位：μm）

公称尺寸/mm		D								E					
大于	至	6	7	8	9	10	11	12	13	5	6	7	8	9	10
—	3	+26 +20	+30 +20	+34 +20	+45 +20	+60 +20	+80 +20	+120 +20	+160 +20	+18 +14	+20 +14	+24 +14	+28 +14	+39 +14	+54 +14
3	6	+38 +30	+42 +30	+48 +30	+60 +30	+78 +30	+105 +30	+150 +30	+210 +30	+25 +20	+28 +20	+32 +20	+38 +20	+50 +20	+68 +20
6	10	+49 +40	+55 +40	+62 +40	+76 +40	+98 +40	+130 +40	+190 +40	+260 +40	+31 +25	+34 +25	+40 +25	+47 +25	+61 +25	+83 +25
10	18	+61 +50	+68 +50	+77 +50	+93 +50	+120 +50	+160 +50	+230 +50	+320 +50	+40 +32	+43 +32	+50 +32	+59 +32	+75 +32	+102 +32
18	30	+78 +65	+86 +65	+98 +65	+117 +65	+149 +65	+195 +65	+275 +65	+395 +65	+49 +40	+53 +40	+61 +40	+73 +40	+92 +40	+124 +40
30	50	+96 +80	+105 +80	+119 +80	+142 +80	+180 +80	+240 +80	+330 +80	+470 +80	+61 +50	+66 +50	+75 +50	+89 +50	+112 +50	+150 +50
50	80	+119 +100	+130 +100	+146 +100	+174 +100	+220 +100	+290 +100	+400 +100	+560 +100	+73 +60	+79 +60	+90 +60	+106 +60	+134 +60	+180 +60
80	120	+142 +120	+155 +120	+174 +120	+207 +120	+260 +120	+340 +120	+470 +120	+660 +120	+87 +72	+94 +72	+107 +72	+126 +72	+159 +72	+212 +72
120	180	+170 +145	+185 +145	+208 +145	+245 +145	+305 +145	+395 +145	+545 +145	+775 +145	+103 +85	+110 +85	+125 +85	+148 +85	+185 +85	+245 +85
180	250	+199 +170	+216 +170	+242 +170	+285 +170	+355 +170	+460 +170	+630 +170	+890 +170	+120 +100	+129 +100	+146 +100	+172 +100	+215 +100	+285 +100
250	315	+222 +190	+242 +190	+271 +190	+320 +190	+400 +190	+510 +190	+710 +190	+1000 +190	+133 +110	+142 +110	+162 +110	+191 +110	+240 +110	+320 +110
315	400	+246 +210	+267 +210	+299 +210	+350 +210	+440 +210	+570 +210	+780 +210	+1100 +210	+150 +125	+161 +125	+182 +125	+214 +125	+265 +125	+355 +125
400	500	+270 +230	+293 +230	+327 +230	+385 +230	+480 +230	+630 +230	+860 +230	+1200 +230	+162 +135	+175 +135	+198 +135	+232 +135	+290 +135	+385 +135

表 A-3　孔的极限偏差（基本偏差 F 和 G）

（单位：μm）

公称尺寸/mm 大于	至	F3	F4	F5	F6	F7	F8	F9	F10	G3	G4	G5	G6	G7	G8	G9	G10
—	3	+8/+6	+9/+6	+10/+6	+12/+6	+16/+6	+20/+6	+31/+6	+46/+6	+4/+2	+5/+2	+6/+2	+8/+2	+12/+2	+16/+2	+27/+2	+42/+2
3	6	+12.5/+10	+14/+10	+15/+10	+18/+10	+22/+10	+28/+10	+40/+10	+58/+10	+6.5/+4	+8/+4	+9/+4	+12/+4	+16/+4	+22/+4	+34/+4	+52/+4
6	10	+15.5/+13	+17/+13	+19/+13	+22/+13	+28/+13	+35/+13	+49/+13	+71/+13	+7.5/+5	+9/+5	+11/+5	+14/+5	+20/+5	+27/+5	+41/+5	+63/+5
10	18	+19/+16	+21/+16	+24/+16	+27/+16	+34/+16	+43/+16	+59/+16	+86/+16	+9/+6	+11/+6	+14/+6	+17/+6	+24/+6	+33/+6	+49/+6	+76/+6
18	30	+24/+20	+26/+20	+29/+20	+33/+20	+41/+20	+53/+20	+72/+20	+104/+20	+11/+7	+13/+7	+16/+7	+20/+7	+28/+7	+40/+7	+59/+7	+91/+7
30	50	+29/+25	+32/+25	+36/+25	+41/+25	+50/+25	+64/+25	+87/+25	+125/+25	+13/+9	+16/+9	+20/+9	+25/+9	+34/+9	+48/+9	+71/+9	+109/+9
50	80			+43/+30	+49/+30	+60/+30	+76/+30	+104/+30				+23/+10	+29/+10	+40/+10	+56/+10		
80	120			+51/+36	+58/+36	+71/+36	+90/+36	+123/+36				+27/+12	+34/+12	+47/+12	+66/+12		
120	180			+61/+43	+68/+43	+83/+43	+106/+43	+143/+43				+32/+14	+39/+14	+54/+14	+77/+14		
180	250			+70/+50	+79/+50	+96/+50	+122/+50	+165/+50				+35/+15	+44/+15	+61/+15	+87/+15		
250	315			+79/+56	+88/+56	+108/+56	+137/+56	+186/+56				+40/+17	+49/+17	+69/+17	+98/+17		
315	400			+87/+62	+98/+62	+119/+62	+151/+62	+202/+62				+43/+18	+54/+18	+75/+18	+107/+18		
400	500			+95/+68	+108/+68	+131/+68	+165/+68	+223/+68				+47/+20	+60/+20	+83/+20	+117/+20		

表 A-4　孔的极限偏差（基本偏差 H）

H / 偏差

公称尺寸/mm 大于	至	1	2	3	4	5	6	7	8	9	10	11	12	13	14	15	16	17	18
		μm											mm						
—	3	+0.8 / 0	+1.2 / 0	+2 / 0	+3 / 0	+4 / 0	+6 / 0	+10 / 0	+14 / 0	+25 / 0	+40 / 0	+60 / 0	+0.1 / 0	+0.14 / 0	+0.25 / 0	+0.4 / 0	+0.6 / 0		
3	6	+1 / 0	+1.5 / 0	+2.5 / 0	+4 / 0	+5 / 0	+8 / 0	+12 / 0	+18 / 0	+30 / 0	+48 / 0	+75 / 0	+0.12 / 0	+0.18 / 0	+0.3 / 0	+0.48 / 0	+0.75 / 0	+1.2 / 0	+1.8 / 0
6	10	+1 / 0	+1.5 / 0	+2.5 / 0	+4 / 0	+6 / 0	+9 / 0	+15 / 0	+22 / 0	+36 / 0	+58 / 0	+90 / 0	+0.15 / 0	+0.22 / 0	+0.36 / 0	+0.58 / 0	+0.9 / 0	+1.5 / 0	+2.2 / 0
10	18	+1.2 / 0	+2 / 0	+3 / 0	+5 / 0	+8 / 0	+11 / 0	+18 / 0	+27 / 0	+43 / 0	+70 / 0	+110 / 0	+0.18 / 0	+0.27 / 0	+0.43 / 0	+0.7 / 0	+1.1 / 0	+1.8 / 0	+2.7 / 0
18	30	+1.5 / 0	+2.5 / 0	+4 / 0	+6 / 0	+9 / 0	+13 / 0	+21 / 0	+33 / 0	+52 / 0	+84 / 0	+130 / 0	+0.21 / 0	+0.33 / 0	+0.52 / 0	+0.84 / 0	+1.3 / 0	+2.1 / 0	+3.3 / 0
30	50	+1.5 / 0	+2.5 / 0	+4 / 0	+7 / 0	+11 / 0	+16 / 0	+25 / 0	+39 / 0	+62 / 0	+100 / 0	+160 / 0	+0.25 / 0	+0.39 / 0	+0.62 / 0	+1 / 0	+1.6 / 0	+2.5 / 0	+3.9 / 0
50	80	+2 / 0	+3 / 0	+5 / 0	+8 / 0	+13 / 0	+19 / 0	+30 / 0	+46 / 0	+74 / 0	+120 / 0	+190 / 0	+0.3 / 0	+0.46 / 0	+0.74 / 0	+1.2 / 0	+1.9 / 0	+3 / 0	+4.6 / 0
80	120	+2.5 / 0	+4 / 0	+6 / 0	+10 / 0	+15 / 0	+22 / 0	+35 / 0	+54 / 0	+87 / 0	+140 / 0	+220 / 0	+0.35 / 0	+0.54 / 0	+0.87 / 0	+1.4 / 0	+2.2 / 0	+3.5 / 0	+5.4 / 0
120	180	+3.5 / 0	+5 / 0	+8 / 0	+12 / 0	+18 / 0	+25 / 0	+40 / 0	+63 / 0	+100 / 0	+160 / 0	+250 / 0	+0.4 / 0	+0.63 / 0	+1 / 0	+1.6 / 0	+2.5 / 0	+4 / 0	+6.3 / 0
180	250	+4.5 / 0	+7 / 0	+10 / 0	+14 / 0	+20 / 0	+29 / 0	+46 / 0	+72 / 0	+115 / 0	+185 / 0	+290 / 0	+0.46 / 0	+0.72 / 0	+1.15 / 0	+1.85 / 0	+2.9 / 0	+4.6 / 0	+7.2 / 0
250	315	+6 / 0	+8 / 0	+12 / 0	+16 / 0	+23 / 0	+32 / 0	+52 / 0	+81 / 0	+130 / 0	+210 / 0	+320 / 0	+0.52 / 0	+0.81 / 0	+1.3 / 0	+2.1 / 0	+3.2 / 0	+5.2 / 0	+8.1 / 0
315	400	+7 / 0	+9 / 0	+13 / 0	+18 / 0	+25 / 0	+36 / 0	+57 / 0	+89 / 0	+140 / 0	+230 / 0	+360 / 0	+0.57 / 0	+0.89 / 0	+1.4 / 0	+2.3 / 0	+3.6 / 0	+5.7 / 0	+8.9 / 0
400	500	+8 / 0	+10 / 0	+15 / 0	+20 / 0	+27 / 0	+40 / 0	+63 / 0	+97 / 0	+155 / 0	+250 / 0	+400 / 0	+0.63 / 0	+0.97 / 0	+1.55 / 0	+2.5 / 0	+4 / 0	+6.3 / 0	+9.7 / 0

注：IT14～IT18 只用于大于 1mm 的公称尺寸。

表 A-5　孔的极限偏差（基本偏差 JS）

公称尺寸/mm		偏差 JS																
大于	至	1	2	3	4	5	6	7	8	9	10	11	12	13	14	15	16	17	18
		μm											mm						
—	3	±0.4	±0.6	±1	±1.5	±2	±3	±5	±7	±12.5	±20	±30	±0.05	±0.07	±0.125	±0.2	±0.3		
3	6	±0.5	±0.75	±1.25	±2	±2.5	±4	±6	±9	±15	±24	±37.5	±0.06	±0.09	±0.15	±0.24	±0.375	±0.6	±0.9
6	10	±0.5	±0.75	±1.25	±2	±3	±4.5	±7.5	±11	±18	±29	±45	±0.075	±0.11	±0.18	±0.29	±0.45	±0.75	±1.1
10	18	±0.6	±1	±1.5	±2.5	±4	±5.5	±9	±13.5	±21.5	±35	±55	±0.09	±0.135	±0.215	±0.35	±0.55	±0.9	±1.35
18	30	±0.75	±1.25	±2	±3	±4.5	±6.5	±10.5	±16.5	±26	±42	±65	±0.105	±0.165	±0.26	±0.42	±0.65	±1.05	±1.65
30	50	±0.75	±1.25	±2	±3.5	±5.5	±8	±12.5	±19.5	±31	±50	±80	±0.125	±0.195	±0.31	±0.5	±0.8	±1.25	±1.95
50	80	±1	±1.5	±2.5	±4	±6.5	±9.5	±15	±23	±37	±60	±95	±0.15	±0.23	±0.37	±0.6	±0.95	±1.5	±2.3
80	120	±1.25	±2	±3	±5	±7.5	±11	±17.5	±27	±43.5	±70	±110	±0.175	±0.27	±0.435	±0.7	±1.1	±1.75	±2.7
120	180	±1.75	±2.5	±4	±6	±9	±12.5	±20	±31.5	±50	±80	±125	±0.2	±0.315	±0.5	±0.8	±1.25	±2	±3.15
180	250	±2.25	±3.5	±5	±7	±10	±14.5	±23	±36	±57.5	±92.5	±145	±0.23	±0.36	±0.575	±0.925	±1.45	±2.3	±3.6
250	315	±3	±4	±6	±8	±11.5	±16	±26	±40.5	±65	±105	±160	±0.26	±0.405	±0.65	±1.05	±1.6	±2.6	±4.05
315	400	±3.5	±4.5	±6.5	±9	±12.5	±18	±28.5	±44.5	±70	±115	±180	±0.285	±0.445	±0.7	±1.15	±1.8	±2.85	±4.45
400	500	±4	±5	±7.5	±10	±13.5	±20	±31.5	±48.5	±77.5	±125	±200	±0.315	±0.485	±0.75	±1.25	±2	±3.15	±4.85

注：1. 为了避免相同值的重复，表列值以"±x"给出，可为 $ES = +x$，$EI = -x$，例如 $^{+0.23}_{-0.23}$ mm。
2. IT14～IT16 只用于大于 1mm 的公称尺寸。

表A-6　孔的极限偏差（基本偏差 J、K）

（单位：μm）

公称尺寸/mm 大于	至	J 6	7	8	9	K 3	4	5	6	7	8	9	10
—	3	+2 −4	+4 −6	+6 −8		0 −2	0 −3	0 −4	0 −6	0 −10	0 −14	0 −25	0 −40
3	6	+5 −3	±6①	+10 −8		0 −2.5	+0.5 −3.5	0 −5	+2 −6	+3 −9	+5 −13		
6	10	+5 −4	+8 −7	+12 −10		0 −2.5	+0.5 −3.5	+1 −5	+2 −7	+5 −10	+6 −16		
10	18	+6 −5	+10 −8	+15 −12		0 −3	+1 −4	+2 −6	+2 −9	+6 −12	+8 −19		
18	30	+8 −5	+12 −9	+20 −13		−0.5 −4.5	0 −6	+1 −8	+2 −11	+6 −15	+10 −23		
30	50	+10 −6	+14 −11	+24 −15		−0.5 −4.5	+1 −6	+2 −9	+3 −13	+7 −18	+12 −27		
50	80	+13 −6	+18 −12	+28 −18				+3 −10	+4 −15	+9 −21	+14 −32		
80	120	+16 −6	+22 −13	+34 −20				+2 −13	+4 −18	+10 −25	+16 −38		
120	180	+18 −7	+26 −14	+41 −22				+3 −15	+4 −21	+12 −28	+20 −43		
180	250	+22 −7	+30 −16	+47 −25				+2 −18	+5 −24	+13 −33	+22 −50		
250	315	+25 −7	+36 −16	+55 −26				+3 −20	+5 −27	+16 −36	+25 −56		
315	400	+29 −7	+39 −18	+60 −29				+3 −22	+7 −29	+17 −40	+28 −61		
400	500	+33 −7	+43 −20	+66 −31				+2 −25	+8 −32	+18 −45	+29 −68		

注: 1. 公差带代号 J9 等的公差极限对称于公称尺寸线。

2. 公称尺寸大于 3mm 时，大于 IT8 的 K 的偏差值不作规定。

① 与 JS7 相同。

表 A-7　孔的极限偏差（基本偏差 M 和 N）

（单位：μm）

公称尺寸/mm		M								N								
大于	至	3	4	5	6	7	8	9	10	3	4	5	6	7	8	9	10	11
—	3	-2 / -4	-2 / -5	-2 / -6	-2 / -8	-2 / -12	-2 / -16	-2 / -27	-2 / -42	-4 / -6	-4 / -7	-4 / -8	-4 / -10	-4 / -14	-4 / -18	-4 / -29	-4 / -44	-4 / -64
3	6	-3 / -5.5	-2.5 / -6.5	-3 / -8	-1 / -9	0 / -12	+2 / -16	-4 / -34	-4 / -52	-7 / -9.5	-6.5 / -10.5	-7 / -12	-5 / -13	-4 / -16	-2 / -20	0 / -30	0 / -48	0 / -75
6	10	-5 / -7.5	-4.5 / -8.5	-4 / -10	-3 / -12	0 / -15	+1 / -21	-6 / -42	-6 / -64	-9 / -11.5	-8.5 / -12.5	-8 / -14	-7 / -16	-4 / -19	-3 / -25	0 / -36	0 / -58	0 / -90
10	18	-6 / -9	-5 / -10	-4 / -12	-4 / -15	0 / -18	+2 / -25	-7 / -50	-7 / -77	-11 / -14	-10 / -15	-9 / -17	-9 / -20	-5 / -23	-3 / -30	0 / -43	0 / -70	0 / -110
18	30	-6.5 / -10.5	-6 / -12	-5 / -14	-4 / -17	0 / -21	+4 / -29	-8 / -60	-8 / -92	-13.5 / -17.5	-13 / -19	-12 / -21	-11 / -24	-7 / -28	-3 / -36	0 / -52	0 / -84	0 / -130
30	50	-7.5 / -11.5	-6 / -13	-5 / -16	-4 / -20	0 / -25	+5 / -34	-9 / -71	-9 / -109	-15.5 / -19.5	-14 / -21	-13 / -24	-12 / -28	-8 / -33	-3 / -42	0 / -62	0 / -100	0 / -160
50	80			-6 / -19	-5 / -24	0 / -30	+5 / -41					-15 / -28	-14 / -33	-9 / -39	-4 / -50	0 / -74	0 / -120	0 / -190
80	120			-8 / -23	-6 / -28	0 / -35	+6 / -48					-18 / -33	-16 / -38	-10 / -45	-4 / -58	0 / -87	0 / -140	0 / -220
120	180			-9 / -27	-8 / -33	0 / -40	+8 / -55					-21 / -39	-20 / -45	-12 / -52	-4 / -67	0 / -100	0 / -160	0 / -250
180	250			-11 / -31	-8 / -37	0 / -46	+9 / -63					-25 / -45	-22 / -51	-14 / -60	-5 / -77	0 / -115	0 / -185	0 / -290
250	315			-13 / -36	-9 / -41	0 / -52	+9 / -72					-27 / -50	-25 / -57	-14 / -66	-5 / -86	0 / -130	0 / -210	0 / -320
315	400			-14 / -39	-10 / -46	0 / -57	+11 / -78					-30 / -55	-26 / -62	-16 / -73	-5 / -94	0 / -140	0 / -230	0 / -360
400	500			-16 / -43	-10 / -50	0 / -63	+11 / -86					-33 / -60	-27 / -67	-17 / -80	-6 / -103	0 / -155	0 / -250	0 / -400

注：公差带代号 N9，N10 和 N11 只用于大于 1mm 的公称尺寸。

表 A-8 孔的极限偏差（基本偏差 P） （单位：μm）

公称尺寸/mm		P							
大于	至	3	4	5	6	7	8	9	10
—	3	−6 −8	−6 −9	−6 −10	−6 −12	−6 −16	−6 −20	−6 −31	−6 −46
3	6	−11 −13.5	−10.5 −14.5	−11 −16	−9 −17	−8 −20	−12 −30	−12 −42	−12 −60
6	10	−14 −16.5	−13.5 −17.5	−13 −19	−12 −21	−9 −24	−15 −37	−15 −51	−15 −73
10	18	−17 −20	−16 −21	−15 −23	−15 −26	−11 −29	−18 −45	−18 −61	−18 −88
18	30	−20.5 −24.5	−20 −26	−19 −28	−18 −31	−14 −35	−22 −55	−22 −74	−22 −106
30	50	−24.5 −28.5	−23 −30	−22 −33	−21 −37	−17 −42	−26 −65	−26 −88	−26 −126
50	80			−27 −40	−26 −45	−21 −51	−32 −78	−32 −106	
80	120			−32 −47	−30 −52	−24 −59	−37 −91	−37 −124	
120	180			−37 −55	−36 −61	−28 −68	−43 −106	−43 −143	
180	250			−44 −64	−41 −70	−33 −79	−50 −122	−50 −165	
250	315			−49 −72	−47 −79	−36 −88	−56 −137	−56 −186	
315	400			−55 −80	−51 −87	−41 −98	−62 −151	−62 −202	
400	500			−61 −88	−55 −95	−45 −108	−68 −165	−68 −223	

表 A-9 孔的极限偏差（基本偏差 R） （单位：μm）

公称尺寸/mm		R							
大于	至	3	4	5	6	7	8	9	10
—	3	−10 −12	−10 −13	−10 −14	−10 −16	−10 −20	−10 −24	−10 −35	−10 −50
3	6	−14 −16.5	−13.5 −17.5	−14 −19	−12 −20	−11 −23	−15 −33	−15 −45	−15 −63
6	10	−18 −20.5	−17.5 −21.5	−17 −23	−16 −25	−13 −28	−19 −41	−19 −55	−19 −77

公称尺寸/mm		R							
大于	至	3	4	5	6	7	8	9	10
10	18	−22 −25	−21 −26	−20 −28	−20 −31	−16 −34	−23 −50	−23 −66	−23 −93
18	30	−26.5 −30.5	−26 −32	−25 −34	−24 −37	−20 −41	−28 −61	−28 −80	−28 −112
30	50	−32.5 −36.5	−31 −38	−30 −41	−29 −45	−25 −50	−34 −73	−34 −96	−34 −134
50	65			−36 −49	−35 −54	−30 −60	−41 −87		
65	80			−38 −51	−37 −56	−32 −62	−43 −89		
80	100			−46 −61	−44 −66	−38 −73	−51 −105		
100	120			−49 −64	−47 −69	−41 −76	−54 −108		
120	140			−57 −75	−56 −81	−48 −88	−63 −126		
140	160			−59 −77	−58 −83	−50 −90	−65 −128		
160	180			−62 −80	−61 −86	−53 −93	−68 −131		
180	200			−71 −91	−68 −97	−60 −106	−77 −149		
200	225			−74 −94	−71 −100	−63 −109	−80 −152		
225	250			−78 −98	−75 −104	−67 −113	−84 −156		
250	280			−87 −110	−85 −117	−74 −126	−94 −175		
280	315			−91 −114	−89 −121	−78 −130	−98 −179		
315	355			−101 −126	−97 −133	−87 −144	−108 −197		
355	400			−107 −132	−103 −139	−93 −150	−114 −203		
400	450			−119 −146	−113 −153	−103 −166	−126 −223		
450	500			−125 −152	−119 −159	−109 −172	−132 −229		

表 A-10　孔的极限偏差（基本偏差 S）　　　　　（单位：μm）

公称尺寸/mm		S							
大于	至	3	4	5	6	7	8	9	10
—	3	−14 −16	−14 −17	−14 −18	−14 −20	−14 −24	−14 −28	−14 −39	−14 −54
3	6	−18 −20.5	−17.5 −21.5	−18 −23	−16 −24	−15 −27	−19 −37	−19 −49	−19 −67
6	10	−22 −24.5	−21.5 −25.5	−21 −27	−20 −29	−17 −32	−23 −45	−23 −59	−23 −81
10	18	−27 −30	−26 −31	−25 −33	−25 −36	−21 −39	−28 −55	−28 −71	−28 −98
18	30	−33.5 −37.5	−33 −39	−32 −41	−31 −44	−27 −48	−35 −68	−35 −87	−35 −119
30	50	−41.5 −45.5	−40 −47	−39 −50	−38 −54	−34 −59	−43 −82	−43 −105	−43 −143
50	65			−48 −61	−47 −66	−42 −72	−53 −99	−53 −127	
65	80			−54 −67	−53 −72	−48 −78	−59 −105	−59 −133	
80	100			−66 −81	−64 −86	−58 −93	−71 −125	−71 −158	
100	120			−74 −89	−72 −94	−66 −101	−79 −133	−79 −166	
120	140			−86 −104	−85 −110	−77 −117	−92 −155	−92 −192	
140	160			−94 −112	−93 −118	−85 −125	−100 −163	−100 −200	
160	180			−102 −120	−101 −126	−93 −133	−108 −171	−108 −208	
180	200			−116 −136	−113 −142	−105 −151	−122 −194	−122 −237	
200	225			−124 −144	−121 −150	−113 −159	−130 −202	−130 −245	
225	250			−134 −154	−131 −160	−123 −169	−140 −212	−140 −255	
250	280			−151 −174	−149 −181	−138 −190	−158 −239	−158 −288	
280	315			−163 −186	−161 −193	−150 −202	−170 −251	−170 −300	

（续）

公称尺寸/mm		S							
大于	至	3	4	5	6	7	8	9	10
315	355			−183 −208	−179 −215	−169 −226	−190 −279	−190 −330	
355	400			−201 −226	−197 −233	−187 −244	−208 −297	−208 −348	
400	450			−225 −252	−219 −259	−209 −272	−232 −329	−232 −387	
450	500			−245 −272	−239 −279	−229 −292	−252 −349	−252 −407	

表 A-11　孔的极限偏差（基本偏差 T 和 U）　　　　　（单位：μm）

公称尺寸/mm		T				U					
大于	至	5	6	7	8	5	6	7	8	9	10
—	3					−18 −22	−18 −24	−18 −28	−18 −32	−18 −43	−18 −58
3	6					−22 −27	−20 −28	−19 −31	−23 −41	−23 −53	−23 −71
6	10					−26 −32	−25 −34	−22 −37	−28 −50	−28 −64	−28 −86
10	18					−30 −38	−30 −41	−26 −44	−33 −60	−33 −76	−33 −103
18	24					−38 −47	−37 −50	−33 −54	−41 −74	−41 −93	−41 −125
24	30	−38 −47	−37 −50	−33 −54	−41 −74	−45 −54	−44 −57	−40 −61	−48 −81	−48 −100	−48 −132
30	40	−44 −55	−43 −59	−39 −64	−48 −87	−56 −67	−55 −71	−51 −76	−60 −99	−60 −122	−60 −160
40	50	−50 −61	−49 −65	−45 −70	−54 −93	−66 −77	−65 −81	−61 −86	−70 −109	−70 −132	−70 −170
50	65		−60 −79	−55 −85	−66 −112		−81 −100	−76 −106	−87 −133	−87 −161	−87 −207
65	80		−69 −88	−64 −94	−75 −121		−96 −115	−91 −121	−102 −148	−102 −176	−102 −222
80	100		−84 −106	−78 −113	−91 −145		−117 −139	−111 −146	−124 −178	−124 −211	−124 −264
100	120		−97 −119	−91 −126	−104 −158		−137 −159	−131 −166	−144 −198	−144 −231	−144 −284

（续）

| 公称尺寸/mm | | T | | | | U | | | | |
大于	至	5	6	7	8	5	6	7	8	9	10
120	140		−115 −140	−107 −147	−122 −185		−163 −188	−155 −195	−170 −233	−170 −270	−170 −330
140	160		−127 −152	−119 −159	−134 −197		−183 −208	−175 −215	−190 −253	−190 −290	−190 −350
160	180		−139 −164	−131 −171	−146 −209		−203 −228	−195 −235	−210 −273	−210 −310	−210 −370
180	200		−157 −186	−149 −195	−166 −238		−227 −256	−219 −265	−236 −308	−236 −351	−236 −421
200	225		−171 −200	−163 −209	−180 −252		−249 −278	−241 −287	−258 −330	−258 −373	−258 −443
225	250		−187 −216	−179 −225	−196 −268		−275 −304	−267 −313	−284 −356	−284 −399	−284 −469
250	280		−209 −241	−198 −250	−218 −299		−306 −338	−295 −347	−315 −396	−315 −445	−315 −525
280	315		−231 −263	−220 −272	−240 −321		−341 −373	−330 −382	−350 −431	−350 −480	−350 −560
315	355		−257 −293	−247 −304	−268 −357		−379 −415	−369 −426	−390 −479	−390 −530	−390 −620
355	400		−283 −319	−273 −330	−294 −383		−424 −460	−414 −471	−435 −524	−435 −575	−435 −665
400	450		−317 −357	−307 −370	−330 −427		−477 −517	−467 −530	−490 −587	−490 −645	−490 −740
450	500		−347 −387	−337 −400	−360 −457		−527 −567	−517 −580	−540 −637	−540 −695	−540 −790

注：公称尺寸至24mm的公差带代号 T5 ~ T8 的偏差数值没有列入表中，建议以公差带代号 U5 ~ U8 替代。

表 A-12　孔的极限偏差（基本偏差 V 和 X）　（单位：μm）

| 公称尺寸/mm | | V | | | | X | | | | |
大于	至	5	6	7	8	5	6	7	8	9	10
—	3					−20 −24	−20 −26	−20 −30	−20 −34	−20 −45	−20 −60
3	6					−27 −32	−25 −33	−24 −36	−28 −46	−28 −58	−28 −76
6	10					−32 −38	−31 −40	−28 −43	−34 −56	−34 −70	−34 −92
10	14					−37 −45	−37 −48	−33 −51	−40 −67	−40 −83	−40 −110

（续）

公称尺寸/mm		V				X					
大于	至	5	6	7	8	5	6	7	8	9	10
14	18	−36 −44	−36 −47	−32 −50	−39 −66	−42 −50	−42 −53	−38 −56	−45 −72	−45 −88	−45 −115
18	24	−44 −53	−43 −56	−39 −60	−47 −80	−51 −60	−50 −63	−46 −67	−54 −87	−54 −106	−54 −138
24	30	−52 −61	−51 −64	−47 −68	−55 −88	−61 −70	−60 −73	−56 −77	−64 −97	−64 −116	−64 −148
30	40	−64 −75	−63 −79	−59 −84	−68 −107	−76 −87	−75 −91	−71 −96	−80 −119	−80 −142	−80 −180
40	50	−77 −88	−76 −92	−72 −97	−81 −120	−93 −104	−92 −108	−88 −113	−97 −136	−97 −159	−97 −197
50	65		−96 −115	−91 −121	−102 −148		−116 −135	−111 −141	−122 −168	−122 −196	
65	80		−114 −133	−109 −139	−120 −166		−140 −159	−135 −165	−146 −192	−146 −220	
80	100		−139 −161	−133 −168	−146 −200		−171 −193	−165 −200	−178 −232	−178 −265	
100	120		−165 −187	−159 −194	−172 −226		−203 −225	−197 −232	−210 −264	−210 −297	
120	140		−195 −220	−187 −227	−202 −265		−241 −266	−233 −273	−248 −311	−248 −348	
140	160		−221 −246	−213 −253	−228 −291		−273 −298	−265 −305	−280 −343	−280 −380	
160	180		−245 −270	−237 −277	−252 −315		−303 −328	−295 −335	−310 −373	−310 −410	
180	200		−275 −304	−267 −313	−284 −356		−341 −370	−333 −379	−350 −422	−350 −465	
200	225		−301 −330	−293 −339	−310 −382		−376 −405	−368 −414	−385 −457	−385 −500	
225	250		−331 −360	−323 −369	−340 −412		−416 −445	−408 −454	−425 −497	−425 −540	
250	280		−376 −408	−365 −417	−385 −466		−466 −498	−455 −507	−475 −556	−475 −605	
280	315		−416 −448	−405 −457	−425 −506		−516 −548	−505 −557	−525 −606	−525 −655	
315	355		−464 −500	−454 −511	−475 −564		−579 −615	−569 −626	−590 −679	−590 −730	

（续）

公称尺寸/mm		V				X					
大于	至	5	6	7	8	5	6	7	8	9	10
355	400		−519 −555	−509 −566	−530 −619		−649 −685	−639 −696	−660 −749	−660 −800	
400	450		−582 −622	−572 −635	−595 −692		−727 −767	−717 −780	−740 −837	−740 −895	
450	500		−647 −687	−637 −700	−660 −757		−807 −847	−797 −860	−820 −917	−820 −975	

注：1. 公称尺寸大于 500mm 的 V 和 X 的基本偏差数值没有列入表中。

2. 公称尺寸至 14mm 的公差带代号 V5～V8 的偏差数值没有列入表中，建议以公差带代号 X5～X8 替代。

表 A-13　孔的极限偏差（基本偏差 Y 和 Z）　　　　（单位：μm）

公称尺寸/mm		Y					Z					
大于	至	6	7	8	9	10	6	7	8	9	10	11
—	3						−26 −32	−26 −36	−26 −40	−26 −51	−26 −66	−26 −86
3	6						−32 −40	−31 −43	−35 −53	−35 −65	−35 −83	−35 −110
6	10						−39 −48	−36 −51	−42 −64	−42 −78	−42 −100	−42 −132
10	14						−47 −58	−43 −61	−50 −77	−50 −93	−50 −120	−50 −160
14	18						−57 −68	−53 −71	−60 −87	−60 −103	−60 −130	−60 −170
18	24	−59 −72	−55 −76	−63 −96	−63 −115	−63 −147	−69 −82	−65 −86	−73 −106	−73 −125	−73 −157	−73 −203
24	30	−71 −84	−67 −88	−75 −108	−75 −127	−75 −159	−84 −97	−80 −101	−88 −121	−88 −140	−88 −172	−88 −218
30	40	−89 −105	−85 −110	−94 −133	−94 −156	−94 −194	−107 −123	−103 −128	−112 −151	−112 −174	−112 −212	−112 −272
40	50	−109 −125	−105 −130	−114 −153	−114 −176	−114 −214	−131 −147	−127 −152	−136 −175	−136 −198	−136 −236	−136 −296
50	65	−138 −157	−133 −163	−144 −190				−161 −191	−172 −218	−172 −246	−172 −292	−172 −362
65	80	−168 −187	−163 −193	−174 −220				−199 −229	−210 −256	−210 −284	−210 −330	−210 −400
80	100	−207 −229	−201 −236	−214 −268				−245 −280	−258 −312	−258 −345	−258 −398	−258 −478
100	120	−247 −269	−241 −276	−254 −308				−297 −332	−310 −364	−310 −397	−310 −450	−310 −530
120	140	−293 −318	−285 −325	−300 −363				−250 −390	−365 −428	−365 −465	−365 −525	−365 −615

（续）

公称尺寸/mm		Y					Z					
大于	至	6	7	8	9	10	6	7	8	9	10	11
140	160	−333 −358	−325 −365	−340 −403				−400 −440	−415 −478	−415 −515	−415 −575	−415 −665
160	180	−373 −398	−365 −405	−380 −443				−450 −490	−465 −528	−465 −565	−465 −625	−465 −615
180	220	−416 −445	−408 −454	−425 −497				−503 −549	−520 −592	−520 −635	−520 −705	−520 −810
200	225	−461 −490	−453 −499	−470 −542				−558 −604	−575 −647	−575 −690	−575 −760	−575 −865
225	250	−511 −540	−503 −549	−520 −592				−623 −669	−640 −712	−640 −755	−640 −825	−640 −930
250	280	−571 −603	−560 −612	−580 −661				−690 −720	−710 −791	−710 −840	−710 −920	−710 −1030
280	315	−641 −673	−630 −682	−650 −731				−770 −822	−790 −871	−790 −920	−790 −1000	−790 −1110
315	355	−719 −755	−709 −766	−730 −819				−879 −936	−900 −989	−900 −1040	−900 −1130	−900 −1260
355	400	−809 −845	−799 −856	−820 −909				−979 −1036	−1000 −1089	−1000 −1140	−1000 −1230	−1000 −1360
400	450	−907 −947	−897 −960	−920 −1017				−1077 −1140	−1100 −1197	−1100 −1255	−1100 −1350	−1100 −1500
450	500	−987 −1027	−977 −1040	−1000 −1097				−1227 −1290	−1250 −1347	−1250 −1405	−1250 −1500	−1250 −1650

注：1. 工程尺寸大于 500mm 的 Y 和 Z 的基本偏差数值没有列入表中。

　　2. 公称尺寸至 18mm 的公差带代号 Y6～Y10 的偏差数值没有列入表中，建议以公差带代号 Z6～Z10 替代。

附录 B　轴的极限偏差

轴的极限偏差见表 B-1～表 B-13。

表 B-1　轴的极限偏差（基本偏差 a、b 和 c）　　　　（单位：μm）

公称尺寸/mm		a					b						c				
大于	至	9	10	11	12	13	8	9	10	11	12	13	8	9	10	11	12
—	3	−270 −295	−270 −310	−270 −330	−270 −370	−270 −410	−140 −154	−140 −165	−140 −180	−140 −200	−140 −240	−140 −280	−60 −74	−60 −85	−60 −100	−60 −120	−60 −160
3	6	−270 −300	−270 −318	−270 −345	−270 −390	−270 −450	−140 −158	−140 −170	−140 −188	−140 −215	−140 −260	−140 −320	−70 −88	−70 −100	−70 −118	−70 −145	−70 −190
6	10	−280 −316	−280 −338	−280 −370	−280 −430	−280 −500	−150 −172	−150 −186	−150 −208	−150 −240	−150 −300	−150 −370	−80 −102	−80 −116	−80 −138	−80 −170	−80 −230
10	18	−290 −333	−290 −360	−290 −400	−290 −470	−290 −560	−150 −177	−150 −193	−150 −220	−150 −260	−150 −330	−150 −420	−95 −122	−95 −138	−95 −165	−95 −205	−95 −275

（续）

公称尺寸/mm		a					b						c				
大于	至	9	10	11	12	13	8	9	10	11	12	13	8	9	10	11	12
18	30	-300 -352	-300 -384	-300 -430	-300 -510	-300 -630	-160 -193	-160 -212	-160 -244	-160 -290	-160 -370	-160 -490	-110 -143	-110 -162	-110 -194	-110 -240	-110 -320
30	40	-310 -372	-310 -410	-310 -470	-310 -560	-310 -700	-170 -209	-170 -232	-170 -270	-170 -330	-170 -420	-170 -560	-120 -159	-120 -182	-120 -220	-120 -280	-120 -370
40	50	-320 -382	-320 -420	-320 -480	-320 -570	-320 -710	-180 -219	-180 -242	-180 -280	-180 -340	-180 -430	-180 -570	-130 -169	-130 -192	-130 -230	-130 -290	-130 -380
50	65	-340 -414	-340 -460	-340 -530	-340 -640	-340 -800	-190 -236	-190 -264	-190 -310	-190 -380	-190 -490	-190 -650	-140 -186	-140 -214	-140 -260	-140 -330	-140 -440
65	80	-360 -434	-360 -480	-360 -550	-360 -660	-360 -820	-200 -246	-200 -274	-200 -320	-200 -390	-200 -500	-200 -660	-150 -196	-150 -224	-150 -270	-150 -340	-150 -450
80	100	-380 -467	-380 -520	-380 -600	-380 -730	-380 -920	-220 -274	-220 -307	-220 -360	-220 -440	-220 -570	-220 -760	-170 -224	-170 -257	-170 -310	-170 -390	-170 -520
100	120	-410 -497	-410 -550	-410 -630	-410 -760	-410 -950	-240 -294	-240 -327	-240 -380	-240 -460	-240 -590	-240 -780	-180 -234	-180 -267	-180 -320	-180 -400	-180 -530
120	140	-460 -560	-460 -620	-460 -710	-460 -860	-460 -1090	-260 -323	-260 -360	-260 -420	-260 -510	-260 -660	-260 -890	-200 -263	-200 -300	-200 -360	-200 -450	-200 -600
140	160	-520 -620	-520 -680	-520 -770	-520 -920	-520 -1150	-280 -343	-280 -380	-280 -440	-280 -530	-280 -680	-280 -910	-210 -273	-210 -310	-210 -370	-210 -460	-210 -610
160	180	-580 -680	-580 -740	-580 -830	-580 -980	-580 -1210	-310 -373	-310 -410	-310 -470	-310 -560	-310 -710	-310 -940	-230 -293	-230 -330	-230 -390	-230 -480	-230 -630
180	200	-660 -775	-660 -845	-660 -950	-660 -1120	-660 -1380	-340 -412	-340 -455	-340 -525	-340 -630	-340 -800	-340 -1060	-240 -312	-240 -355	-240 -425	-240 -530	-240 -700
200	225	-740 -855	-740 -925	-740 -1030	-740 -1200	-740 -1460	-380 -452	-380 -495	-380 -565	-380 -670	-380 -840	-380 -1100	-260 -332	-260 -375	-260 -445	-260 -550	-260 -720
225	250	-820 -935	-820 -1005	-820 -1110	-820 -1280	-820 -1540	-420 -492	-420 -535	-420 -605	-420 -710	-420 -880	-420 -1140	-280 -352	-280 -395	-280 -465	-280 -570	-280 -740
250	280	-920 -1050	-920 -1130	-920 -1240	-920 -1440	-920 -1730	-480 -561	-480 -610	-480 -690	-480 -800	-480 -1000	-480 -1290	-300 -381	-300 -430	-300 -510	-300 -620	-300 -820
280	315	-1050 -1180	-1050 -1260	-1050 -1370	-1050 -1570	-1050 -1860	-540 -621	-540 -670	-540 -750	-540 -860	-540 -1060	-540 -1350	-330 -411	-330 -460	-330 -540	-330 -650	-330 -850
315	355	-1200 -1340	-1200 -1430	-1200 -1560	-1200 -1770	-1200 -2090	-600 -689	-600 -740	-600 -830	-600 -960	-600 -1170	-600 -1490	-360 -449	-360 -500	-360 -590	-360 -720	-360 -930
355	400	-1350 -1490	-1350 -1580	-1350 -1710	-1350 -1920	-1350 -2240	-680 -769	-680 -820	-680 -910	-680 -1040	-680 -1250	-680 -1570	-400 -489	-400 -540	-400 -630	-400 -760	-400 -970
400	450	-1500 -1655	-1500 -1750	-1500 -1900	-1500 -2130	-1500 -2470	-760 -857	-760 -915	-760 -1010	-760 -1160	-760 -1390	-760 -1730	-440 -537	-440 -595	-440 -690	-440 -840	-440 -1070
450	500	-1650 -1805	-1650 -1900	-1650 -2050	-1650 -2280	-1650 -2620	-840 -937	-840 -995	-840 -1090	-840 -1240	-840 -1470	-840 -1810	-480 -577	-480 -635	-480 -730	-480 -880	-480 -1110

注：1. 表中没有给出公称尺寸大于500mm的基本偏差a、b和c。

  2. 公称尺寸小于1mm时，各级的a和b均不采用。

（单位：μm）

表 B-2 轴的极限偏差（基本偏差 d 和 e）

公称尺寸/mm 大于	至	d5	d6	d7	d8	d9	d10	d11	d12	d13	e5	e6	e7	e8	e9	e10
—	3	-20/-24	-20/-26	-20/-30	-20/-34	-20/-45	-20/-60	-20/-80	-20/-120	-20/-160	-14/-18	-14/-20	-14/-24	-14/-28	-14/-39	-14/-54
3	6	-30/-35	-30/-38	-30/-42	-30/-48	-30/-60	-30/-78	-30/-105	-30/-150	-30/-210	-20/-25	-20/-28	-20/-32	-20/-38	-20/-50	-20/-68
6	10	-40/-46	-40/-49	-40/-55	-40/-62	-40/-76	-40/-98	-40/-130	-40/-190	-40/-260	-25/-31	-25/-34	-25/-40	-25/-47	-25/-61	-25/-83
10	18	-50/-58	-50/-61	-50/-68	-50/-77	-50/-93	-50/-120	-50/-160	-50/-230	-50/-320	-32/-40	-32/-43	-32/-50	-32/-59	-32/-75	-32/-102
18	30	-65/-74	-65/-78	-65/-86	-65/-98	-65/-117	-65/-149	-65/-195	-65/-275	-65/-395	-40/-49	-40/-53	-40/-61	-40/-73	-40/-92	-40/-124
30	50	-80/-91	-80/-96	-80/-105	-80/-119	-80/-142	-80/-180	-80/-240	-80/-330	-80/-470	-50/-61	-50/-66	-50/-75	-50/-89	-50/-112	-50/-150
50	80	-100/-113	-100/-119	-100/-130	-100/-146	-100/-174	-100/-220	-100/-290	-100/-400	-100/-560	-60/-73	-60/-79	-60/-90	-60/-106	-60/-134	-60/-180
80	120	-120/-135	-120/-142	-120/-155	-120/-174	-120/-207	-120/-260	-120/-340	-120/-470	-120/-660	-72/-87	-72/-94	-72/-107	-72/-126	-72/-159	-72/-212
120	180	-145/-163	-145/-170	-145/-185	-145/-208	-145/-245	-145/-305	-145/-395	-145/-545	-145/-775	-85/-103	-85/-110	-85/-125	-85/-148	-85/-185	-85/-245
180	250	-170/-190	-170/-199	-170/-216	-170/-242	-170/-285	-170/-355	-170/-460	-170/-630	-170/-890	-100/-120	-100/-129	-100/-146	-100/-172	-100/-215	-100/-285
250	315	-190/-213	-190/-222	-190/-242	-190/-271	-190/-320	-190/-400	-190/-510	-190/-710	-190/-1000	-110/-133	-110/-142	-110/-162	-110/-191	-110/-240	-110/-320
315	400	-210/-235	-210/-246	-210/-267	-210/-299	-210/-350	-210/-440	-210/-570	-210/-780	-210/-1100	-125/-150	-125/-161	-125/-182	-125/-214	-125/-265	-125/-355
400	500	-230/-257	-230/-270	-230/-293	-230/-327	-230/-385	-230/-480	-230/-630	-230/-860	-230/-1200	-135/-162	-135/-175	-135/-198	-135/-232	-135/-290	-135/-385

表 B-3　轴的极限偏差（基本偏差 f 和 g）　　　　（单位：μm）

公称尺寸/mm 大于	至	f 3	f 4	f 5	f 6	f 7	f 8	f 9	f 10	g 3	g 4	g 5	g 6	g 7	g 8	g 9	g 10
—	3	-6/-8	-6/-9	-6/-10	-6/-12	-6/-16	-6/-20	-6/-31	-6/-46	-2/-4	-2/-5	-2/-6	-2/-8	-2/-12	-2/-16	-2/-27	-2/-42
3	6	-10/-12.5	-10/-14	-10/-15	-10/-18	-10/-22	-10/-28	-10/-40	-10/-58	-4/-6.5	-4/-8	-4/-9	-4/-12	-4/-16	-4/-22	-4/-34	-4/-52
6	10	-13/-15.5	-13/-17	-13/-19	-13/-22	-13/-28	-13/-35	-13/-49	-13/-71	-5/-7.5	-5/-9	-5/-11	-5/-14	-5/-20	-5/-27	-5/-41	-5/-63
10	18	-16/-19	-16/-21	-16/-24	-16/-27	-16/-34	-16/-43	-16/-59	-16/-86	-6/-9	-6/-11	-6/-14	-6/-17	-6/-24	-6/-33	-6/-49	-6/-76
18	30	-20/-24	-20/-26	-20/-29	-20/-33	-20/-41	-20/-53	-20/-72	-20/-104	-7/-11	-7/-13	-7/-16	-7/-20	-7/-28	-7/-40	-7/-59	-7/-91
30	50	-25/-29	-25/-32	-25/-36	-25/-41	-25/-50	-25/-64	-25/-87	-25/-125	-9/-13	-9/-16	-9/-20	-9/-25	-9/-34	-9/-48	-9/-71	-9/-109
50	80		-30/-38	-30/-43	-30/-49	-30/-60	-30/-76	-30/-104			-10/-18	-10/-23	-10/-29	-10/-40	-10/-56		
80	120		-36/-46	-36/-51	-36/-58	-36/-71	-36/-90	-36/-123			-12/-22	-12/-27	-12/-34	-12/-47	-12/-66		
120	180		-43/-55	-43/-61	-43/-68	-43/-83	-43/-106	-43/-143			-14/-26	-14/-32	-14/-39	-14/-54	-14/-77		
180	250		-50/-64	-50/-70	-50/-79	-50/-96	-50/-122	-50/-165			-15/-29	-15/-35	-15/-44	-15/-61	-15/-87		
250	315		-56/-72	-56/-79	-56/-88	-56/-108	-56/-137	-56/-186			-17/-33	-17/-40	-17/-49	-17/-69	-17/-98		
315	400		-62/-80	-62/-87	-62/-98	-62/-119	-62/-151	-62/-202			-18/-36	-18/-43	-18/-54	-18/-75	-18/-107		
400	500		-68/-88	-68/-95	-68/-108	-68/-131	-68/-165	-68/-223			-20/-40	-20/-47	-20/-60	-20/-83	-20/-117		

表 B-4　轴的极限偏差（基本偏差 h）

h

偏差

公称尺寸/mm 大于	至	1	2	3	4	5	6	7	8	9	10	11	12	13	14	15	16	17	18
		μm											mm						
—	3	0 / −0.8	0 / −1.2	0 / −2	0 / −3	0 / −4	0 / −6	0 / −10	0 / −14	0 / −25	0 / −40	0 / −60	0 / −0.1	0 / −0.14	0 / −0.25	0 / −0.4	0 / −0.6		
3	6	0 / −1	0 / −1.5	0 / −2.5	0 / −4	0 / −5	0 / −8	0 / −12	0 / −18	0 / −30	0 / −48	0 / −75	0 / −0.12	0 / −0.18	0 / −0.3	0 / −0.48	0 / −0.75	0 / −1.2	0 / −1.8
6	10	0 / −1	0 / −1.5	0 / −2.5	0 / −4	0 / −6	0 / −9	0 / −15	0 / −22	0 / −36	0 / −58	0 / −90	0 / −0.15	0 / −0.22	0 / −0.36	0 / −0.58	0 / −0.9	0 / −1.5	0 / −2.2
10	18	0 / −1.2	0 / −2	0 / −3	0 / −5	0 / −8	0 / −11	0 / −18	0 / −27	0 / −43	0 / −70	0 / −110	0 / −0.18	0 / −0.27	0 / −0.43	0 / −0.7	0 / −1.1	0 / −1.8	0 / −2.7
18	30	0 / −1.5	0 / −2.5	0 / −4	0 / −6	0 / −9	0 / −13	0 / −21	0 / −33	0 / −52	0 / −84	0 / −130	0 / −0.21	0 / −0.33	0 / −0.52	0 / −0.84	0 / −1.3	0 / −2.1	0 / −3.3
30	50	0 / −1.5	0 / −2.5	0 / −4	0 / −7	0 / −11	0 / −16	0 / −25	0 / −39	0 / −62	0 / −100	0 / −160	0 / −0.25	0 / −0.39	0 / −0.62	0 / −1	0 / −1.6	0 / −2.5	0 / −3.9
50	80	0 / −2	0 / −3	0 / −5	0 / −8	0 / −13	0 / −19	0 / −30	0 / −46	0 / −74	0 / −120	0 / −190	0 / −0.3	0 / −0.46	0 / −0.74	0 / −1.2	0 / −1.9	0 / −3	0 / −4.6
80	120	0 / −2.5	0 / −4	0 / −6	0 / −10	0 / −15	0 / −22	0 / −35	0 / −54	0 / −87	0 / −140	0 / −220	0 / −0.35	0 / −0.54	0 / −0.87	0 / −1.4	0 / −2.2	0 / −3.5	0 / −5.4
120	180	0 / −3.5	0 / −5	0 / −8	0 / −12	0 / −18	0 / −25	0 / −40	0 / −63	0 / −100	0 / −160	0 / −250	0 / −0.4	0 / −0.63	0 / −1	0 / −1.6	0 / −2.5	0 / −4	0 / −6.3
180	250	0 / −4.5	0 / −7	0 / −10	0 / −14	0 / −20	0 / −29	0 / −46	0 / −72	0 / −115	0 / −185	0 / −290	0 / −0.46	0 / −0.72	0 / −1.15	0 / −1.85	0 / −2.9	0 / −4.6	0 / −7.2
250	315	0 / −6	0 / −8	0 / −12	0 / −16	0 / −23	0 / −32	0 / −52	0 / −81	0 / −130	0 / −210	0 / −320	0 / −0.52	0 / −0.81	0 / −1.3	0 / −2.1	0 / −3.2	0 / −5.2	0 / −8.1
315	400	0 / −7	0 / −9	0 / −13	0 / −18	0 / −25	0 / −36	0 / −57	0 / −89	0 / −140	0 / −230	0 / −360	0 / −0.57	0 / −0.89	0 / −1.4	0 / −2.3	0 / −3.6	0 / −5.7	0 / −8.9
400	500	0 / −8	0 / −10	0 / −15	0 / −20	0 / −27	0 / −40	0 / −63	0 / −97	0 / −155	0 / −250	0 / −400	0 / −0.63	0 / −0.97	0 / −1.55	0 / −2.5	0 / −4	0 / −6.3	0 / −9.7

注：IT14～IT16 只用于大于 1mm 的公称尺寸。

表 B-5　轴的极限偏差（基本偏差 js）

公称尺寸/mm		js 偏差																	
大于	至	1	2	3	4	5	6	7	8	9	10	11	12	13	14	15	16	17	18
		μm											mm						
—	3	±0.4	±0.6	±1	±1.5	±2	±3	±5	±7	±12.5	±20	±30	±0.05	±0.07	±0.125	±0.2	±0.3		
3	6	±0.5	±0.75	±1.25	±2	±2.5	±4	±6	±9	±15	±24	±37.5	±0.06	±0.09	±0.15	±0.24	±0.375	±0.6	±0.9
6	10	±0.5	±0.75	±1.25	±2	±3	±4.5	±7.5	±11	±18	±29	±45	±0.075	±0.11	±0.18	±0.29	±0.45	±0.75	±1.1
10	18	±0.6	±1	±1.5	±2.5	±4	±5.5	±9	±13.5	±21.5	±35	±55	±0.09	±0.135	±0.215	±0.35	±0.55	±0.9	±1.35
18	30	±0.75	±1.25	±2	±3	±4.5	±6.5	±10.5	±16.5	±26	±42	±65	±0.105	±0.165	±0.26	±0.42	±0.65	±1.05	±1.65
30	50	±0.75	±1.25	±2	±3.5	±5.5	±8	±12.5	±19.5	±31	±50	±80	±0.125	±0.195	±0.31	±0.5	±0.8	±1.25	±1.95
50	80	±1	±1.5	±2.5	±4	±6.5	±9.5	±15	±23	±37	±60	±95	±0.15	±0.23	±0.37	±0.6	±0.95	±1.5	±2.3
80	120	±1.25	±2	±3	±5	±7.5	±11	±17.5	±27	±43.5	±70	±110	±0.175	±0.27	±0.435	±0.7	±1.1	±1.75	±2.7
120	180	±1.75	±2.5	±4	±6	±9	±12.5	±20	±31.5	±50	±80	±125	±0.2	±0.315	±0.5	±0.8	±1.25	±2	±3.15
180	250	±2.25	±3.5	±5	±7	±10	±14.5	±23	±36	±57.5	±92.5	±145	±0.23	±0.36	±0.575	±0.925	±1.45	±2.3	±3.6
250	315	±3	±4	±6	±8	±11.5	±16	±26	±40.5	±65	±105	±160	±0.26	±0.405	±0.65	±1.05	±1.6	±2.6	±4.05
315	400	±3.5	±4.5	±6.5	±9	±12.5	±18	±28.5	±44.5	±70	±115	±180	±0.285	±0.445	±0.7	±1.15	±1.8	±2.85	±4.45
400	500	±4	±5	±7.5	±10	±13.5	±20	±31.5	±48.5	±77.5	±125	±200	±0.315	±0.485	±0.775	±1.25	±2	±3.15	±4.85

注：1. 为了避免相同值的重复，表列值以"±x"给出，可为 $es = +x$，$ei = -x$，例如 $^{+0.23}_{-0.23}$ mm。

2. IT14～IT16 只用于大于 1mm 的公称尺寸。

（单位：μm）

表 B-6　轴的极限偏差（基本偏差 j 和 k）

公称尺寸/mm 大于	至	j 5	j 6	j 7	j 9	k 3	k 4	k 5	k 6	k 7	k 8	k 9	k 10	k 11	k 12	k 13
—	3	±2	+4 / −2	+6 / −4	+8 / −6	+2 / 0	+3 / 0	+4 / 0	+6 / 0	+10 / 0	+14 / 0	+25 / 0	+40 / 0	+60 / 0	+100 / 0	+140 / 0
3	6	+3 / −2	+6 / −2	+8 / −4		+2.5 / 0	+5 / +1	+6 / +1	+9 / +1	+13 / +1	+18 / 0	+30 / 0	+48 / 0	+75 / 0	+120 / 0	+180 / 0
6	10	+4 / −2	+7 / −2	+10 / −5		+2.5 / 0	+5 / +1	+7 / +1	+10 / +1	+16 / +1	+22 / 0	+36 / 0	+58 / 0	+90 / 0	+150 / 0	+220 / 0
10	18	+5 / −3	+8 / −3	+12 / −6		+3 / 0	+6 / +1	+9 / +1	+12 / +1	+19 / +1	+27 / 0	+43 / 0	+70 / 0	+110 / 0	+180 / 0	+270 / 0
18	30	+5 / −4	+9 / −4	+13 / −8		+4 / 0	+8 / +2	+11 / +2	+15 / +2	+23 / +2	+33 / 0	+52 / 0	+84 / 0	+130 / 0	+210 / 0	+330 / 0
30	50	+6 / −5	+11 / −5	+15 / −10		+4 / 0	+9 / +2	+13 / +2	+18 / +2	+27 / +2	+39 / 0	+62 / 0	+100 / 0	+160 / 0	+250 / 0	+390 / 0
50	80	+6 / −7	+12 / −7	+18 / −12			+10 / +2	+15 / +2	+21 / +2	+32 / +2	+46 / 0	+74 / 0	+120 / 0	+190 / 0	+300 / 0	+460 / 0
80	120	+6 / −9	+13 / −9	+20 / −15			+13 / +3	+18 / +3	+25 / +3	+38 / +3	+54 / 0	+87 / 0	+140 / 0	+220 / 0	+350 / 0	+540 / 0
120	180	+7 / −11	+14 / −11	+22 / −18			+15 / +3	+21 / +3	+28 / +3	+43 / +3	+63 / 0	+100 / 0	+160 / 0	+250 / 0	+400 / 0	+630 / 0
180	250	+7 / −13	+16 / −13	+25 / −21			+18 / +4	+24 / +4	+33 / +4	+50 / +4	+72 / 0	+115 / 0	+185 / 0	+290 / 0	+460 / 0	+720 / 0
250	315	+7 / −16	±16	±26			+20 / +4	+27 / +4	+36 / +4	+56 / +4	+81 / 0	+130 / 0	+210 / 0	+320 / 0	+520 / 0	+810 / 0
315	400	+7 / −18	±18	+29 / −28			+22 / +4	+29 / +4	+40 / +4	+61 / +4	+89 / 0	+140 / 0	+230 / 0	+360 / 0	+570 / 0	+890 / 0
400	500	+7 / −20	±20	+31 / −32			+25 / +5	+32 / +5	+45 / +5	+68 / +5	+97 / 0	+155 / 0	+250 / 0	+400 / 0	+630 / 0	+970 / 0

注：表中公差带代号 j5、j6 和 j7 的某些极限偏差与公差带代号 js5、js6 和 js7（表 B-5）一样用"±x"表示。

表 B-7　轴的极限偏差（基本偏差 m 和 n）

（单位：μm）

公称尺寸/mm 大于	至	m 3	m 4	m 5	m 6	m 7	m 8	m 9	n 3	n 4	n 5	n 6	n 7	n 8	n 9
—	3	+4 / +2	+5 / +2	+6 / +2	+8 / +2	+12 / +2	+16 / +2	+27 / +2	+6 / +4	+7 / +4	+8 / +4	+10 / +4	+14 / +4	+18 / +4	+29 / +4
3	6	+6.5 / 4	+8 / +4	+9 / +4	+12 / +4	+16 / +4	+22 / +4	+34 / +4	+10.5 / +8	+12 / +8	+13 / +8	+16 / +8	+20 / +8	+26 / +8	+38 / +8
6	10	+8.5 / +6	+10 / +6	+12 / +6	+15 / +6	+21 / +6	+28 / +6	+42 / +6	+12.5 / +10	+14 / +10	+16 / +10	+19 / +10	+25 / +10	+32 / +10	+46 / +10
10	18	+10 / +7	+12 / +7	+15 / +7	+18 / +7	+25 / +7	+34 / +7	+50 / +7	+15 / +12	+17 / +12	+20 / +12	+23 / +12	+30 / +12	+39 / +12	+55 / +12
18	30	+12 / +8	+14 / +8	+17 / +8	+21 / +8	+29 / +8	+41 / +8	+60 / +8	+19 / +15	+21 / +15	+24 / +15	+28 / +15	+36 / +15	+48 / +15	+67 / +15
30	50	+13 / +9	+16 / +9	+20 / +9	+25 / +9	+34 / +9	+48 / +9	+71 / +9	+21 / +17	+24 / +17	+28 / +17	+33 / +17	+42 / +17	+56 / +17	+79 / +17
50	80		+19 / +11	+24 / +11	+30 / +11	+41 / +11				+28 / +20	+33 / +20	+39 / +20	+50 / +20		
80	120		+23 / +13	+28 / +13	+35 / +13	+48 / +13				+33 / +23	+38 / +23	+45 / +23	+58 / +23		
120	180		+27 / +15	+33 / +15	+40 / +15	+55 / +15				+39 / +27	+45 / +27	+52 / +27	+67 / +27		
180	250		+31 / +17	+37 / +17	+46 / +17	+63 / +17				+45 / +31	+51 / +31	+60 / +31	+77 / +31		
250	315		+36 / +20	+43 / +20	+52 / +20	+72 / +20				+50 / +34	+57 / +34	+66 / +34	+86 / +34		
315	400		+39 / +21	+46 / +21	+57 / +21	+78 / +21				+55 / +37	+62 / +37	+73 / +37	+94 / +37		
400	500		+43 / +23	+50 / +23	+63 / +23	+86 / +23				+60 / +40	+67 / +40	+80 / +40	+103 / +40		

表 B-8　轴的极限偏差（基本偏差 p）　　　　　　　　（单位：μm）

公称尺寸 /mm		p							
大于	至	3	4	5	6	7	8	9	10
—	3	+8 +6	+9 +6	+10 +6	+12 +6	+16 +6	+20 +6	+31 +6	+46 +6
3	6	+14.5 +12	+16 +12	+17 +12	+20 +12	+24 +12	+30 +12	+42 +12	+60 +12
6	10	+17.5 +15	+19 +15	+21 +15	+24 +15	+30 +15	+37 +15	+51 +15	+73 +15
10	18	+21 +18	+23 +18	+26 +18	+29 +18	+36 +18	+45 +18	+61 +18	+88 +18
18	30	+26 +22	+28 +22	+31 +22	+35 +22	+43 +22	+55 +22	+74 +22	+106 +22
30	50	+30 +26	+33 +26	+37 +26	+42 +26	+51 +26	+65 +26	+88 +26	+126 +26
50	80		+40 +32	+45 +32	+51 +32	+62 +32	+78 +32		
80	120		+47 +37	+52 +37	+59 +37	+72 +37	+91 +37		
120	180		+55 +43	+61 +43	+68 +43	+83 +43	+106 +43		
180	250		+64 +50	+70 +50	+79 +50	+96 +50	+122 +50		
250	315		+72 +56	+79 +56	+88 +56	+108 +56	+137 +56		
315	400		+80 +62	+87 +62	+98 +62	+119 +62	+151 +62		
400	500		+88 +68	+95 +68	+108 +68	+131 +68	+165 +68		

表 B-9　轴的极限偏差（基本偏差 r）　　　　　　　　（单位：μm）

公称尺寸 /mm		r							
大于	至	3	4	5	6	7	8	9	10
—	3	+12 +10	+13 +10	+14 +10	+16 +10	+20 +10	+24 +10	+35 +10	+50 +10
3	6	+17.5 +15	+19 +15	+20 +15	+23 +15	+27 +15	+33 +15	+45 +15	+63 +15
6	10	+21.5 +19	+23 +19	+25 +19	+28 +19	+34 +19	+41 +19	+55 +19	+77 +19
10	18	+26 +23	+28 +23	+31 +23	+34 +23	+41 +23	+50 +23	+66 +23	+93 +23

（续）

公称尺寸 /mm		r							
大于	至	3	4	5	6	7	8	9	10
18	30	+32 +28	+34 +28	+37 +28	+41 +28	+49 +28	+61 +28	+80 +28	+112 +28
30	50	+38 +34	+41 +34	+45 +34	+50 +34	+59 +34	+73 +34	+96 +34	+134 +34
50	65		+49 +41	+54 +41	+60 +41	+71 +41	+87 +41		
65	80		+51 +43	+56 +43	+62 +43	+73 +43	+89 +43		
80	100		+61 +51	+66 +51	+73 +51	+86 +51	+105 +51		
100	120		+64 +54	+69 +54	+76 +54	+89 +54	+108 +54		
120	140		+75 +63	+81 +63	+88 +63	+103 +63	+126 +63		
140	160		+77 +65	+83 +65	+90 +65	+105 +65	+128 +65		
160	180		+80 +68	+86 +68	+93 +68	+108 +68	+131 +68		
180	200		+91 +77	+97 +77	+106 +77	+123 +77	+149 +77		
200	225		+94 +80	+100 +80	+109 +80	+126 +80	+152 +80		
225	250		+98 +84	+104 +84	+113 +84	+130 +84	+156 +84		
250	280		+110 +94	+117 +94	+126 +94	+146 +94	+175 +94		
280	315		+114 +98	+121 +98	+130 +98	+150 +98	+179 +98		
315	355		+126 +108	+133 +108	+144 +108	+165 +108	+197 +108		
355	400		+132 +114	+139 +114	+150 +114	+171 +114	+203 +114		
400	450		+146 +126	+153 +126	+166 +126	+189 +126	+223 +126		
450	500		+152 +132	+159 +132	+172 +132	+195 +132	+229 +132		

表 B-10　轴的极限偏差（基本偏差 s）　　　　　（单位：μm）

公称尺寸/mm		s							
大于	至	3	4	5	6	7	8	9	10
—	3	+16 +14	+17 +14	+18 +14	+20 +14	+24 +14	+28 +14	+39 +14	+54 +14
3	6	+21.5 +19	+23 +19	+24 +19	+27 +19	+31 +19	+37 +19	+49 +19	+67 +19
6	10	+25.5 +23	+27 +23	+29 +23	+32 +23	+38 +23	+45 +23	+59 +23	+81 +23
10	18	+31 +28	+33 +28	+36 +28	+39 +28	+46 +28	+55 +28	+71 +28	+98 +28
18	30	+39 +35	+41 +35	+44 +35	+48 +35	+56 +35	+68 +35	+87 +35	+119 +35
30	50	+47 +43	+50 +43	+54 +43	+59 +43	+68 +43	+82 +43	+105 +43	+143 +43
50	65		+61 +53	+66 +53	+72 +53	+83 +53	+99 +53	+127 +53	
65	80		+67 +59	+72 +59	+78 +59	+89 +59	+105 +59	+133 +59	
80	100		+81 +71	+86 +71	+93 +71	+106 +71	+125 +71	+158 +71	
100	120		+89 +79	+94 +79	+101 +79	+114 +79	+133 +79	+166 +79	
120	140		+104 +92	+110 +92	+117 +92	+132 +92	+155 +92	+192 +92	
140	160		+112 +100	+118 +100	+125 +100	+140 +100	+163 +100	+200 +100	
160	180		+120 +108	+126 +108	+133 +108	+148 +108	+171 +108	+208 +108	
180	200		+136 +122	+142 +122	+151 +122	+168 +122	+194 +122	+237 +122	
200	225		+144 +130	+150 +130	+159 +130	+176 +130	+202 +130	+245 +130	
225	250		+154 +140	+160 +140	+169 +140	+186 +140	+212 +140	+255 +140	
250	280		+174 +158	+181 +158	+190 +158	+210 +158	+239 +158	+288 +158	
280	315		+186 +170	+193 +170	+202 +170	+222 +170	+251 +170	+300 +170	
315	355		+208 +190	+215 +190	+226 +190	+247 +190	+279 +190	+330 +190	
355	400		+226 +208	+233 +208	+244 +208	+265 +208	+297 +208	+348 +208	
400	450		+252 +232	+259 +232	+272 +232	+295 +232	+329 +232	+387 +232	
450	500		+272 +252	+279 +252	+292 +252	+315 +252	+349 +252	+407 +252	

表 B-11　轴的极限偏差（基本偏差 t 和 u）　　　　　（单位：μm）

公称尺寸 /mm		t				u				
大于	至	5	6	7	8	5	6	7	8	9
—	3					+22 +18	+24 +18	+28 +18	+32 +18	+43 +18
3	6					+28 +23	+31 +23	+35 +23	+41 +23	+53 +23
6	10					+34 +28	+37 +28	+43 +28	+50 +28	+64 +28
10	18					+41 +33	+44 +33	+51 +33	+60 +33	+76 +33
18	24					+50 +41	+54 +41	+62 +41	+74 +41	+93 +41
24	30	+50 +41	+54 +41	+62 +41	+74 +41	+57 +48	+61 +48	+69 +48	+81 +48	+100 +48
30	40	+59 +48	+64 +48	+73 +48	+87 +48	+71 +60	+76 +60	+85 +60	+99 +60	+122 +60
40	50	+65 +54	+70 +54	+79 +54	+93 +54	+81 +70	+86 +70	+95 +70	+109 +70	+132 +70
50	65	+79 +66	+85 +66	+96 +66	+112 +66	+100 +87	+106 +87	+117 +87	+133 +87	+161 +87
65	80	+88 +75	+94 +75	+105 +75	+121 +75	+115 +102	+121 +102	+132 +102	+148 +102	+176 +102
80	100	+106 +91	+113 +91	+126 +91	+145 +91	+139 +124	+146 +124	+159 +124	+178 +124	+211 +124
100	120	+119 +104	+126 +104	+139 +104	+158 +104	+159 +144	+166 +144	+179 +144	+198 +144	+231 +144
120	140	+140 +122	+147 +122	+162 +122	+185 +122	+188 +170	+195 +170	+210 +170	+233 +170	+270 +170
140	160	+152 +134	+159 +134	+174 +134	+197 +134	+208 +190	+215 +190	+230 +190	+253 +190	+290 +190
160	180	+164 +146	+171 +146	+186 +146	+209 +146	+228 +210	+235 +210	+250 +210	+273 +210	+310 +210
180	200	+186 +166	+195 +166	+212 +166	+238 +166	+256 +236	+265 +236	+282 +236	+308 +236	+351 +236
200	225	+200 +180	+209 +180	+226 +180	+252 +180	+278 +258	+287 +258	+304 +258	+330 +258	+373 +258
225	250	+216 +196	+225 +196	+242 +196	+268 +196	+304 +284	+313 +284	+330 +284	+356 +284	+399 +284
250	280	+241 +218	+250 +218	+270 +218	+299 +218	+338 +315	+347 +315	+367 +315	+396 +315	+445 +315
280	315	+263 +240	+272 +240	+292 +240	+321 +240	+373 +350	+382 +350	+402 +350	+431 +350	+480 +350

（续）

公称尺寸 /mm		t				u				
大于	至	5	6	7	8	5	6	7	8	9
315	355	+293 +268	+304 +268	+325 +268	+357 +268	+415 +390	+426 +390	+447 +390	+479 +390	+530 +390
355	400	+319 +294	+330 +294	+351 +294	+383 +294	+460 +435	+471 +435	+492 +435	+524 +435	+575 +435
400	450	+357 +330	+370 +330	+393 +330	+427 +330	+517 +490	+530 +490	+553 +490	+587 +490	+645 +490
450	500	+387 +360	+400 +360	+423 +360	+457 +360	+567 +540	+580 +540	+603 +540	+637 +540	+695 +540

注：公称尺寸至24mm 的公差带代号 t5～t8 的偏差数值没有列入表中，建议用公差带代号 u5～u8 替代。

表 B-12　轴的极限偏差（基本偏差 v 和 x）　（单位：μm）

公称尺寸 /mm		v				x					
大于	至	5	6	7	8	5	6	7	8	9	10
—	3					+24 +20	+26 +20	+30 +20	+34 +20	+45 +20	+60 +20
3	6					+33 +28	+36 +28	+40 +28	+46 +28	+58 +28	+76 +28
6	10					+40 +34	+43 +34	+49 +34	+56 +34	+70 +34	+92 +34
10	14					+48 +40	+51 +40	+58 +40	+67 +40	+83 +40	+110 +40
14	18	+47 +39	+50 +39	+57 +39	+66 +39	+53 +45	+56 +45	+63 +45	+72 +45	+88 +45	+115 +45
18	24	+56 +47	+60 +47	+68 +47	+80 +47	+63 +54	+67 +54	+75 +54	+87 +54	+106 +54	+138 +54
24	30	+64 +55	+68 +55	+76 +55	+88 +55	+73 +64	+77 +64	+85 +64	+97 +64	+116 +64	+148 +64
30	40	+79 +68	+84 +68	+93 +68	+107 +68	+91 +80	+96 +80	+105 +80	+119 +80	+142 +80	+180 +80
40	50	+92 +81	+97 +81	+106 +81	+120 +81	+108 +97	+113 +97	+122 +97	+136 +97	+159 +97	+197 +97
50	65	+115 +102	+121 +102	+132 +102	+148 +102	+135 +122	+141 +122	+152 +122	+168 +122	+196 +122	+242 +122
65	80	+133 +120	+139 +120	+150 +120	+166 +120	+159 +146	+165 +146	+176 +146	+192 +146	+220 +146	+266 +146
80	100	+161 +146	+168 +146	+181 +146	+200 +146	+193 +178	+200 +178	+213 +178	+232 +178	+265 +178	+318 +178
100	120	+187 +172	+194 +172	+207 +172	+226 +172	+225 +210	+232 +210	+245 +210	+264 +210	+297 +210	+350 +210

（续）

公称尺寸 /mm		v				x					
大于	至	5	6	7	8	5	6	7	8	9	10
120	140	+220 +202	+227 +202	+242 +202	+265 +202	+266 +248	+273 +248	+288 +248	+311 +248	+348 +248	+408 +248
140	160	+246 +228	+253 +228	+268 +228	+291 +228	+298 +280	+305 +280	+320 +280	+343 +280	+380 +280	+440 +280
160	180	+270 +252	+277 +252	+292 +252	+315 +252	+328 +310	+335 +310	+350 +310	+373 +310	+410 +310	+470 +310
180	200	+304 +284	+313 +284	+330 +284	+356 +284	+370 +350	+379 +350	+396 +350	+422 +350	+465 +350	+535 +350
200	225	+330 +310	+339 +310	+356 +310	+382 +310	+405 +385	+414 +385	+431 +385	+457 +385	+500 +385	+570 +385
225	250	+360 +340	+369 +340	+386 +340	+412 +340	+445 +425	+454 +425	+471 +425	+497 +425	+540 +425	+610 +425
250	280	+408 +385	+417 +385	+437 +385	+466 +385	+498 +475	+507 +475	+527 +475	+556 +475	+605 +475	+685 +475
280	315	+448 +425	+457 +425	+477 +425	+506 +425	+548 +525	+557 +525	+577 +525	+606 +525	+655 +525	+735 +525
315	355	+500 +475	+511 +475	+532 +475	+564 +475	+615 +590	+626 +590	+647 +590	+679 +590	+730 +590	+820 +590
355	400	+555 +530	+566 +530	+587 +530	+619 +530	+685 +660	+696 +660	+717 +660	+749 +660	+800 +660	+890 +660
400	450	+622 +595	+635 +595	+658 +595	+692 +595	+767 +740	+780 +740	+803 +740	+837 +740	+895 +740	+990 +740
450	500	+687 +660	+700 +660	+723 +660	+757 +660	+847 +820	+860 +820	+883 +820	+917 +820	+975 +820	+1070 +820

注: 1. 公称尺寸大于500mm的 v 、x 和 y 的基本偏差数值没有列入表中。

2. 公称尺寸至14mm的公差带代号 v5～v8 的偏差数值没有列入表中，建议以公差带代号 x5～x8 替代。

表 B-13　轴的极限偏差（基本偏差 y 和 z）　　　　　（单位：μm）

公称尺寸 /mm		y					z					
大于	至	6	7	8	9	10	6	7	8	9	10	11
—	3						+32 +26	+36 +26	+40 +26	+51 +26	+66 +26	+86 +26
3	6						+43 +35	+47 +35	+53 +35	+65 +35	+83 +35	+110 +35
6	10						+51 +42	+57 +42	+64 +42	+78 +42	+100 +42	+132 +42
10	14						+61 +50	+68 +50	+77 +50	+93 +50	+120 +50	+160 +50
14	18						+71 +60	+78 +60	+87 +60	+103 +60	+130 +60	+170 +60

（续）

公称尺寸 /mm		y					z					
大于	至	6	7	8	9	10	6	7	8	9	10	11
18	24	+76 +63	+84 +63	+96 +63	+115 +63	+147 +63	+86 +73	+94 +73	+106 +73	+125 +73	+157 +73	+203 +73
24	30	+88 +75	+96 +75	+108 +75	+127 +75	+159 +75	+101 +88	+109 +88	+121 +88	+140 +88	+172 +88	+218 +88
30	40	+110 +94	+119 +94	+133 +94	+156 +94	+194 +94	+128 +112	+137 +112	+151 +112	+174 +112	+212 +112	+272 +112
40	50	+130 +114	+139 +114	+153 +114	+176 +114	+214 +114	+152 +136	+161 +136	+175 +136	+198 +136	+236 +136	+296 +136
50	65	+163 +144	+174 +144	+190 +144			+191 +172	+202 +172	+218 +172	+246 +172	+292 +172	+362 +172
65	80	+193 +174	+204 +174	+220 +174			+229 +210	+240 +210	+256 +210	+284 +210	+330 +210	+400 +210
80	100	+236 +214	+249 +214	+268 +214			+280 +258	+293 +258	+312 +258	+345 +258	+398 +258	+478 +258
100	120	+276 +254	+289 +254	+308 +254			+332 +310	+345 +310	+364 +310	+397 +310	+450 +310	+530 +310
120	140	+325 +300	+340 +300	+363 +300			+390 +365	+405 +365	+428 +365	+465 +365	+525 +365	+615 +365
140	160	+365 +340	+380 +340	+403 +340			+440 +415	+455 +415	+478 +415	+515 +415	+575 +415	+665 +415
160	180	+405 +380	+420 +380	+443 +380			+490 +465	+505 +465	+528 +465	+565 +465	+625 +465	+715 +465
180	200	+454 +425	+471 +425	+497 +425			+549 +520	+566 +520	+592 +520	+635 +520	+705 +520	+810 +520
200	225	+499 +470	+516 +470	+542 +470			+604 +575	+621 +575	+647 +575	+690 +575	+760 +575	+865 +575
225	250	+549 +520	+566 +520	+592 +520			+669 +640	+686 +640	+712 +640	+755 +640	+825 +640	+930 +640
250	280	+612 +580	+632 +580	+661 +580			+742 +710	+762 +710	+791 +710	+840 +710	+920 +710	+1030 +710
280	315	+682 +650	+702 +650	+731 +650			+822 +790	+842 +790	+871 +790	+920 +790	+1000 +790	+1110 +790
315	355	+766 +730	+787 +730	+819 +730			+936 +900	+957 +900	+989 +900	+1040 +900	+1130 +900	+1260 +900
355	400	+856 +820	+877 +820	+909 +820			+1036 +1000	+1057 +1000	+1089 +1000	+1140 +1000	+1230 +1000	+1360 +1000
400	450	+960 +920	+983 +920	+1070 +920			+1140 +1100	+1163 +1100	+1197 +1100	+1250 +1100	+1350 +1100	+1500 +1100
450	500	+1040 +1000	+1063 +1000	+1097 +1000			+1290 +1250	+1313 +1250	+1347 +1250	+1405 +1250	+1500 +1250	+1650 +1250

注：1. 公称尺寸大于 500mm 的 z 基本偏差数值没有列入表中。

　　2. 公称尺寸至 18mm 的公差带代号 y6～y10 的偏差数值没有列入表中，建议以公差带代号 z6～z10 替代。

附录 C　平键联接及检验

平键应用最为广泛，平键分为 A、B、C 三种类型（附图 C-1）。采用平键联接时，在孔和轴上均铣出键槽，再通过键联接在一起。在键联接中，转矩是通过键的侧面与键槽的侧面相互接触来传递的，它们的宽度 b 是主要配合尺寸（附图 C-2）。平键联接的公差与配合见表 C-1。

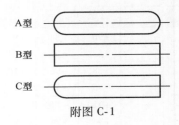

附图 C-1

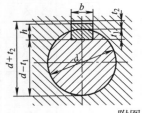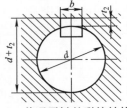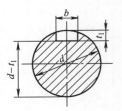

附图 C-2　普通平键的联接结构

表 C-1　平键联接的公差与配合

| 平键联接的种类 | 由于键为标准件，所以键与键槽宽 b 的配合采用基轴制，通过规定键槽不同的公差带来满足不同的配合性能要求。按照配合的松紧程度不同，普通平键分为松联接、正常联接和紧密联接，国家标准 GB/T 1095—2003《平键　键槽的剖面尺寸》对轴键槽和轮毂键槽宽度各规定了三组公差带，构成三组配合，其公差带从 GB/T 1800.1—2020 中选取 | 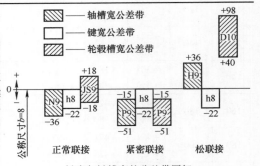 键宽与键槽宽的公差带图解 |

平键联接各种配合的性质及应用	键的类型	配合种类	尺寸 b 的公差			配合性质及应用
			键	轴槽	轮毂槽	
	平键	正常联接	h8	N9	JS9	键在轴上及轮毂中固定。用于传递载荷不大的场合，在机械制造中应用广泛
		紧密联接		P9	P9	键在轴上及轮毂中固定，且比正常联接更紧。主要用于传递重载、冲击载荷及双向传递转矩的场合
		松联接		H9	D10	键在轴上及轮毂中均能滑动。主要用于导向平键上，轮毂需在轴上做轴向移动

普通平键键槽的尺寸与公差（摘自 GB/T 1095—2003）	轴	键	键槽										
	公称尺寸 d /mm	尺寸 $(b/mm) \times (h/mm)$	宽度 b/mm						深度				半径 r
			公称尺寸	极限偏差					轴 t_1/mm		毂 t_2/mm		
				正常联接		紧密联接	松联接		公称尺寸	极限偏差	公称尺寸	极限偏差	min max
				轴 N9	毂 JS9	轴和毂 P9	轴 H9	毂 D10					
	>10~12	4×4	4	0 −0.030	±0.015	−0.012 −0.042	+0.030 0	+0.078 +0.030	2.5	+0.1 0	1.8	+0.1 0	0.08 0.16
	>12~17	5×5	5						3.0		2.3		
	>17~22	6×6	6						3.5		2.8		0.16 0.25
	>22~30	8×7	8	0	±0.018	−0.015	+0.036	+0.098	4.0	+0.2	3.3	+0.2	

（续）

（续）

<table>
<tr><td rowspan="14">普通平键键槽的尺寸与公差（摘自GB/T 1095—2003）</td><td>>30～38</td><td>10×8</td><td>10</td><td>−0.036</td><td></td><td>−0.051</td><td>0</td><td>+0.040</td><td>5.0</td><td rowspan="5">0</td><td>3.3</td><td rowspan="5">0</td><td rowspan="5">0.25
0.40</td></tr>
<tr><td>>38～44</td><td>12×8</td><td>12</td><td rowspan="3">0
−0.043</td><td rowspan="3">±0.0215</td><td rowspan="3">−0.018
−0.061</td><td rowspan="3">+0.043
0</td><td rowspan="3">+0.120
+0.050</td><td>5.0</td><td>3.3</td></tr>
<tr><td>>44～50</td><td>14×9</td><td>14</td><td>5.5</td><td>3.8</td></tr>
<tr><td>>50～58</td><td>16×10</td><td>16</td><td>6.0</td><td>4.3</td></tr>
<tr><td>>58～65</td><td>18×11</td><td>18</td><td>7.0</td><td>4.4</td></tr>
<tr><td>>65～75</td><td>20×12</td><td>20</td><td rowspan="4">0
−0.052</td><td rowspan="4">±0.026</td><td rowspan="4">−0.022
−0.074</td><td rowspan="4">+0.052
0</td><td rowspan="4">+0.149
+0.065</td><td>7.5</td><td rowspan="4">0</td><td>4.9</td><td rowspan="4">0</td><td rowspan="4">0.40
0.60</td></tr>
<tr><td>>75～85</td><td>22×14</td><td>22</td><td>9.0</td><td>5.4</td></tr>
<tr><td>>85～95</td><td>25×14</td><td>25</td><td>9.0</td><td>5.4</td></tr>
<tr><td>>95～110</td><td>28×16</td><td>28</td><td>10.0</td><td>6.4</td></tr>
<tr><td>>110～130</td><td>32×18</td><td>32</td><td rowspan="5">0
−0.062</td><td rowspan="5">±0.031</td><td rowspan="5">−0.026
−0.088</td><td rowspan="5">+0.062
0</td><td rowspan="5">+0.180
+0.080</td><td>11.0</td><td rowspan="5">+0.3
0</td><td>7.4</td><td rowspan="5">+0.3
0</td><td rowspan="5">0.70
1.00</td></tr>
<tr><td>>130～150</td><td>36×20</td><td>36</td><td>12.0</td><td>8.4</td></tr>
<tr><td>>150～170</td><td>40×22</td><td>40</td><td>13.0</td><td>9.4</td></tr>
<tr><td>>170～200</td><td>45×25</td><td>45</td><td>15.0</td><td>10.4</td></tr>
<tr><td>>200～230</td><td>50×28</td><td>50</td><td>17.0</td><td>11.4</td></tr>
</table>

注：$(d-t_1)$ 和 $(d+t_2)$ 两组尺寸的偏差，按相应的 t_1 和 t_2 的偏差选取，但 $(d-t_1)$ 的偏差值应取负号（−）。

普通平键的尺寸与公差	宽度 b	公称尺寸	8	10	12	14	16	18	20	22	25	28
		h8	0 −0.022			0 −0.027			0 −0.033			
	高度 h	公称尺寸	7	8	9	10	11		12	14		16
		h11	0 −0.090						0 −0.110			

非配合尺寸的公差

1. 平键轴槽的长度 L 公差用 H14，h（键高）为 h11

2. 为了保证键和键槽之间具有足够的接触面积和避免装配困难，国家标准还规定了轴键槽对轴的轴线和轮毂键槽对孔的轴线的对称度公差和键的两个配合侧面的平行度公差。轴槽和轮毂槽的宽度 b 对轴及轮毂轴心线的对称度公差按 GB/T 1184—1996《形状和位置公差未注公差值》中对称度公差 7～9 级选取。当键长 L 与键宽 b 之比大于或等于 8 时，键的两侧面的平行度应符合 GB/T 1184—1996 的规定，当 $b\leqslant6mm$ 时按 7 级选取，当 $b\geqslant8\sim36mm$ 时按 6 级选取，当 $b\geqslant40mm$ 时按 5 级选取

3. 轴槽、轮毂槽的键槽宽度 b 两侧面的表面粗糙度 Ra 值的上限值一般取为 $1.6\sim3.2\mu m$，轴键槽底面、轮毂键槽底面的表面粗糙度 Ra 值为 $6.3\mu m$

当形状误差的控制可由工艺保证时，图样上可不给出公差

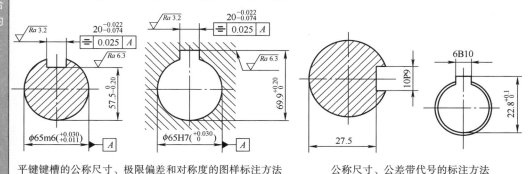

平键键槽的公称尺寸、极限偏差和对称度的图样标注方法　　　　　公称尺寸、公差带代号的标注方法

参 考 文 献

[1] 荀占超，武梅芳．公差配合与测量技术［M］．北京：人民邮电出版社，2012.

[2] 吕永智．公差配合与技术测量［M］．北京：机械工业出版社，2006.

[3] 葛冬云．公差配合与技术测量［M］．合肥：安徽科学技术出版社，2007.